Fundamentos de PLC y Programación de Lógica Escalera

Teoría, lecciones paso a paso y proyectos reales.

Primera edición

Orlando Charria.

Publicado por Latin Tech Inc.
Miami, Florida.

Para mi hijo David,
por hacer que mi vida valiera la pena.

[DEL AUTOR]

Sólo unas palabras

Ahora que ya está escrito, me atrevo a decirle que este es uno de los pocos libros del mercado enfocado a la práctica y que incluye un software para su mejor aprendizaje. Es por ello, por lo que se está traduciendo a múltiples idiomas y ha sido adoptado por muchas instituciones educativas para enseñar automatización.

La experiencia como un conferencista, haber realizado varias capacitaciones sobre controladores industriales programables para automatización y realizado varios proyectos, me ha demostrado que si realmente se desea aprender sobre los PLC, el proceso se debe dividir en dos: primero, debe dominar la teoría y segundo, debe practicar tanto como pueda.

Cuando decidí escribir este libro, fui optimista pensando que sería una muy buena idea cubrir todos los temas relacionados con un proyecto de automatización. Incluso hice una lista de todo lo que quería escribir, pero pronto me di cuenta de que esta lista resultó en varias páginas.

Luego, decidí escribir sólo sobre programación en escalera e intenté hacer una nueva lista, pero desafortunadamente terminé con resultados similares.
Pensé: “Tal vez quiero enseñar mucha información” y después de volver a analizar todo, en lugar de quitar temas de mi lista, terminé agregando muchos más.

Tenía en mente que el principal problema de la mayoría de los libros en el mercado es que son sólo teoría o ejemplos, pero no todo en el mismo contenido.

No quería caer en el problema que dice el sabio refrán: “Un océano de sabiduría con sólo una pulgada de profundidad”. Este fue el origen del libro y el soporte principal para el objetivo principal: Introducir sólo algunos conceptos básicos de automatización, luego enseñar PLC con sus técnicas de programación y finalmente agregar tantos ejemplos prácticos como sea posible.

Dado que este es un libro de fundamentos, las instrucciones se restringieron sólo a las consideradas básicas y comunes a todos los PLC.

Si está utilizando este libro con cualquiera de nuestros PLC o entrenadores de PLC, además de la simulación, puede descargar los programas y ejemplos a un dispositivo real y experimentar la sensación de un proyecto de automatización.

Los entrenadores de PLC cuentan con elementos como pulsadores, luces, relés, etc. y por ello, se pueden realizar proyectos reales de automatización.

Ya sea que sólo tenga el libro o el libro con el PLC, realmente quiero felicitarlo por este primer paso para obtener conocimiento sobre un mundo fascinante. Espero que disfruten este libro tanto como yo cuando lo escribí.

En el viaje que acaba de comenzar… ya no habrá límites.

Orlando Charria.

Sobre el Autor.

El Sr. Charria es Ingeniero en Electrónica de la Universidad Pontificia Bolivariana en su país natal, Colombia. También tiene algunos estudios de posgrado, un programa individual en Holanda en el campo de la visión artificial y estudios de maestría en Ciencias Ambientales.

Tiene más de veinticinco años trabajando con todo tipo de productos y procesos de automatización industrial y sirviendo como conferencista y profesor en muchas instituciones educativas en Colombia y EE. UU.

Participó como ingeniero y consultor en proyectos de automatización en todo el mundo y ayudó a varios OEM. para definir la estrategia de automatización de su maquinaria.

Su experiencia como ingeniero se relaciona con empresas muy importantes como Philips, VARTA y más recientemente, Latin-Tech.

Cuando lo autorizan y dado que es un defensor de la era de las comunicaciones, al señor Charria le gusta contactar a sus compradores, virtual y brevemente, para aconsejarlos sobre cómo sacar mejor provecho al usar el libro y el software simulador. Esto cierra la brecha entre autor y lector.

CONTENIDO

[1. INTRODUCCIÓN]

El número de dispositivos de automatización, instalados en todo el mundo, aumenta constantemente. Podríamos pensar que la mayoría de los procesos industriales conocidos, utilizan al menos un PLC para operar.

Este conocimiento está evolucionando a lo largo del tiempo, y se ha convertido en una necesidad real para los técnicos el actualizar sus habilidades sobre cómo cablear, solucionar problemas, programar y probar toda la maquinaria controlada por un PLC.

En el mercado encontrará muchos libros muy buenos sobre automatización, PLCs, programación en escalera y técnicas de programación. Pero el principal problema es que los contenidos o son muy específicos o demasiado especializados. Por ejemplo: un libro que cubra la programación en escalera explicará las metodologías, pero asumirá que usted sabe mucho sobre automatización.

Si el libro trata sobre automatización, cubrirá todos los aspectos generales, pero la mayoría de los capítulos relacionados con la programación en escalera se resumirán y los ejemplos serán muy limitados.

Este libro está destinado a cubrir los fundamentos de los PLC y la programación en escalera, por lo que sería como si estuviera comprando tres libros diferentes:

El primer libro, se enfoca en ayudarlo a comprender los fundamentos de la automatización y la Lógica Escalera.

El segundo libro, cubre los aspectos básicos de la Lógica Escalera, incluidas varias lecciones prácticas para que domine las instrucciones básicas que son comunes a cualquier marca de PLC.

Un tercer libro está relacionado con las aplicaciones reales de PLC, donde puede probar usted mismo cuánto ha aprendido escribiendo el programa de control para un proyecto determinado y ver si podría funcionar en un entorno simulado o real.

Estos dos últimos libros se pueden usar junto con un software de simulación y programación, que está disponible para descargar, para que practique en casa. Eso hace que este libro, diferente de los manuales, sea el único del mundo con un software.

Aprender acerca de los PLC con nuestro método no requiere ningún equipo, pero si también desea practicar con un PLC real, consulte el equipo de PLC que ofrecemos.

En el libro, usamos PLC y otros términos en inglés, para que le quede más fácil adaptarse a la literatura técnica. Otros términos como autómata o CLP no son usados.

Tenga en cuenta que, para aprender y comprender los conceptos, la teoría debe complementarse con la mayor práctica posible. Recuerde, es la práctica lo que le convertirá en un maestro.

[2. ORIGEN DE PLCs.]

El PLC tiene una historia muy interesante que muy pocos conocen.

2. Origen de los PLC

Dick Morley, padre de los PLC

Dado que la automatización industrial está en permanente cambio, se escribe mucha información todos los días... siempre visualizando el futuro. Pero pocos autores intentan honrar el pasado y el origen de esta tecnología, cuando se concibió el PLC.

El primer PLC, modelo 084, fue inventado por Dick Morley en 1969.
El primer PLC comercial exitoso, el 184, se introdujo en 1973 y fue diseñado por Michael Greenberg.

Estas palabras están escritas para reconstruir el nacimiento del PLC y agradecer a su creador porque, sin su primera idea, este mundo de la automatización no sería lo que es hoy: El invento o innovación que transformó la industria, generó un mercado de $4 mil millones de dólares y que cambió el alcance de cualquier proceso de control, en términos de calidad, confiabilidad y flexibilidad.

El Sr. Richard (Dick) Morley es considerado el padre del controlador programable. Formó parte del equipo que desarrolló el disco compacto. Con varias patentes en EE. UU. y en el extranjero, su trabajo visionario ha contribuido al crecimiento de la tecnología. Por su innovación, el PLC, en 1997 el Instituto Franklin le honró con la Medalla Prometeus. Ocupa el tercer lugar del IEN Internacional entre los "100 Productos Industriales Más Significativos del Siglo XX". En octubre de 1999, la famosa Sociedad de Instrumentación, Sistemas y Automatización (ISA) le otorgó el “Premio a una Trayectoria”. Cinco meses después, en marzo, la revista Fortune también le otorgó el "Premio Héroes de la Manufactura".

Dick Morley se graduó en Física en el Instituto Tecnológico de Massachusetts en 1954. Nada ha limitado nunca sus crecientes logros. Más tarde asistió a la Universidad Northeastern (Boston) durante aproximadamente un año, no para obtener un título sino para complementar algunos conocimientos que le faltaban.

Durante unos 30 años estuvo involucrado con muchas de las empresas de alta tecnología. La mayor parte de su vida ha sido prolífica ya que ha sido ingeniero, autor, consultor, inventor e inversor ángel para más de 100 nuevas empresas de base tecnológica.

De forma jocosa, el señor Morley solía decir que la idea del PLC surgió después de experimentar la sensación que queda después de haber bebido mucho licor la noche anterior.

Preguntas.

1. ¿Podría investigar un poco sobre el divertido "momento" en que la idea de un PLC apareció en la mente del Sr. Morley?
2. ¿Podría buscar las últimas ideas en las que el Sr. Morley estuvo trabajando?

[3. ¿QUÉ ES UN PLC?]

Este capítulo enseña la forma de identificar y definir un PLC, sus ventajas y todos los posibles campos de aplicación.

3. ¿Qué es un PLC?

El término PLC se traduce al español como **Controlador Lógico Programable** (de **P**rogrammable **L**ogic **C**ontroller) y se puede definir como un dispositivo de control, que se puede utilizar para proporcionar un funcionamiento preciso, fiable y continuo de las tareas de **control.**

Un PLC es un equipo electrónico que:

- Ayuda a tener una operación más continua para una máquina o proceso.
- Reduce drásticamente el tiempo de mantenimiento.
- Ayuda a proteger la vida del operador.
- Simplifica el diagnóstico o la resolución de problemas de máquinas complejas.
- Garantiza condiciones operativas repetitivas.
- Simplifica la labor del operador.
- Garantiza un proceso eficiente y rentable.
- Protege la vida de los elementos de control involucrados.
- Ayuda a obtener un producto de alta calidad.
- Mejora el nivel de producción.
- Eleva la competitividad de las empresas.
- Sirve como puente para la adquisición de datos de cualquier proceso industrial.

El diseño de los PLCs, debe estar enfocado a soportar las condiciones de operación eléctrica y mecánica más exigentes tales como: variaciones de voltaje, alta temperatura, alta humedad relativa, vibración extrema, etc.

Los fabricantes de PLC, para lograr especificaciones tan extremas, han desarrollado tecnologías para componentes de propósito especial que son capaces de trabajar en entornos industriales hostiles. En esta carrera, por conseguir un producto mejor y más confiable, las marcas están lanzando al mercado productos con un enfoque tecnológico, que cumplan con todos los aspectos requeridos en:

- Cintas transportadoras.
- Máquinas de inyección de plástico.
- Control Numérico para Maquinaria Herramienta.
- Almacenamiento automatizado en Cámaras Frigoríficas.
- Sistemas de aire acondicionado.
- Maquinaria de embalaje.
- Sistemas de redundancia.
- Sistemas de gestión de agua y energía.
- Plantas de tratamiento de Aguas y Residuos Industriales.
- Subestaciones Sistemas de distribución y transporte de energía.
- Sistemas de estacionamiento.
- Sistemas de riego.
- Montaje de coches.
- Llenado y sellado de botellas.
- Parques de atracciones.
- Sistemas de lubricación automática.
- Semáforos.
- Sistemas de evacuación de emergencia.
- Sistemas de seguridad.
- Máquinas expendedoras
- Control de luces y atenuadores (dimmers).
- Robótica móvil.

Durante muchos años, los fabricantes de máquinas utilizaron un complejo cableado de los terminales de contactos y bobinas de ciertos dispositivos llamados “Relés”, para realizar toda la lógica de control de su maquinaria.

Cuanto más compleja era la máquina, más cableado y dispositivos se usaban. Esta situación convirtió su trabajo en una tarea muy difícil, exigente tanto en tiempo como en mantenimiento. Para un técnico, tratar de solucionar una operación defectuosa era difícil, ya que las herramientas de diagnóstico eran caras y muy escasas.

Este tipo de cableado se denominó Lógica Escalera de Relés (o RLL) porque se basaba en la forma en que se conectaban los terminales del Relé. Dado que se trataba de un cableado físico, la tecnología de marcado y etiquetado de cables era la primera herramienta de diagnóstico disponible para detectar cualquier problema. Con el tiempo, cuando llegaron las computadoras y su tecnología, fue posible una nueva forma de solucionar problemas de operación de las máquinas, que simplificó todos los procesos involucrados.

Muy pronto, se desarrollaron nuevos productos y sistemas de procesamiento de información para producir cambios drásticos en la tecnología de control, gracias al rápido crecimiento de la industria electrónica. Ayudaron a resolver la mayoría de los problemas típicos:

1. Muchos dispositivos eléctricos tuvieron que ser utilizados en páneles de control grandes y complejos.
2. Cablear los dispositivos de control significó mucho trabajo.
3. Rastrear una falla en una máquina era extremadamente difícil.
4. Hacer cambios, en un pánel de control dado, era costoso y requería mucho tiempo.

5. Los cambios en el cableado o la operación debían realizarse localmente, Esto significa que un técnico debía estar presente frente al pánel de control. Los fabricantes de máquinas y los clientes tenían un problema de dependencia.

Desde la industria electrónica, se lanzaron al mercado circuitos electrónicos de control más pequeños y potentes (también conocidos como Chips): el microprocesador y su último pariente, el microcontrolador, ofrecieron nuevas posibilidades a los diseñadores de equipos de control. Fue posible tener formas más rápidas y sencillas de escribir programas de control.

Se podía obtener una lógica de control más eficiente y se disponía de herramientas más sencillas, para realizar el mantenimiento de la máquina.

Muy pronto, la mayoría de los fabricantes incorporaron microprocesadores en sus PLC, obteniendo las siguientes ventajas:

- Equipos de control de menor tamaño y menos costosos.
- Herramientas de software de programación para el desarrollo rápido de programas de control.
- Los cambios se podían hacer con gran flexibilidad. Esta función permitió a los técnicos modificar las líneas de control con un impacto mínimo o nulo en el cableado.
- Mejores y más potentes herramientas de diagnóstico.
- La conectividad y el soporte de módem agregaron la posibilidad de cambiar o monitorear el programa de control desde cualquier lugar del mundo.
- Desarrollo de conjuntos de instrucciones de control más potentes y sofisticados para realizar muchas tareas y cálculos difíciles.

El uso de PLCs es muy popular hoy en día. Las computadoras han estado tratando de obtener una parte del mercado de la automatización industrial, pero debido al costo y la característica industrial, el costo final aún es muy elevado.

Los componentes electrónicos en miniatura y la feroz competencia de la tecnología informática, han convertido a los PLCs en minicomputadoras modernas con más posibilidades de sobrevivir en entornos industriales, tamaños más pequeños y costos más bajos. Algunos fabricantes de PLC están adoptando esta tecnología para preparar nuevos productos que pueden utilizar lo mejor de ambos mundos: PLC y PC.

Control pánel con muchos alambres y relés.

VS

Pánel de Control con PLC

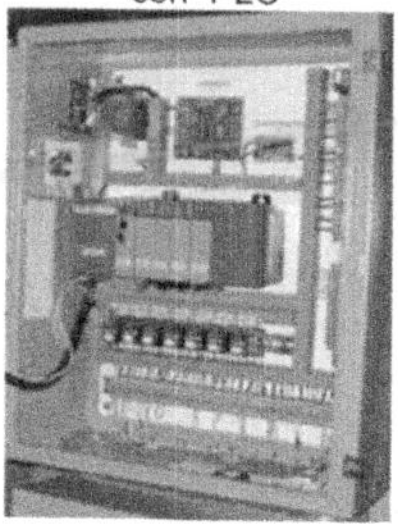

Preguntas

1. ¿Qué significa PLC?
2. ¿Cuándo usaría un PLC en lugar de lógica cableada?
3. Mencione tres ventajas de usar PLC.
4. Mencione tres aplicaciones de los PLC.
5. ¿Podría mencionar una lista de industrias donde el uso de PLC es muy común?

[4. TRES EJEMPLOS DE AUTOMATIZACIÓN.]

Una buena manera de entender todos los conceptos de automatización, y la importancia de este trabajo, es mediante el estudio de algunos ejemplos.

4. Tres ejemplos de automatización.

4.1 Producción de galletas.

Una empresa llamada COOKIE CO comenzó a obtener reconocimiento por su producto principal: una galleta sabrosa y crujiente que se había basado en una de las famosas recetas de la abuela.

4.1.1 El proceso.

El método de producción ha sido casi el mismo durante años, en la forma original que usaba la abuela para preparar sus galletas. Primero, se mezclan todos los ingredientes en un tazón grande. Luego, usando una taza como herramienta de medición, se cortan las galletas y se colocan en una bandeja. Se utiliza un horno precalentado para cocinar. Después de algunas horas, una deliciosa bandeja de galletas está lista.

Con el tiempo las galletas se hicieron famosas y la mayoría de los vecinos se interesaron en conseguir y comprar algunas. Con base en este nuevo interés, la abuela decidió que era hora de ganar algo de dinero.

La popularidad de las galletas iba en aumento, y también las órdenes de compra. El gran problema era que Esto requería mucho trabajo de la abuela, dejándola realmente agotada al final de cada día. Más ingresos implicaba más trabajo…

4.1.2 El segundo paso.

La abuela vendía muy bien sus galletas. Traía mucho dinero en efectivo, pero su salud se estaba convirtiendo en una preocupación entre sus familiares. Aunque comenzaron a ayudarla en su tiempo libre, este tiempo no fue suficiente para atender la creciente demanda de galletas de la abuela.

Luego de una reunión familiar todos coincidieron en "industrializar" la producción de galletas. Las ideas resultantes fueron: Tenían que conseguir un horno más grande para asignar más bandejas para poder producir más galletas. También tuvieron que contratar a una persona de tiempo completo para ayudar a la abuela con la producción.

La abuela decidió solicitar un préstamo bancario. Después de llevar varios papeles y certificados de propiedad al banco, como prueba de que en realidad no necesitaba dinero (eso es exactamente lo que los banqueros quieren saber), la abuela (lamentablemente) consiguió los fondos para su cuenta bancaria (el autor no cree en la forma en que los bancos hacen negocios).

En cuestión de días compró e instaló un gran horno con capacidad para ocho bandejas y con control de temperatura. Sus familiares creían que la persona, contratada para ayudar a la abuela, había sido una buena solución, ya que la abuela ahora podía descansar más.

4.1.3 La Producción Industrial Manual.

Comenzó una nueva producción más industrializada. Los pedidos de galletas de la abuela iban en aumento. Uno de los principales factores que la ayudaron a vender más e influir en la gente para que comprara sus productos, fue el maravilloso aroma de sus galletas recién hechas, que se esparcía por todo el vecindario.

No todo fue felicidad ya que pronto la producción tuvo que enfrentarse a otro problema. Aunque la abuela trató de realizar un seguimiento de todos los pasos durante la producción y la persona que la ayudó estaba haciendo lo mejor que podía, hubo algunos problemas:

1. El tamaño de la mayoría de las galletas no era igual.
2. El color marrón no fue uniforme durante la producción.
3. El sabor no era tan bueno como la receta original.

La abuela no quería perder a sus clientes, por lo que decidió buscar la asesoría técnica de su Nieto, quien estaba terminando sus estudios de ingeniería. Ella le pidió que diagnosticara el problema y le diera una buena solución.

El chico visitó el proceso y, después de analizar todo, descubrió que la solución era implementar algunos ajustes, fijando las variables que pudieran afectar a las normas.
Después de adquirir un sistema de alimentación de material, el ayudante vertía siempre la misma cantidad de masa de galleta. Definieron el punto de ajuste de la temperatura para el horno y todos acordaron que la abuela sería la que tomaría la decisión final al sacar las galletas del horno.

Con esta solución resolverían la mayoría de los problemas, al menos por un tiempo. La solución se basó en controlar las variables que pudieran afectar la calidad de las galletas.

4.1.4 La Primera Automatización Industrial.

El negocio de la abuela floreció con más pedidos, más empleados y más equipo (se instalaron más hornos). Tuvieron que trasladarse a otra instalación con características de tipo industrial.

Muy importante, lograron devolverle al banco todo el dinero y como ahora tenían buenas ganancias y los gastos bajo control, ¡el resto de la maquinaria necesaria se compró en efectivo! (¡Qué suerte tuvieron!)

La empresa había generado varios empleos y como resultado de Esto, el pueblo estaba teniendo mucha prosperidad, ya que la economía de las familias iba bien.

La fábrica ahora tenía tres líneas de producción. Cada línea estuvo formada por una batidora automática, un dosificador de masa y una cinta transportadora que transporta las galletas a través de un horno.

Planean exportar por lo que tendrán que analizar qué hacer para ser competitivos, rentables y con altos estándares de calidad.

4.2 Almacenamiento Refrigerado

El propietario de un almacén frigorífico intentaba dar un buen servicio a los clientes con productos perecederos, pero de vez en cuando experimentaba problemas que le estaban ocasionando graves pérdidas económicas.

Los problemas se podrían resumir en:

- La temperatura no era del todo homogénea en toda la habitación. Algunos productos tenían una temperatura diferente a la requerida.

- Por las noches, cuando el sistema estaba desatendido, podían ocurrir daños muy costosos, después de un corte de energía.
- Los trabajadores que ingresaban a la cámara frigorífica, de vez en cuando, se olvidaban de cerrar la puerta por lo que la temperatura de la cámara se veía afectada drásticamente.

Algunos clientes que tenían sus productos perecederos en la cámara frigorífica estaban preocupados por la temperatura real a la que estaban expuestos sus productos.
La calidad de cualquier producto perecedero se ve afectada negativamente por los cambios de temperatura.

Todos los problemas, al final, se convirtieron en un asunto económico para el propietario. Sus propios productos se echaban a perder y el servicio que brindaba a los clientes externos estaba afectando su reputación. Desesperado y con la necesidad de evitar la mayoría de Estos problemas, decidió contratar a un técnico externo para desarrollar una automatización en el sistema.

El técnico hizo las siguientes recomendaciones:

- **Temperatura no homogénea.**
  Dos ventiladores planos ubicados debajo del piso del techo ayudarían a esparcir el frío por la habitación. Cuatro sensores de temperatura proporcionarían información de la temperatura de diferentes lugares evitando tener ventiladores funcionando todo el tiempo. Un programa de control podría leer las temperaturas, compararlas y, sólo cuando las diferencias calculadas entre todas ellas fueran de sólo 0,5°C, se consideraría homogénea. Si la

temperatura en la habitación no es homogénea, los ventiladores deben estar encendidos.

- **Pérdidas de energía o apagones.**
  El servicio de suministro de energía regularmente estaba bien y sólo en algunas ocasiones no hubo energía estuvo por más de una hora.
  En general, los cortes de energía fueron de menos de media hora, pero este breve tiempo fue más que suficiente para que la temperatura aumentara.

  Se podría usar un generador de energía de gas de respaldo para suministrar la energía mientras se produce el corte de energía. El gran problema es que tener esta solución de cambiar la fuente de energía, sin intervención humana, de forma automática sería muy caro. El técnico sabía que lo correcto era brindar todo tipo de opciones para que el dueño tomara su decisión.

- **Sistema de seguimiento de temperatura.**
  Instalación de un sistema que permita, tanto al propietario como a sus clientes, realizar un seguimiento online de la temperatura.
  En este caso, la información precisa podría ser un servicio agregado muy valioso.

4.3 Automatización de edificios.

El ingeniero de mantenimiento, de un gran edificio comercial, se da cuenta de que la factura de la energía está aumentando hasta niveles que preocuparán al gerente.

El costo es aproximadamente un 35% más alto que el año pasado.

Luego de una reunión, donde estuvo presente la mayor parte del personal directivo, coincidieron en los siguientes hechos:

- El número de trabajadores ha aumentado un 10%.
- Se ha reducido el número de horas extras.
- La ocupación del edificio es de alrededor del 60% y casi constante.
- Se necesita identificar el equipo con más consumo de energía.

Se instó al ingeniero de mantenimiento a dar una solución y, como es habitual en la industria manufacturera, el mantenimiento es totalmente responsable de lo que sucede. Usted sabe, la mayoría de la gente piensa: "Cuando las cosas van bien no se necesita mantenimiento y cuando las cosas van mal es porque no hay mantenimiento".

Lo primero que había que hacer, según la importancia, era identificar los equipos que estaban consumiendo la mayor parte de la energía.

Después de una revisión rápida, el ingeniero de mantenimiento descubrió que el aire acondicionado, la iluminación interior y las lámparas exteriores podrían ser los equipos que estaban afectando fuertemente la factura de energía.

Probablemente, la mejor manera de tener una solución rápida era entender cómo se utilizaba cada equipo, de ahí la cantidad de dinero que estaba aportando a la factura de la Light.

4.3.1 Aire Acondicionado.

Este equipo era una unidad central que controlaba la temperatura de todo el edificio. Descubrió que esta unidad de aire acondicionado era muy antigua, porque se instaló justo cuando la empresa comenzó a operar, por lo que después de todos Estos años probablemente ya había perdido su eficiencia.

Cada piso tenía un número diferente de personas, lo que a su vez hacía diferentes requisitos. Había salas que sólo se usaban por cortos períodos de tiempo, como la sala de conferencias, que se usaba sólo dos o tres veces por semana, sin embargo, esta gran sala tenía una temperatura controlada por el sistema central.

4.3.2 Iluminación interior.

Todos los pisos tenían todas las luces encendidas, incluso los lugares donde no había gente. La mayoría de los empleados no prestaban atención a apagar la Light antes de salir de sus oficinas.

Algunos lugares tenían una iluminación excesiva, lo que significaba que había más lámparas de las necesarias.

4.3.3 Lámparas de exterior.

La iluminación exterior también era redundante. Había muchas lámparas que apuntaban a iluminar el mismo lugar y algunas otras lámparas estaban en lugares que no requerían Light artificial. Como la instalación era antigua, probablemente las lámparas no eran tan eficientes como las modernas con mejor tecnología.

La estrategia de automatización.

El ingeniero de mantenimiento preparó el siguiente plan, tratando de obtener la aprobación del proyecto:

1. Informe detallado de las cosas que requirieron inversión y las demás que se pudieron hacer sin mayor costo.
2. Definición de prioridades.
3. Costo parcial y costos totales
4. Cálculos de retorno de inversiones (ROI).
5. Tener una reunión con las personas que toman las decisiones.

En general, la propuesta de automatización fue:

- Análisis profundo de la ocupación del edificio. Todos aquellos pisos que se pudieran cerrar, trasladando a la gente a otro piso, beneficiarían los costos en la factura energética.
- Estudio de costos para ayudar en la selección de usar la misma unidad de aire, frente a nuevos equipos con mayor eficiencia o circuitos independientes y unidades de aire acondicionado más pequeñas.
- Separación de las salas de baja ocupación (como la sala de conferencias) de la unidad principal o del control central.

- Instalar sensores de movimiento en la mayoría de las oficinas, para detectar la presencia de personas en la noche; de esta manera el control apagaría la Light durante la noche.
- Interruptores, instalados en determinadas puertas, para detectar si la habitación tiene personas dentro, como alternativa de detección de bajo costo frente a los sensores de movimiento.
- Interruptores de control para conexión y desconexión de cargas para una persona de seguridad, con capacidad para encender o apagar los diferentes circuitos de iluminación en cualquier piso.
- Instalación de equipos de medida individual de potencia y energía por circuito eléctrico. Por ejemplo, pisos de edificios, luces en oficinas, computadoras, equipos de alto consumo, etc.
- Estudio de iluminación, según normativa, para detectar qué lugares carecen de Light o cuáles tienen exceso de iluminación.
- Nuevos circuitos eléctricos y lámparas para el sistema de iluminación exterior. Este nuevo enfoque ayudaría a ahorrar mucha energía, encendiendo o apagando sólo las luces que realmente se necesitan.

Para abreviar esta historia, el ingeniero de mantenimiento presentó este informe. Todos en la reunión estaban convencidos de la viabilidad de la solución, por lo que el presupuesto de automatización se aprobó sin dudarlo.

Los resultados fueron muy buenos. Los ahorros fueron más altos de lo esperado, por lo que el ingeniero de mantenimiento recibió una bonificación sustancial al final del año.
Su presupuesto para la automatización aumentó, después de que todos vieron los resultados.

Preguntas

1. Revisando los tres casos, ¿cuál se puede hacer en menos tiempo?
2. ¿Qué caso puede aportar más beneficio a la empresa?
3. ¿Qué caso tomaría menos tiempo para implementar?
4. ¿Podría pensar en otros ejemplos de automatización?
5. ¿Qué proyecto tiene riesgos de producción?
6. ¿Cómo se detecta si la automatización no funciona?
7. ¿Cuántas personas están involucradas en el proceso de automatización?
8. Piense en el tipo de alarmas que podemos agregar a cada proyecto.
9. Trate de imaginar situaciones posibles en el proceso que no han sido consideradas aquí.
10. Si lo eligieran para desarrollar alguno de estos casos como proyecto comercial, ¿qué haría diferente?

[5. TIPOS DE PLC.]

Este capítulo le ayudará a comprender los PLC disponibles en el mercado y una forma sencilla de reconocer sus funciones.

5. Tipos de PLC.

Hoy en día, el mercado de la automatización está lleno de marcas de PLC de alta calidad. Todos ellos buscan ser competitivos y es por esta razón es que se han esforzado en acomodar sus diseños, para hacer productos con características relevantes que los diferencien de los fabricados por sus competidores.

En esta batalla tecnológica, los PLC han sido reformulados en varias ocasiones, de tal forma que se pueden diferenciar en cuanto a costo, tamaño, calidad, confiabilidad, conexión, etc.

Hay varias formas de clasificar los PLC, pero la más popular podría basarse en:

a) Arquitectura:
- Fijo
- Modular
- Mixto o Combinado.

PLC
Fijo E/S

PLC Modular

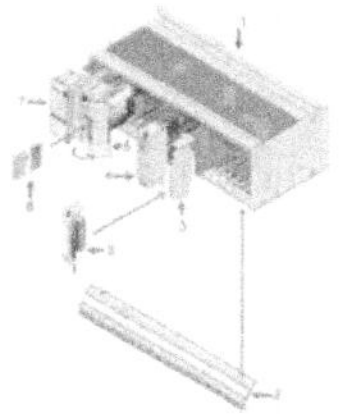

PLC Combinado

Cuando un PLC no tiene posibilidad de opciones de expansión, entonces se le llama configuración fija. Significa que los módulos o partes, como la CPU, las entradas y las salidas, se definirán según el modelo que haya comprado el usuario. No hay posibilidad de añadir más funciones cambiando cualquier componente del PLC.

Aunque se encontrará una mejor descripción en los siguientes capítulos, un PLC se puede comprar en módulos: Base (o rack), CPU, Entradas (Inputs), Salidas (Outputs) o módulos especiales.

En los PLC modulares, cada parte del PLC se considera un módulo independiente. Por lo tanto, puede comprar, por ejemplo, módulos de entradas con cierta capacidad de entrada y luego, pero si su proyecto requiere más entradas, el diseñador de automatización (usted) tiene dos opciones: quitar el módulo de entrada actual para poner otro con más entradas o usar espacio adicional en el bastidor o la base y agregar un módulo de entrada adicional.

Cuando trabaje con PLC modulares, debe tener mucho cuidado al seleccionar el bastidor o la base, ya que debe dejar espacio adicional para evitar cualquier crecimiento de Entradas y Salida (E/S) en el futuro.

Cuando el PLC ya tiene algunas entradas y salidas fijas, pero hay algunos espacios con lugares vacíos para agregar módulos adicionales, este PLC es de tipo mixto.

Muchos fabricantes ofrecen PLC mixtos, porque existe un buen mercado para aplicaciones en las que un crecimiento limitado podría ser útil. Por ejemplo, aplicaciones de máquinas que necesitan reemplazar una E/S dañada o cuando la máquina tiene nuevas opciones que no se ofrecieron desde el principio.

b) Montaje:
- Nivel de tablero
- Nivel de chasís.

En una aplicación de automatización, en la mayoría de las veces existe un pánel de control o gabinete, que protege a todos los dispositivos eléctricos y electrónicos del interior, de ambientes externos hostiles como el polvo o la humedad.

Algunos fabricantes consideran que no es necesario tener una protección extra para el PLC, por lo que prefieren suministrar la Tarjeta de Circuito Impreso (PCB en inglés) sin protección externa. De hecho, cualquier cubierta externa tiene un costo en el producto del PLC. Estos PLC se parecen a cualquier placa de circuito impreso, con todos los chips completamente expuestos.

Muchos usuarios confían más en las características y especificaciones técnicas que en la apariencia externa de un PLC determinado.

PLC tipo tarjeta

PLC con chasís o cubierta

Esta cubierta externa agrega costos adicionales a la fabricación del PLC, lo que con el tiempo representa un costo adicional para usuarios, como los fabricantes originales de exportación (OEM en inglés). En miles de unidades, cualquier centavo ahorrado es significativamente importante.

Algunos otros fabricantes consideran que esta carcasa externa juega un papel muy importante en la aplicación industrial y la hicieron parte de la estrategia de marca y marketing, lo que ayuda al usuario a diferenciar el PLC de los demás. Esta característica técnica y estética tiene un costo que tanto fabricantes como usuarios, en la mayoría de los casos, están dispuestos a pagar.

b) Fuente de alimentación:

La fuente de alimentación puede ser:

Externa o Incorporada (Built-in).

Todos los PLCs funcionan con corriente continua y voltaje de corriente directa (DC en inglés), pero el voltaje normal que se obtiene en cualquier ambiente industrial es corriente alterna (AC en inglés), porque generalmente proviene de una red eléctrica. Para familiarizarse con la terminología, por favor visite el apéndice de Fundamentos en electricidad.

Los fabricantes desarrollaron las fuentes de alimentación para proporcionar a los PLC y la electrónica de control voltaje de CC desde las líneas de CA, ya sea mediante el uso de un conjunto básico de transformador y rectificador de voltaje o mediante enfoques modernos como las fuentes de alimentación conmutadas.

Según el costo y las especificaciones, el PLC puede tener la fuente de alimentación incluida en su producto o necesitará comprar una fuente de alimentación externa.

c) Reparabilidad.

La mayoría de los PLC están hechos para durar años, pero de todos modos pueden dañarse. Por muy fiables que sean, en cuanto una de las piezas se dañe, ya sea un módulo o una parte electrónica, todo el funcionamiento de la máquina se verá afectado y el problema debe solucionarse de inmediato, de lo contrario, la máquina controlada tendrá un funcionamiento defectuoso. generando un costoso tiempo de producción.

Debido a que no siempre es posible que una industria lleve un inventario de todas las posibles piezas de PLC utilizadas, la reparación de un PLC puede requerir el pedido de un módulo o pieza al revendedor, representante o fabricante. En algunos países obtener un nuevo módulo de repuesto es cuestión de pocas horas, pero en otros países el proceso de consecución puede durar meses.

Debido a este hecho, algunos fabricantes colocan una base para algunos o todos los circuitos integrados del módulo para permitir una rápida extracción y sustitución de chips. Esto último se vuelve difícil cuando la placa utiliza tecnología SMT montada en superficie, que requiere unas herramientas especiales para quitar o reparar componentes.

La reparación de un módulo de PLC afectará las garantías, pero reducirá los costos y resolverá el problema, al menos temporalmente, hasta que el problema se resuelva con alguna pieza original.

Preguntas.

1. ¿Qué es un PLC de arquitectura Fija?
2. ¿Qué es un PLC de arquitectura Modular?
3. ¿Qué es un PLC de arquitectura Mixta?
4. ¿Qué es un PLC en placa o tarjeta?
5. ¿Qué es un PLC con chasís?
6. ¿Qué es un PLC con fuente de alimentación incorporada?
7. ¿Cómo se puede reparar un PLC?

8. ¿Qué es un OEM?
9. ¿Qué tipo de PLC se recomienda para aplicaciones pequeñas?
10. Qué tipo de PLC se recomienda para aplicaciones que se ensamblarán en etapas (el PLC deberá crecer)
11. ¿Cuándo se aplica un PLC de arquitectura mixta?

[6. ARQUITECTURA BÁSICA DE UNA APLICACIÓN PLC.]

Este capítulo proporcionará un enfoque muy actualizado de todos los elementos que intervienen en cualquier proyecto de automatización. Se mencionan todas las nuevas tendencias y tecnologías.

6. Arquitectura básica de una aplicación de PLC.

Un proyecto de automatización requiere de varios dispositivos los cuáles, de acuerdo con su interacción con el resto de los componentes del sistema, darán como resultado un proceso de control automatizado exitoso, fácil de operar, confiable y preciso.

En general, un proyecto de automatización puede incluir un PLC y cualquiera (o todos) de los siguientes componentes:

1. Fuente de alimentación.
2. PLC.
3. Pánel del operador.
4. Sensores
5. Transmisores.
6. Elementos de interfaz.
7. Elementos finales de control.
8. Dispositivos de comunicación.
9. Computador (PC en inglés).
10. Módulos universales.
11. Módulos remotos.
12. Hubs.
13. Drives

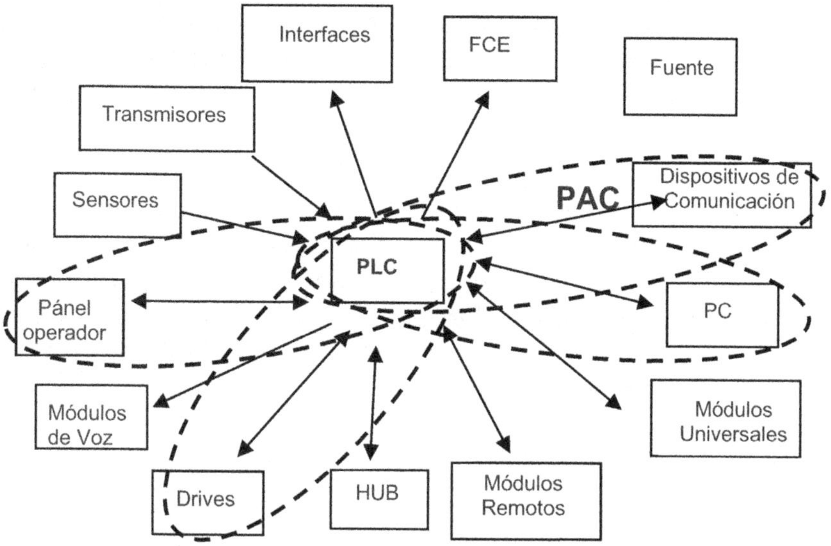

Se podría escribir un libro completo, de varias páginas, cubriendo todos los aspectos de cada componente de un proyecto de automatización. Cada dispositivo es una industria compleja que implica tecnología, know-how, marketing, fiabilidad, precisión, etc.

Este libro no tiene la intención de brindar una cobertura detallada de cada producto de automatización; pretende, al menos, dar una vista rápida para que se comprendan algunas situaciones muy comunes de este campo.

El gráfico anterior es muy importante para comprender la forma en que los diferentes dispositivos se utilizan para la automatización. Se debe considerar lo siguiente:

- Los rectángulos representan dispositivos y un mundo completo de varias posibilidades. Por ejemplo: Los variadores incluyen todos los tipos de variadores comerciales: CA, CC, paso a paso, servo, etc.

- Las flechas representan la dirección de la información; por lo tanto, una flecha de dos puntas significa información bidireccional y una flecha de una sola punta significa una sola dirección.

- Las líneas punteadas representan combinaciones comerciales típicas. Esto significa que algunos fabricantes están uniendo dos productos compatibles, diferentes, y creando un nuevo producto con funciones potentes. Esta es la arena de competencia.

Ahora, intentemos centrarnos en los diferentes componentes:

6.1 Fuente de alimentación.

La fuente de alimentación es común al resto de elementos; por eso no tiene conexión. Para operar, los dispositivos de automatización requieren una fuente de alimentación que proporcione el voltaje y la corriente específicos que requieren. Si las especificaciones son diferentes o están fuera de rango, es posible que se requieran fuentes de alimentación especiales, adicionales o de mayor capacidad.

Algunas fuentes de alimentación incluyen funciones adicionales como protección contra cortocircuitos, protección contra sobretensiones, filtrado de señales eléctricas no deseadas, etc.
Existen varios tipos de fuentes de alimentación, pero sólo consideraremos aquellas que realmente se utilizan para la automatización industrial.

Últimamente, las nuevas tecnologías están permitiendo disponer de Sistemas de Alimentación Ininterrumpida (SAI o UPS en inglés). Estos sistemas pueden tener una batería para proporcionar la energía durante un tiempo determinado, en caso de tener un corte de energía de CA.

Se tienen dos tipos de fuentes de alimentación:

Lineales y Conmutadas

Las fuentes de alimentación lineales utilizan un transformador como uno de los dispositivos principales. La siguiente imagen muestra el tipo de transformador del que estamos hablando.

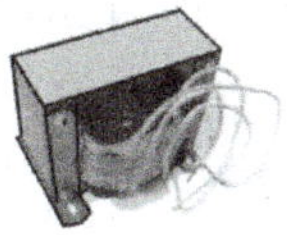

Transformador Ferromagnético

Una fuente de alimentación lineal para automatización industrial está formada por tres etapas básicas:

Transformación de tensión, Rectificación y Regulación de Salida.

Las fuentes de alimentación que utilizan transformadores tienen esquemas eléctricos simples, como el que se muestra a continuación. Incluye sólo unos pocos componentes.

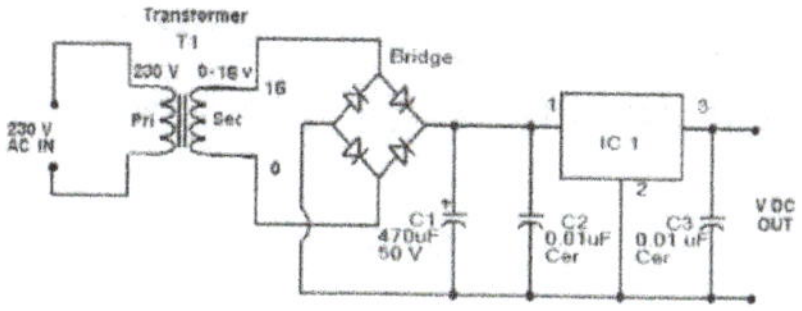

Diagrama de una Fuente alimentación lineal típica.

Los transformadores son pesados, voluminosos y disipan calor cuando están funcionando. Esta situación los coloca en una posición muy poco eficiente, en comparación con los que se utilizan en las fuentes de alimentación conmutadas.

Hoy en día, los fabricantes de máquinas prefieren utilizar fuentes de alimentación conmutadas, en lugar de fuentes de alimentación lineales, debido a las siguientes ventajas:

- Menos calor involucrado, por lo que son más eficientes.
- Pueden absorber cualquier variación de voltaje de entrada dentro de un rango muy amplio. Por ejemplo, pueden aceptar cualquier voltaje que oscile entre 80 y 240 V CA.
- Menos mantenimiento requerido.
- Mejor regulación del voltaje de salida.
- Espacio mínimo requerido.
- No se requieren fusibles, ya que la electrónica desconecta la carga cuando hay cortocircuitos.
- Circuitos complejos, con mejores características operativas.

La figura muestra el diagrama eléctrico de una fuente de alimentación conmutada muy común. A primera vista se nota que hay más componentes involucrados.

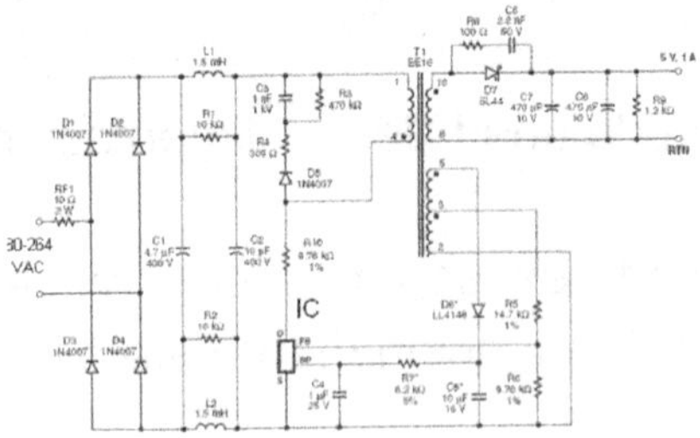

Diagrama de una fuente de alimentación conmutada típica.

Dos componentes son muy importantes aquí: el IC (Circuito Integrado en inglés), que internamente es un dispositivo muy complejo, y el transformador de ferrita. Este último es un transformador muy pequeño que puede trabajar a frecuencias más altas que los transformadores normales.

Transformador de Ferrita

Núcleos de Ferrita con diversos bobinados

Las figuras de arriba muestran un transformador de ferrita (izquierda) y varios tipos de transformadores y bobinas fabricados con núcleos de ferrita (derecha)

Este es el tipo de fuente de alimentación que los fabricantes de PLC incluyen como opción interna, al ofrecer el PLC con fuente de alimentación incorporada.

Fuentes de alimentación conmutada.

6.2 PLC.

Si observa el gráfico principal, notará que el PLC es como el "centro" de todo. Esto se hizo a propósito, ya que el PLC puede considerarse como el núcleo de la solución de automatización basada en PLC.

Existen algunas otras aplicaciones de automatización basadas en PC, pero no necesariamente usan Lógica Escalera, que es uno de los objetivos principales de este libro.

El PLC interconecta la mayoría de los dispositivos de varias maneras. Normalmente, la información del proyecto de automatización es recopilada, procesada y controlada por el PLC. Luego se consulta al PLC desde otros equipos externos como PCs, pero es bueno aclarar que, para la mayoría de las aplicaciones, el propósito principal del PLC es controlar el proceso.

6.3 Pánel del operador.

La interfaz entre el proceso o máquina (controlada por el PLC) y la persona que opera la máquina se denomina Interfaz Hombre-Máquina (¡Seguimos considerando que las máquinas son operadas por humanos!)

Seleccionar el pánel de operador correcto es muy importante para tener una operación fácil, eficiente y amigable de la máquina o el proceso.

Se puede tener desde una simple pantalla (display en inglés), con información de texto y dos simples pulsadores, hasta complejos páneles panorámicos a todo color, que pueden mostrar gráficos del proceso de forma dinámica.

Dado que los páneles de operador son muy útiles para traducir la información del proceso, en datos comprensibles y bien presentados, la mayoría de las aplicaciones de automatización requerirán páneles de operador.

Hay una línea de puntos que agrupa el PLC y los Páneles de Operador. Esto significa que hoy en día se pueden obtener productos comerciales con un pánel de operador y un PLC como un sólo equipo.

Display de 4 Líneas x 20 Caracteres Cristal Líquido (LCD)

No todos los proyectos de automatización requerirán un pánel de operador, pero de acuerdo con las necesidades del proyecto, es posible que necesite una forma de mostrar cierta información del proceso. En este caso, puede usar una pantalla de cristal líquido (LCD) simple.

Las pantallas están referenciadas por el número de caracteres por línea y el número de líneas.
Por ejemplo, una pantalla podría ser de 2 líneas, de dieciséis caracteres por línea o una pantalla de 4 líneas, con 20 caracteres para cada línea, como la que se muestra arriba.

Display y Teclado (HMI)

Hay algunos casos en los que necesita ingresar datos numéricos para informar a la máquina o procesar la configuración de control que desea. Por ejemplo, un punto de ajuste para controlar una temperatura dada. En Estos casos, además de la información de la pantalla, debe poder ingresar el valor de control deseado. Para ello, puede utilizar un pánel de operador como el que se muestra arriba.

Cuando desea simplificar la cantidad de componentes involucrados y sólo prender o apagar una máquina, existen otras interfaces disponibles con características más simples, como la que se muestra a continuación.

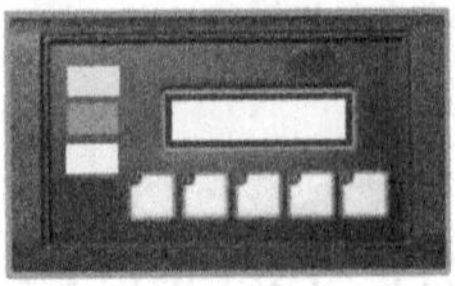

Display, Pulsadores y Luces Indicadoras (HMI).

Dispone únicamente de display, tres indicadores luminosos y cinco pulsadores. El programa en el PLC proporcionará la lógica para encender o apagar las luces indicadoras y será informado cuando uno de los pulsadores, en el pánel frontal, haya sido activado.

Con las nuevas tecnologías aumentando la miniaturización y con unos chips (ICs) más potentes, se necesitan menos componentes y se pueden tener páneles de operador mucho más flexibles y a precios asequibles. Por ejemplo, puede encontrar interfaces de operador que pueden mostrar imágenes a todo color y no simplemente texto.

En algunos casos, sólo necesita tocar la superficie frontal para activar un pulsador, dibujado en la pantalla, que es monitorizado con la lógica del programa de control en el PLC.

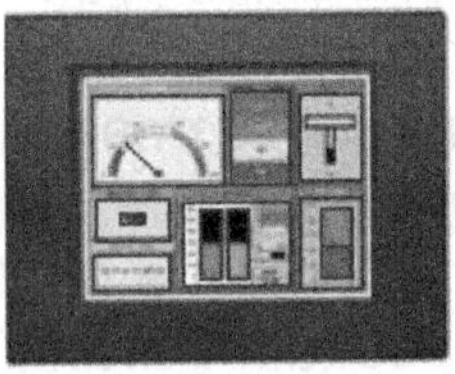

Pánel de Pantalla de tacto (HMI)

Las minicomputadoras y el software para hardware limitado, como teléfonos celulares o tabletas, han permitido el desarrollo de una nueva tecnología en las interfaces de operador.

Ahora, son pequeñas computadoras que pueden ejecutar más programas, que sólo mostrar información. Realmente pueden procesar y manejar datos y almacenarlos en bases de datos internas. Los puertos Ethernet permiten que las interfaces del operador se interconecten a la red de la empresa y compartan información en tiempo real.

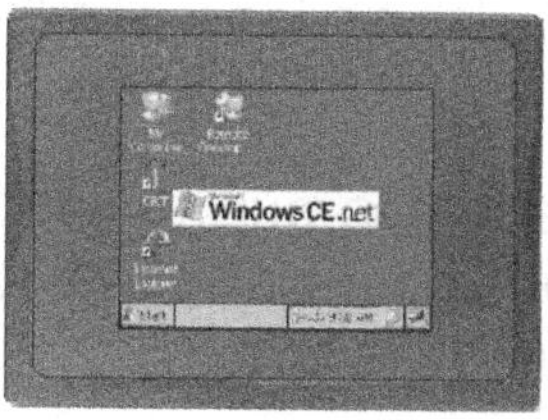

Pantalla de tacto con computador y WindowsCE

6.4 Sensores

El propio PLC no puede determinar lo que sucede a su alrededor. Se apoya en elementos de sensado, medida o detección, para saber qué ocurre con todas las variables del proceso.

Los sensores detectan cualquier cambio de estado o cualquier nuevo valor de variable. Como ejemplo, cuando alguien abre una puerta de seguridad, durante una operación de proceso, un sensor notificará al PLC sobre esta situación. El programa en el PLC deberá realizar las acciones adecuadas para Stop todo el proceso, hacer sonar una alarma, cerrar válvulas, Stop motores o, simplemente notificar al operador sobre esta condición de trabajo riesgosa.

La confiabilidad y precisión del sensor son muy importantes, ya que el funcionamiento puede ser problemático debido a un sensor defectuoso.

Una última observación sobre los sensores está relacionada con el hecho de que una vez que se conectan a los PLC, influirán en el funcionamiento general del proceso.

Es muy importante diferenciar de un simple sensor o un sensor industrial. El término "Industrial", agregado a un producto, aclara que el producto puede funcionar en entornos hostiles o, en algunos casos, garantizar múltiples operaciones sin tener un daño.

Por supuesto, sabemos que el sensor fallará después de un tiempo de funcionamiento, pero el objetivo es que funcione la mayor parte del tiempo.

A continuación, veamos algunos ejemplos de sensores digitales:

Interruptor Límite Mecánico

Los interruptores de límite son sensores mecánicos que se utilizan para detectar cuando una parte de la máquina ha alcanzado una determinada posición o por ejemplo, cuando la máquina quiere tener una operación segura y el diseñador del programa quiere garantizar que todas las puertas estén completamente cerradas.
La palanca de detección del interruptor de límite se puede seleccionar entre muchas posibilidades como: resortes, ruedas, cables, etc.

Sensor Inductivo

Los sensores mecánicos pueden verse afectados por ambientes llenos de suciedad, agua, grasa, etc. Para evitar este problema se pueden utilizar algunos sensores inductivos. El sensor inductivo detecta piezas metálicas a distancias muy cortas (no más de 3 o 4 mm).
Para la detección de piezas no metálicas, puede utilizar sensores capacitivos.

Barrera de Luz

Cuando se tienen máquinas peligrosas y se necesita asegurar el perímetro, algunos fabricantes de sensores utilizan las llamadas "Barreras" que están formadas por sensores ópticos (emisor y receptor). El haz de luz, enviado por el emisor, puede redirigirse varias veces, utilizando espejos especiales, antes de que los haces de luz lleguen a un receptor. Es posible tener una sola fuente emisora de luz para varios receptores. Los receptores son los que envían la señal de detección al PLC.

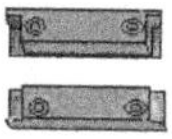

Interruptores Reed Relay

Además de las aplicaciones industriales o de máquinas, cuando el entorno no es tan hostil, los sistemas de seguridad y domótica utilizan dispositivos de muy bajo costo, para detectar cuándo las ventanas y las puertas están cerradas o abiertas. Estos se denominan interruptores Reed Relay. Uno de los dispositivos es simplemente un imán, el otro es un interruptor que se cierra cuando el imán está localizado exactamente frente a él.

Encoder Mecánico

Algunas piezas mecánicas giran en una o varias vueltas. La posición en 360 grados o velocidad de rotación es una información muy útil en automatización. Los fabricantes de máquinas utilizan un dispositivo llamado "Encoder" (codificador) para detectar la velocidad de una pieza giratoria, de manera digital. Hay demasiados modelos de para mencionarlos aquí, pero en general pueden tener una salida (llamada Incremental) o dos salidas (llamada Cuadratura), para proporcionar cierta cantidad de pulsos durante la rotación. Cuantos más pulsos por vuelta puedan generar, más precisos son.

6.5 Transmisores.

Cuando se utilizan sensores de tipo analógico (lo aprenderá en el segundo libro), no todas las señales que salen de los sensores se pueden aplicar directamente al PLC. En algunos casos, se requiere convertir la variable detectada en una llamada "Señal estándar", la cuál es una señal eléctrica predefinida, que es equivalente a la variable que se mide.

Los transmisores suministran información precisa de la variable que miden y la envían al PLC en una señal eléctrica libre de riesgos, que puede recorrer largas distancias, sin mayor distorsión de la información.

Transductor de Presión

Las presiones positivas y de vacío son muy comunes dentro de las variables de los procesos industriales y la automatización. La variable de presión física se convierte mediante un **transductor** que la convierte en un microvoltaje. El circuito electrónico interno toma esta pequeña señal y genera un voltaje eléctrico proporcional, dentro de un rango específico. Los transductores de presión están construidos para por rangos y precisión especiales.

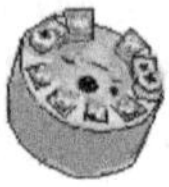

Transmisor de Termocupla

Cuando el sensor no proporciona la salida en una señal estándar, entonces necesitamos usar un dispositivo llamado **transmisor**. En este caso, el sensor es simplemente un transductor, que cambia la variable que se mide a un voltaje eléctrico de cualquier magnitud. El transmisor toma esta pequeña señal y realiza la conversión a una señal estándar. Los transmisores se asocian a la variable que miden para obtener su nombre, por ejemplo:

Transmisor de temperatura de termopar tipo K o transmisor de temperatura Pt100 RTD.

Transmisor con Display y Termo-pozo

Normalmente, la salida del sensor es una corriente porque puede viajar distancias más largas que cuando se usa voltaje. Los transmisores se están convirtiendo en dispositivos muy sofisticados y los fabricantes de sensores están agregando más y más características. Algunos productos recientes pueden leer la variable, almacenarla, mostrar información en una pantalla local, realizar algún control local si es necesario y, finalmente, enviar la señal con la escala requerida, hacia una entrada determinada o hacia un puerto de comunicación en el PLC.

6.6 Elementos de interfaz.

El PLC es un dispositivo de control. Esto quiere decir que su principal función es la toma de decisiones. Para tal propósito, no es necesario que el PLC se convierta en un equipo voluminoso, para administrar directamente acciones de control de altos niveles de corriente o voltaje.

Por ejemplo, supongamos que el PLC va a encender un motor de alta potencia. También requerirá manejar dispositivos de alta corriente que están más allá de las especificaciones del PLC. Bajo condiciones de alto voltaje o alta corriente, el equipo de control debe estar aislado de tal manera que las señales de bajo voltaje que salen del PLC, accionen otros elementos robustos, que son más adecuados para estas exigentes condiciones.

Algunos PLC utilizan pequeños Relés (Relay en Inglés) internos, para aislar la electrónica de control y que pueden realizar una acción de conmutación. Estos relés permiten la conexión de cargas que requieren ciertas cantidades limitadas de corriente.

Relés Electrónicos Relé Mecánico

La mayoría de las veces, estas señales son utilizadas por el PLC para notificar a otros dispositivos que requieren un simple cierre de contacto para iniciar una acción.

Se deben usar relés externos y de mayor capacidad cuando se requiera más corriente o más contactos. Existen muchos tipos de relés, con diferentes configuraciones y propósitos, pero en general ayudan a la salida del PLC a controlar otros dispositivos de mayor corriente, cuya operación podría ser riesgosa para la electrónica del PLC.

Relés de Estado Sólido

Los relés electromecánicos son dispositivos con partes móviles que fallarán después de cientos de operaciones. Los fabricantes deben especificar el número de ciclos que puede realizar el relé durante su vida útil antes de que se rompa. Para superar este problema, existen relés de **estado sólido** que utilizan la tecnología de semiconductores y no tienen ninguna parte móvil.

Contactor con Bobina AC

Un dispositivo electromecánico, llamado **Contactor,** se usa para controlar la conexión de alta corriente de los motores trifásicos. La salida del PLC, por medio los contactos de un relé (que son de capacidad de corriente muy baja), suministran el voltaje a la bobina del contactor.

6.7 Elemento de Control Final (FCE en inglés).

Estos elementos son dispositivos que reciben la señal de control del PLC o de los elementos de interfaz y ejecutan la acción deseada en términos de conexión, desconexión, apertura, cierre, movimiento, rechazo o notificación. Su activación refleja en sí misma la parte final de la acción de control.

Motor de AC

El motor es un elemento de control final muy común. Su función es producir el giro o desplazamiento de la parte mecánica a la que está acoplado. Un motor se puede accionar directamente a través de un contactor o a través de otro dispositivo denominado "**Variador de Frecuencia**". Este componente se explicará más adelante ya que forma parte de los dispositivos de automatización.

Otros elementos finales muy populares son las válvulas. Estos son dispositivos que restringen el flujo de cualquier fluido. Existen válvulas de accionamiento manual, eléctrico o neumático. En automatización se utilizan mayoritariamente, las que pueden ser activadas a través de una señal eléctrica proveniente del PLC.

Electroválvula

Dado que el principio de funcionamiento se basa en la electricidad, se denominan Electroválvulas. Se convierten en FCE (elementos de control final) cuando no requieren de ningún dispositivo extra para realizar una acción sobre el proceso. Por ejemplo, las válvulas de agua que se abren o cierran para el flujo de agua son elementos de control final.

No se consideran Elementos de Control Final, a las electroválvulas que envían señales neumáticas a otro dispositivo.

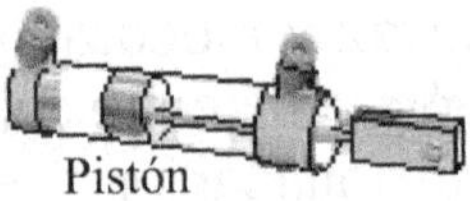
Pistón Neumático

Los Cilindros Neumáticos o Pistones son elementos de Control Final muy populares. Poseen dos cámaras, las cuáles pueden llenarse con aire (neumáticas) o con aceite (hidráulicas) para producir un desplazamiento de la barra central denominada **pistón**. Las válvulas dirigen el aire o el fluido a una de las cámaras.

Supongamos que necesitamos controlar un pistón eyector en una máquina. El PLC enviará la señal de control a un relé, luego el relé energizará la bobina de una electroválvula y la válvula pasará aire a la cámara del Pistón.

A partir de este ejemplo, puede notar que el PLC es un dispositivo eléctrico que es el origen de la señal. Por otro lado, se ve que el Pistón es un dispositivo neumático que requiere aire para operar y constituye el Elemento de Control Final.

Válvula con Actuador Neumático

Cuando se utilizan válvulas industriales, existen situaciones en las que el torque debe ser de alguna manera "amplificado" para realizar una acción de apertura o cierre. Para ello se encuentran los **Actuadores** que son dispositivos mecánicos ubicados en la parte superior de la válvula; según la dirección del aire, abren o cierran las válvulas grandes.

6.8 Dispositivos de comunicación

Hoy en día, todo proyecto de automatización incluye la comunicación con otros dispositivos. Además de las capacidades de comunicación del PLC, algunos dispositivos de comunicación adicionales pueden proporcionar una mejor integración.

Esta lista podría tener:

Módems
Módems inalámbricos
GSM/GPS/GPR
Puertos ethernet
Puertos seriales
Servidores web

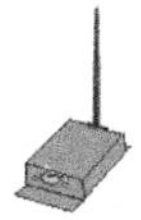

Modem Inalámbrico

No pretendemos entrar en detalles sobre cada dispositivo, ya que esta información está fuera del alcance de este libro. Aunque es bueno saber que la comunicación es la clave para tener un muy buen sistema de control, ya que la mayoría de los PLC tendrán que interactuar con una gran cantidad de dispositivos, que van desde simples dispositivos de control hasta redes informáticas muy sofisticadas.

Algunos procesos están en lugares distantes, donde la conexión a Internet/Ethernet no está disponible. Los dispositivos de comunicación tradicionales, como la radio o los teléfonos celulares, permiten la conexión inalámbrica, permitiendo la transmisión de datos. Nuevos sistemas de comunicaciones inalámbricas como Bluetooth, ZigBee, LoRa han llegado con la tecnología denominada como Internet de las cosas (IOT en inglés).

Algunos fabricantes de PLC han diseñado módulos opcionales para casos en los que se necesitan más puertos de comunicación.

6.9 ORDENADOR o COMPUTADOR PERSONAL (PC en Inglés).

Las PC podrían considerarse la herramienta universal porque se necesitan como parte de la vida diaria. En una humilde opinión, la vida normal en tecnología puede ser incompleta si se carece de una de estas dos herramientas: PCs e Internet.

En automatización, una PC se puede usar para:

1. Controlar un proceso. También llamado control basado en PC. Algunos fabricantes de PC han desarrollado lo que ellos definen como PC industriales, pero su costo, soporte y herramientas de software no han evolucionado lo suficiente, como para extender su uso en aplicaciones industriales.
2. Programar el PLC. La PC se utiliza para asignar el software que simula, compila, edita y transfiere el programa al PLC.
3. Monitorear las variables del proceso controladas por el PLC. Para ello, se utiliza un software denominado SCADA (Supervisión, Control y Adquisición de Datos). Este software permite una representación gráfica del proceso para facilitar la visualización de la información y el funcionamiento de los elementos involucrados.
4. Solucionar problemas del PLC o del proceso. Cuando se desea diagnosticar alguna operación errónea de programación o es necesario configurar o ajustar elementos individuales, puede usar una PC con un software específico. Por todo Esto, es importante que todos los elementos utilizados en la automatización tengan conectividad con las PC.
5. Almacenar grandes cantidades de datos de proceso. El PLC tiene una capacidad de almacenamiento de datos limitada, que no se puede comparar con los discos duros de las PC.

6. Recopilar toda la información de diferentes procesos, PLC u otros dispositivos y luego compartir esta información con otras redes informáticas.
7. Proporcionar al PLC con acceso a Internet. En algunos casos, los PLC no tienen puerto Ethernet, por lo que se conectan a la PC a través de puertos seriales. Una vez que la PC se comunica con el PLC, existen herramientas de software que permiten que una PC remota acceda al PLC a través de esta conexión serial.

Recientemente, los fabricantes de PLCs están utilizando pequeñas computadoras para ensamblar nuevos dispositivos de control, generando una tecnología innovadora, que actúa tanto como un PLC como una PC (con algunas limitaciones menores). El nuevo nombre de este nuevo producto de control es **PAC**.

Un PAC es un controlador de automatización programable y algunos proveedores simplifican la explicación utilizando la siguiente ecuación:

PC + PLC = PAC

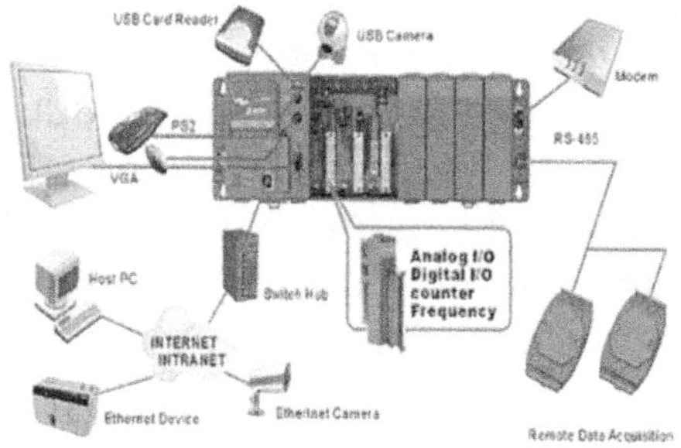

Controlador de Automatización Programable (PAC).

Del gráfico anterior puede concluir que un PAC tiene puertos de conexión para casi cualquier periférico conocido para el PLC o las PC. Esta característica de tener todo tipo de comunicación y software para el procesamiento de datos se está convirtiendo en la mejor razón para utilizar un PAC. El mercado de PAC está creciendo rápidamente desde su debut, en el año 2007.

El PAC cambiará la forma en que realizamos la automatización hoy. Sus potentes funciones ampliarán las posibilidades de las aplicaciones, reduciendo la cantidad de componentes involucrados, que con el tiempo aseguran la confiabilidad de todo el proyecto.

6.10 Módulos universales.

Módulo Universal

Hay una tendencia completamente nueva para agregar módulos que son multipropósito. La idea principal es tener módulos capaces de leer todo tipo de señales analógicas o digitales y que se puedan conectar a **CUALQUIER** marca de PLC del mercado.

La importancia de estos módulos se reconoce ahora. Dado que la mayoría de las veces, con tecnologías más antiguas, los usuarios de PLC deben comprar diferentes módulos para diferentes tipos de señales, entonces el costo final de la automatización aumentará el presupuesto del proyecto.

Por supuesto, Estos módulos son controvertidos, porque los fabricantes de PLC quieren mantener su mercado lo más cerrado posible, obligando al usuario a comprar sólo los módulos fabricados por ellos.

Imagine que trabaja para una industria que utiliza sólo una o dos marcas de PLC. Mantener stock para todos los módulos involucrados es imposible y muy costoso, por lo que sólo se seleccionan y compran los que se consideran críticos.

Ahora imagínese que tiene todos los módulos de E/S (Entrada y Salida) como estándar para todas las marcas de PLC. Sólo necesitaría especificar, por ejemplo, las CPU de cualquier fabricante y usar módulos estándar en toda la industria. Sólo necesita muy pocas unidades de módulos de repuesto, lo que reduce tanto el inventario como el costo.

Piense que pudiera actualizar las CPUs con modelos mejores y más potentes, sin cambiar nada en el resto del cableado y equipo. Todos los módulos de E/S permanecerían intactos, por lo que sus costos de actualización serían casi nulos.

Algunos fabricantes han lanzado al mercado módulos que pueden configurarse para medir señales de voltaje (0-1, 0-5 o 0-10V), señales de corriente estándar (4-20mA y 0-20mA) o medir temperatura a través de un sensor de termopar (también llamada termocupla) en cualquier tipo posible (S, J, K, T, R, B y otros).

Cada canal del módulo se puede configurar para una variable diferente, lo que reduce los costos generales. Por ejemplo, si el módulo universal tiene 8 canales de entrada, puede usarlos a voluntad de la siguiente manera:

> 2 canales para termopar K, 1 canal para termopar J, programa de 3 canales para leer voltaje de 0-5VDC y 1 canal para leer señales de 0-20mA.

Se pueden conectar externamente hasta 255 módulos universales para formar una red, a través de un par de cables de comunicación. Este cable puede recorrer todo el lugar, por lo que se puede añadir cualquier módulo en cualquier punto de los cables.

Módulo Local o de Ranura

Si los módulos necesitan ser insertados en una de las ranuras disponibles en la base, entonces decimos que los módulos tienen "conexión local". Estos módulos limitan el crecimiento de las E/S.

No todos los fabricantes de PLC ofrecen módulos universales y no todos están interesados en producirlos, ya que cuentan con sus propios módulos para cada tipo de señal.

El término "universal" se aplica a la programabilidad de las entradas, pero hoy en día algunos fabricantes están concibiendo que se puede aplicar en un sentido más amplio, basándose en que si se utiliza un protocolo de comunicación general (como Modbus) se pueden conectar a casi cualquier marca de PLC en el mercado. La mayoría de los fabricantes de PLC incluyen este protocolo en sus PLC, por lo que la universalidad está garantizada.

6.11 Módulos Remotos.

Apoyados en su conectividad, los módulos remotos pueden actuar como una expansión de las entradas y salidas del PLC. La única diferencia es que Estos módulos remotos pueden estar ubicados en el mismo pánel donde está el PLC, a cien metros de distancia o, por ejemplo, en un pequeño pueblo de París... si allí se cuenta con conexión a internet.

Hay varias formas de utilizar los módulos remotos:

1. Cuando el PLC está utilizando todos los módulos y necesita agregar elementos adicionales, entonces se puede agregar un módulo remoto, en una expansión local del rack en el mismo pánel de control.
2. Cuando tiene una máquina de una longitud considerable y necesita tender muchos cables hasta el PLC principal, entonces se pueden utilizar módulos remotos para recopilar todas las señales y luego un cable blindado de dos hilos será el único requisito para conectar los módulos remotos al PLC.

3. Cuando la empresa dispone de una LAN (Red de Área Local) o LAN inalámbrica y se desea conectar señales de entradas y salidas remotas que pueden estar cerca de cualquier puerto LAN, es mejor seleccionar un módulo remoto con puerto Ethernet.
4. Cuando una empresa está interesada en monitorear equipos ubicados en lugares distantes (puede ser en otra ciudad o país), un módulo especial con puerto Ethernet es una excelente solución. La mayoría de los PLCs modernos tienen un puerto Ethernet.

6.12 Hubs.

Si el PLC tiene un puerto Ethernet, como módulo opcional o como parte de la arquitectura básica, para efectos prácticos se puede considerar como un computador.

Un **HUB** es un equipo que se utiliza para proporcionar una conexión ethernet a varios dispositivos (principalmente computadoras). Este dispositivo suele tener muchos de los llamados puertos TCP/IP (Ethernet), los cuáles permiten que varios dispositivos compartan un único canal físico de comunicación en una red.

El dispositivo controla la comunicación asignando turnos rápidos, evitando conflictos de comunicación.

HUB

Como los PLC que poseen un puerto Ethernet, pueden conectarse a redes de área local (LAN), pueden considerar que se conectan al Hub, como PC normales.

Los datos en tiempo real, obtenidos del proceso, pueden ser leídos directamente por el software central de la empresa.

El Hub, por mucho tiempo, se consideraba un dispositivo más relacionado con las PC que con los PLC, pero las necesidades recientes están obligando a los fabricantes (incluidos los fabricantes de PLC) a garantizar la mejor comunicación disponible y a utilizar dispositivos confiables y seguros.

6.13 Drives

Cuando los motores requieren cambios de velocidad, deben conectarse a un variador. Varios proyectos de automatización requieren un variador y motores. Los motores pueden ser de CA y CC, por lo tanto, existen variadores comerciales para trabajar en CA y CC.

Para variadores de CA, debemos diferenciar el variador de otros equipos denominados **Arrancadores Suaves** (**Soft Starter** en inglés). Las aplicaciones pueden ser similares, por lo que debe saber qué hacer en cada caso, ya que los precios actuales de los variadores y los arrancadores suaves son casi los mismos.

Cuando necesite arrancar o detener un motor, que siempre va a trabajar a la velocidad máxima de Revoluciones Por Minuto (RPM), debe usar un arrancador suave. El control desde el PLC se limita a la operación de arranque/parada.

El arrancador suave energiza el motor, produciendo una rampa en la velocidad hasta que el motor alcanza la velocidad máxima permitida. Si se aplica una señal de parada, el motor reduce gradualmente (en una rampa) la velocidad hasta que se detiene por completo.

Un **variador de frecuencia**, o **VFD** en inglés, es un dispositivo que le permite controlar la velocidad y el par de torque de un motor de CA, trifásico, de una manera muy eficiente. La gran ventaja de usar un VFD para comandar un motor, es que la velocidad se puede controlar en cualquier momento, de acuerdo con las necesidades del proceso.

El variador tiene un circuito especial para proteger al motor durante la operación y para cambiar todos los parámetros operativos como frecuencia, temporizadores para aumentar o disminuir la velocidad, modos de operación, velocidades preseleccionadas, velocidades máximas y mínimas, etc. También tiene pantallas y varias señales de retroalimentación, que se pueden enviar al PLC u otros dispositivos para una mejor operación general del proceso.

El PLC puede controlar el variador a través de señales eléctricas que pueden ser: señales de encendido/apagado provenientes de contactos, señales de tensión en rangos de 0-10 VCC o corrientes en rangos de 4-20 mA.

Si no hay un PLC disponible, el variador se puede operar desde un potenciómetro o desde su pánel de operador frontal.

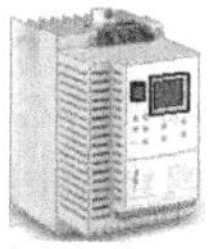

Variable frequency Drive (VFD)

Algunos fabricantes están agregando capacidades más poderosas a sus unidades y han incluido un pequeño PLC dentro de la unidad. Esto permite que el VFD tenga mejores capacidades de control e interacción directa con las señales del proceso, lo que simplifica el cableado y reduce los costos totales.

Para los motores de CC, que ahora son muy populares ya que se utilizan en los coches eléctricos, se debe utilizar un **servodrive**. Este tipo de motores pueden alcanzar velocidades más altas que las unidades de CA. Se utilizan principalmente en aplicaciones de robótica y **control de movimiento**.

Los **motores paso a paso** (Step Motors en inglés) están controlados por drives de CC. Estos motores de CC se especifican por el número de pasos durante un sólo giro. Por ejemplo, 200 pasos por vuelta. Significa que se pueden realizar 360 grados de rotación (1 vuelta) en 200 micromovimientos de 2,8 grados por paso.

6.14 Módulo de voz.

Módulo de Voz

Esta es una de las últimas innovaciones, porque puede poner su proceso de automatización, literalmente, a "Hablar". Imagine una máquina que notifica al operador sobre problemas de proceso con mensajes pre-grabados.

El módulo de voz es un dispositivo, con circuitos electrónicos especiales que pueden reproducir mensajes pregrabados. También incluye un amplificador de sonido, en caso de que se quieran reproducir mensajes fuertes en entornos ruidosos, como en el caso de procesos industriales.

El PLC puede interactuar con el módulo de Voz de varias formas:

1. Uso de salidas discretas, para reproducir pocos mensajes.
2. A través de un código binario, utilizando varias salidas para reproducir varios mensajes.
3. Usando un comando de comunicación serial, para informar al módulo el mensaje a reproducir.
4. Stop o reproducir cualquier mensaje dado.

Los mensajes se pueden grabar usando el software multimedia normal que se encuentra en cualquier computadora.

El módulo de voz sólo requiere una fuente de alimentación y las señales de control del PLC. El sonido es como si estuvieras escuchando un CD ya que la voz se digitaliza mediante técnicas de procesamiento de señal.

Preguntas.

1. Haz una lista de los dispositivos utilizados en la automatización y explica el propósito principal de cada uno de ellos.
2. ¿Qué dispositivos pueden tener un PLC como parte del diseño?
3. ¿Cómo se clasifican las fuentes de alimentación según la construcción interna?
4. ¿Qué tipo de fuente de alimentación es más adecuada para trabajar bajo cambios de voltaje?
5. ¿Qué otros nombres conoce para el pánel del operador?
6. ¿Cuál es la función de una pantalla?
7. ¿Se pueden utilizar ordenadores en lugar de páneles de operador?
8. ¿Cuál es el significado de la palabra "industrial" cuando se agrega a la palabra "sensor" o cualquier otro dispositivo?
9. Explicar el funcionamiento de un interruptor de límite.
10. ¿Cómo se pueden detectar las piezas no metálicas?
11. ¿Cuándo se utiliza una barrera de luz (sensor óptico)?
12. ¿Cómo funciona un Transmisor?
13. ¿Cuál es la diferencia entre un transmisor y un transductor?
14. ¿Qué es un Relé?
15. ¿Cuáles son todos los tipos de Relé?

16. ¿Qué es un contactor?
17. ¿Cómo se reconoce un elemento de control final?
18. Explique el origen del nombre de “Electro-válvula”.
19. ¿Qué es un actuador de válvula?
20. Si quiere ahorrar en cableado, ¿cómo conecta equipos que se encuentran muy alejados unos de otros?
21. ¿Cómo se puede utilizar una PC en la automatización?
22. ¿Qué es un PAC?
23. ¿Qué es y cómo funciona un módulo Universal?
24. ¿Cuál es la ventaja de utilizar módulos universales?
25. ¿Qué es un módulo remoto?
26. ¿En qué casos se puede utilizar un módulo remoto?
27. ¿Qué es un concentrador?
28. ¿Qué es una unidad?
29. ¿Qué significa RPM?
30. ¿Cuál es la diferencia entre un arrancador suave y un VFD?
31. ¿Cómo se puede controlar un PLC desde un PLC?
32. ¿Qué es un módulo de voz?
33. ¿Cuál es la ventaja de usar un módulo de voz?

[7. HARDWARE DE PLCS.]

Este capítulo estudia los elementos físicos de un PLC. Ayuda a comprender la forma en que interactúan entre sí para realizar una tarea de control.

7 . Hardware de PLCs.

Para el hardware de PLC, debemos comprender todos los componentes físicos que lo conforman y no sólo la arquitectura electrónica interna.
Este capítulo cubrirá las partes que podrían ser necesarias para desarrollar la automatización con PLC.

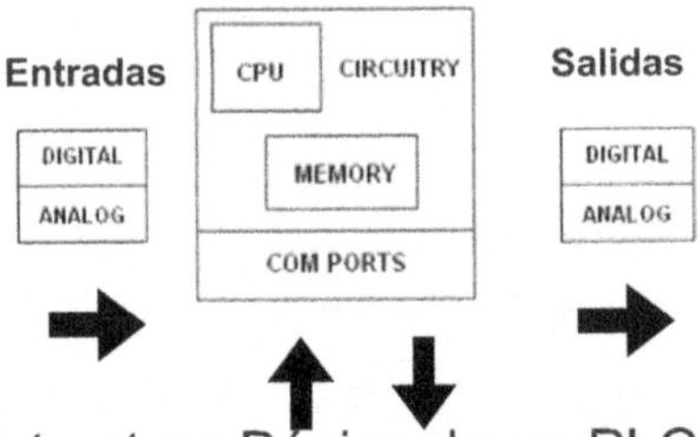

Estructura Básica de un PLC

La figura anterior es una representación básica de las partes del PLC. Las flechas muestran la dirección de la información. Puede notar que la única información bidireccional se realiza en los puertos de comunicación.

El PLC no puede cambiar el estado de una entrada, ni leer la información de ningún elemento conectado a una salida.

Para comprender mejor el funcionamiento del PLC, observemos el siguiente gráfico:

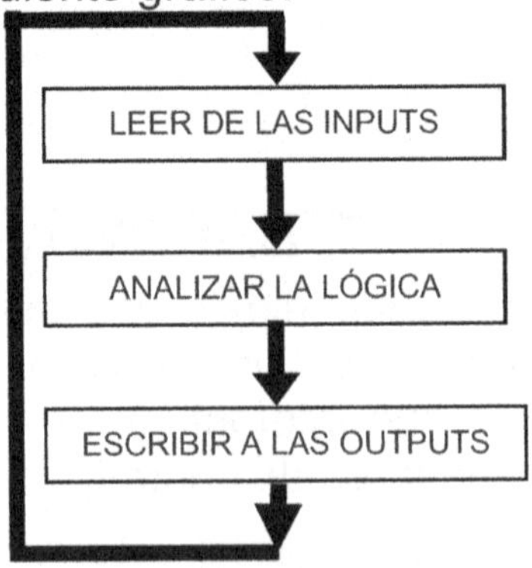

Lógica Interna del PLC.

El PLC realiza las acciones de forma secuencial. El número de pasos se ha simplificado con fines ilustrativos. La velocidad de este barrido (**Scan** en inglés) depende de la propia CPU, el cual es uno de los principales parámetros para medir la potencia real de un PLC.

Si se conecta un interruptor de palanca a una entrada (**Input** en inglés), el PLC sólo puede leer si está "Encendido" o "Apagado", energizado o des-energizado, activo o inactivo, pero no puede forzar el estado. No puede cambiar la entrada de On a Off o viceversa.

Una válvula conectada a la salida del PLC puede energizarse mediante un comando del PLC, pero si por alguna razón no recibe el voltaje necesario para la activación, el PLC no puede determinar si se ha producido la acción final. Esta acción final podría ser mover un pistón.

Una señal de retroalimentación podría ser la solución a este problema. En este caso, podríamos usar un interruptor para sentir la acción física de hacer que el pistón alcance una posición específica. El interruptor cerrará su contacto y luego esta señal, cuando esté conectada a las entradas, será leída por el PLC.

De hecho, esta es la mejor forma en que un PLC controla un proceso: usar los sensores y la lógica para determinar si se está realizando una acción de control adecuada.

Cuando el PLC sólo lee las entradas, ejecuta la lógica y activa una salida, el sistema de control se denomina de LAZO O BUCLE ABIERTO.

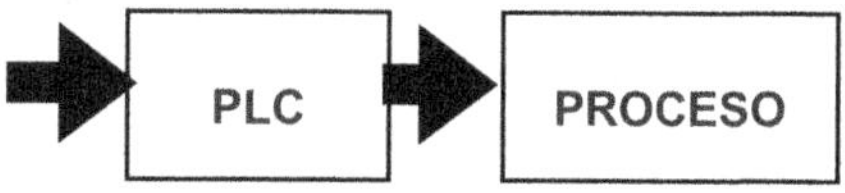

Control de PLC de Lazo Abierto.

Por otro lado, si el PLC envía el comando de salida y, de alguna manera, recibe una señal de retroalimentación que muestra que los efectos no son los deseados, entonces puede hacer correcciones rápidas hasta que el sistema funcione dentro de las condiciones esperadas. Este proceso de corrección, basado en acción-efecto-resultado-acción, se denomina LAZO CERRADO.

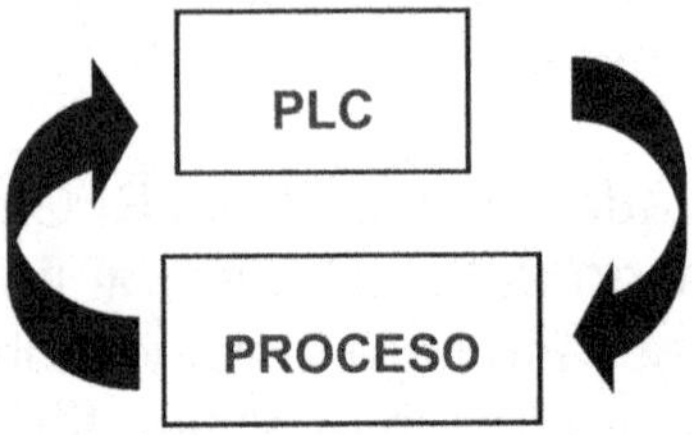

Control de PLC de Lazo Cerrado.

7 .1 CPU (Unidad central de proceso)

El núcleo de un PLC es la CPU. Al igual que las computadoras, el tipo de CPU que se usa en un PLC determina qué tan poderoso es. Se tienen muchos parámetros importantes como la velocidad, las instrucciones, las capacidades de comunicación, los puertos, etc.

La mayoría de los fabricantes de PLC proporcionan información básica sobre la capacidad de procesamiento, como forma general de comparar su poderío con otras marcas:

1. **Tiempo de ejecución del contacto.**
   Este parámetro muestra qué tan rápido el procesador puede ejecutar algunos comandos. La velocidad está relacionada con el tiempo que tarda en detectarse un cambio en una de las entradas.

2. **1 k de tiempo de ejecución.**

Al igual que el parámetro anterior, un programa que incluya todo tipo de elementos lógicos de control, que ocupa cierta parte de la memoria (1 kilobyte), debe ejecutarse lo más rápido posible. Dado que el procesador realiza estas tareas, sin duda es un factor de comparación muy importante al analizar la lógica en las CPU.

3. **Tiempo de Barrido o Escaneo.**
   El tiempo utilizado por los procesadores para leer las entradas, desarrollar la lógica de control y actualizar las salidas se conoce como Scan Time. Cuanto más cortos sean los tiempos de escaneo, mejor.
4. **Soporte máximo de E/S.**
   Cuando un proyecto de automatización requiere muchas entradas y salidas, la CPU debe tener capacidades suficientes para manejarlas todas sin sacrificar la eficiencia en el programa de control. Esta es la razón por la que los fabricantes sólo permiten un número determinado de entradas y salidas. Este número es útil para conocer el crecimiento máximo de E/S de la aplicación.

Según el tipo de CPU, un PLC puede comportarse como un controlador normal, o como un controlador altamente sofisticado con capacidades de una PC.

Los fabricantes de PLC utilizan chips muy especializados llamados Microprocesadores y, recientemente, unidades más avanzadas llamadas Microcontroladores.

Cada año se desarrollan nuevos dispositivos electrónicos en miniatura, más eficientes y potentes. Estos nuevos productos están generando un nuevo mundo de tecnologías, principalmente en computadoras, pero aplicables a los PLCs. Por ejemplo, las nuevas minicomputadoras, como las que se encuentran en los teléfonos celulares y las computadoras portátiles, se están utilizando para desarrollar s para PLC, que son más avanzadas y con más funciones que los microprocesadores y los microcontroladores.

7.2 Registros o Lugares de memoria:

También llamados registros, registros de datos de memoria, memoria de programa y memoria de usuario.
Los PLC usan un registro de memoria para almacenar parámetros que se puedan usar o modificar de una manera simple. Normalmente, el fabricante del PLC le informará sobre el **Mapa de memoria**, que es el rango de posiciones de memoria disponibles en el PLC.

Existen dos tipos de memoria:

Volátiles y No Volátiles.

La memoria volátil se perderá después de desconectar la alimentación de su PLC, mientras que la memoria no volátil mantendrá todos los datos almacenados. Puede usar la memoria para almacenar datos del proceso o para cálculos.

En algunos casos, con hardware opcional, el fabricante del PLC ofrece un módulo de batería de respaldo para evitar perder información almacenada en la memoria. Por ejemplo, para mantener actualizado el reloj/calendario, aunque nunca encienda el PLC.

La CPU utiliza una parte de la memoria para realizar sus propios cálculos internos.

En las posiciones de memoria se pueden:

- Guardar datos especiales.
- Almacenar valores que sirvan como ajustes (Set Points).
- Almacenar valores de recetas.

- Guardar información temporal utilizada en los cálculos del programa.
- Usar como "puente" o área común, para compartir información con un dispositivo externo.

Existen ubicaciones de memoria específicas, como parte de todo el "Mapa de memoria", donde se almacenan los parámetros asociados a cualquiera de los elementos Internos del PLC:

Entradas, Salidas, Memoria, Contadores y Secuenciadores.

En general, la memoria se puede dividir en dos partes:

Memoria de Usuario y Memoria de Programa.

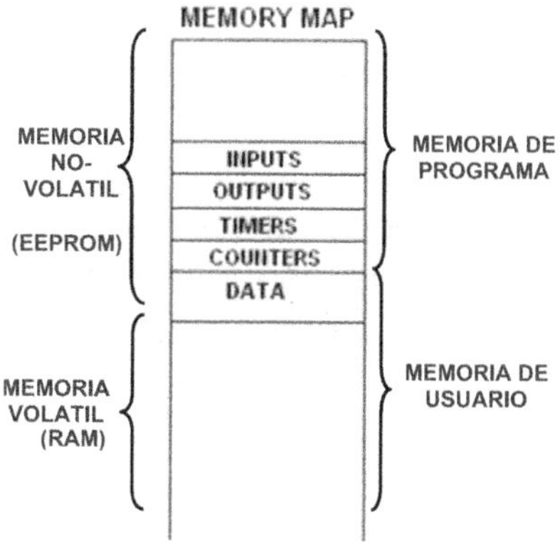

Distribución de memoria en el PLC.

La memoria de usuario es parte de la memoria total y es utilizada para cargar o almacenar valores o datos temporales y, en algunos casos, permanentes.

El procesador utiliza la memoria de programa para almacenar el programa de control, escrito por el programador profesional y todos los cálculos necesarios. Existe un programa con un sistema operativo (también llamado Programa Monitor) que el procesador usa para sus propios recursos o funcionamiento.

7.3 Entradas

La mayor parte de la información de un proceso se envía al PLC a través de las entradas del PLC.

Los sensores son los encargados de recolectar toda la información del proceso automatizado, de manera confiable, para que el procesador ejecute toda la lógica requerida y predefinida.

Las entradas se pueden clasificar en dos categorías:

Digitales y Análogas

7.3.1 Entradas digitales.

Para todos los PLC, las entradas digitales son todas aquellas entradas que se pueden utilizar para detectar uno de dos estados posibles. Todos los elementos sensores, conectados a las entradas digitales sólo pueden entenderse como:

Cero o Uno.
Energizado- Desenergizado.
Estado ON u OFF.
Elemento presente o Elemento no presente.
Abrir o Cerrar.
Tensión (con tensión) o Ausencia de tensión (sin tensión).

A su vez, las entradas digitales en un PLC se pueden clasificar como:

Entradas de Voltaje(tensión) CC (DC) o de CA (AC).

Entradas de voltaje de CC (DC):

En automatización, es muy común encontrar voltajes de CC que van desde 0-30 VCC, como valores de CC seguros. Por lo tanto, los valores desde cero hasta alrededor de 1 voltio se consideran como "Cero digital". Los voltajes por encima del límite y hasta 30 V CC están dentro del rango de "Uno digital".

Las entradas digitales de CC también pueden ser NPN o PNP. Estos términos se refieren al tipo de señal proveniente de un dispositivo de detección digital que es aceptado por las entradas del PLC.

Por regla general, un PLC con entradas **NPN** necesitan un **cero lógico** para detectar la entrada. Un PLC con entradas **PNP** requiere un **V+**(o fuente) para detectar la entrada y verla activada, donde V+ es el voltaje de CC de la fuente de alimentación utilizada.

Entradas digitales de Voltaje de CA:

Usando el mismo concepto de tener o no tener un voltaje de CA aplicado a las entradas, podemos decir que una entrada digital de CA puede aceptar la presencia de voltajes de CA (110 VAC, 220 VAC) como "Uno" lógico y la ausencia de voltaje como "Cero" lógico.

En general, no existe una regla para usar módulos de entrada de CC o CA. Los fabricantes de PLC los ofrecen todos.

Los PLC con entradas de CC son más seguros y tienen un costo menor que las unidades con entradas de CA, pero requieren una fuente de alimentación de CC.

Algunos desarrolladores de automatización prefieren tener sólo señales de CA en todos sus proyectos y procesos, ya que Esto ahorra tiempo y reduce el cableado.

Se pueden utilizar varios dispositivos externos como dispositivos de entrada para conectarlos a las entradas físicas de CC del PLC:

- Interruptores de seguridad.
- Arranque, parada, pulsador, interruptores.
- Finales de carrera
- Interruptores de nivel

7.3.2 Entradas Analógicas (algunos dicen Análogas).

Las entradas analógicas pueden medir una señal electrónica (voltaje o corriente), que puede ser cualquier valor dentro de límites específicos. Estas señales salen de un sensor analógico.

Las entradas analógicas se pueden clasificar, según su propósito en:

Estándar y Especiales.

Entradas analógicas de señales estándar.
son señales eléctricas que han sido estandarizadas por los PLC y fabricantes de dispositivos con salidas analógicas. Pueden ser de Voltaje o de Corriente, que se pueden clasificar dentro de los siguientes rangos típicos:

Voltaje	Corriente
0-1 V CC	4-20 mA
0-5 V CC	0-20 mA
0-10 VCC	

Los elementos que transforman una variable en una señal estándar se denominan **Transmisores**. Por ejemplo, un transmisor de presión.

Un transmisor de temperatura enviará una señal entre 0-20 mA, que es un valor que representa la temperatura actual, a la entrada analógica de 0-20 mA en el PLC.

Entradas analógicas de propósito especial.
Hay algunos módulos de entrada analógica que son capaces de recibir la señal del sensor directamente, sin necesidad de un transmisor o circuitos electrónicos externos.

Por ejemplo, algunos módulos de entradas analógicas pueden medir la temperatura mediante termopares o sensores RTD. Los cables del sensor de temperatura se pueden conectar directamente a los terminales del módulo. Incluso más que eso, se puede programar el tipo de entrada que se planea usar, para adaptar el canal de entrada analógica a un sensor diferente.

Por ejemplo, si estaba usando un sensor de termopar K pero, por alguna razón, se rompió y sólo tiene un termopar tipo J como reemplazo rápido. Lo único que debe hacer es conectar el nuevo sensor y mediante software (a veces hardware) asignar la nueva configuración a ese canal en particular.

El mismo caso es aplicable a las **celdas de carga** donde los microvoltios suministrados por la celda de carga se alimentan a un módulo que se encarga de la señal, amplificándola y digitalizándola.

7.4 Salidas

Un PLC puede tener varios tipos de salidas disponibles, ya sea en terminales o módulos (Output Modules).

Hablamos de las salidas físicas del PLC, (porque un PLC también tiene salidas internas) que se utilizan para enviar comandos de activación a dispositivos externos como motores, contactores, luces, válvulas, etc.

Las salidas también pueden ser de dos tipos:

Digitales o Análogas

7.4.1 Salidas digitales.

Al igual que las entradas digitales, se pueden considerar como salidas digitales todo tipo de señales que puedan proporcionar una condición de verdadero/falso, o un estado de activación/desactivación.

Las salidas digitales pueden ser de tres tipos:

CC, CA o Relay

Salidas digitales CC (DC en Inglés): 0 - 24 VDC.

Las salidas digitales DC pueden ser:

PNP (Sourcing) o NPN (Sinking)

En una salida digital PNP, la salida usa la fuente del PLC mediante el circuito interno del equipo, para suministrar corriente al equipo conectado a la salida.

En una salida digital NPN, la salida del PLC proporciona un camino para que la corriente fluya a tierra, a través de un transistor NPN. La ventaja de este tipo de salida es que se puede utilizar una fuente de alimentación externa y con voltajes DC más altos. Esto es útil cuando tiene dispositivos conectados a voltajes distintos a los estándares en automatización.

Salidas digitales de CA: 110 VCA, 220 VCA.

Estas salidas son capaces de manejar directamente cualquier carga conectada a una fuente de voltaje de CA. La corriente máxima que pueden soportar es de alrededor y no más de 1 amperio, pero este nivel es más que suficiente para la mayoría de las cargas típicas de CA.

En caso de que alguna carga requiera corrientes mayores, pero siempre por debajo de los 10 amperios, entonces se requiere otro tipo de salida (del tipo relé). Si es necesario manejar corrientes más altas, entonces debe usar otro dispositivo de interfaz: un Relé de alto amperaje o un contactor. El contactor es muy útil cuando se tienen cargas trifásicas.

Salidas digitales de Relé:
El Relé (Relay en inglés) es un dispositivo utilizado como aislador entre los sistemas de baja y alta corriente. El relé está formado por dos partes:

Bobina y el **Bloque de contactos.**

En general, un relé se puede considerar como un interruptor que se cierra cuando se energiza la bobina.

Cuando la salida de relé es activada por el programa en el PLC, la bobina recibe energía para cerrar sus contactos, lo que a su vez permite la conexión de cualquier carga.

Los módulos de salida de relé se fabrican con una variedad de tipos de relé, con uno o dos contactos.

Una de las ventajas de utilizar relés es que las salidas del PLC se pueden conectar directamente a cualquier elemento de control real, como motores, contactores, válvulas, lámparas, etc. sin ningún otro dispositivo intermedio.

La otra gran ventaja es que los contactos del relé pueden conectar/desconectar cualquier carga, sin importar si son de voltaje AC o DC.

7.4.2 Salidas analógicas

Las salidas analógicas de un PLC se pueden clasificar en:

Voltaje y Corriente

Salidas de señal estándar.
Las salidas analógicas pueden suministrar una señal estándar (voltaje o corriente) según las especificaciones del producto.

Los valores típicos para el voltaje son:

-10 a +10 V CC
0-1 V CC
0-5 V CC
0-10 V CC

En las salidas de corriente estándar, las salidas disponibles son:

4-20mA
0-20mA

Algunos fabricantes agregan otros rangos de salida de voltaje analógico, en el orden de los milivoltios, para aplicaciones específicas.

Los valores típicos son:
0-100mV
0-500mV
-500 a 500 mV

Dos factores son importantes para decidir qué tipo de salida analógica podría usarse:

a) Tipo de dispositivo conectado a la salida.
b) Distancia entre el elemento final de control y el punto de conexión de la salida analógica.

Para **distancias cortas** es mejor usar **voltaje** y para **equipos distantes** es mejor usar **corriente**, ya que son más inmunes al ruido eléctrico.

7.5 Módulos especiales

Además de las entradas y salidas estándar, algunos fabricantes han desarrollado módulos especiales para manejar mejor las señales externas.

Entradas/contadores de alta velocidad

Este tipo de entrada requiere un circuito especial para responder a los cambios rápidos del estado de la entrada. En muchos casos, este módulo de entrada cuenta con su propio procesador, para liberar a la CPU principal de tan exigente tarea de vigilar o detectar cualquier cambio repentino.

Los pulsos en la entrada se cuentan y almacenan en una ubicación de memoria especial en el módulo. Cada cierto tiempo (escaneo), la CPU lee las ubicaciones. En este caso, la CPU principal sólo recopila valores, proporcionados a través de comunicaciones por la CPU o el procesador del módulo de alta velocidad.

Las entradas de alta velocidad se utilizan principalmente para conectar sensores y codificadores. Los primeros son sólo sensores o transductores que detectan cambios de alta velocidad y los convierten en pulsos eléctricos compatibles en nivel de voltaje con las entradas del PLC.

Los codificadores son dispositivos que se acoplan mecánicamente a cualquier mecanismo o pieza de rotación. Generan un número determinado de pulsos de salida por turno, que se alimentan a las entradas de alta velocidad.

Módulos de temperatura:

La temperatura es una de las variables más comunes para monitorear o controlar, en cualquier proceso de automatización. Podríamos decir que la temperatura está relacionada con cualquier proceso de muchas formas: siendo parte del propio sistema, utilizada para controlar los productos o por un mal funcionamiento.

Normalmente, el sensor está conectado a un transmisor que, a su vez, cambia la variable a una señal estándar (como la corriente). Esto era, y sigue siendo, muy caro.

Los fabricantes de PLC han diseñado nuevos módulos especializados para medir la temperatura, que toman la señal directamente del sensor, para superar esta situación.

Tres tipos de sensores son ampliamente utilizados:

Termopares: se utilizan para aplicaciones de alta temperatura y cuando el costo es un problema.

RTD: Estas son resistencias que cambian con la temperatura. Se utiliza para mediciones de alta precisión.

Termistor: Este es un sensor de bajo costo que se utiliza principalmente para medir la temperatura ambiente.

En el pasado, los fabricantes solían ofrecer módulos independientes para cada tipo de temperatura, pero luego, con las nuevas tecnologías en circuitos electrónicos, aparecieron nuevos diseños en el mercado: módulos capaces de detectar cualquier tipo de termopar donde cambiar el tipo estaba a sólo un puente de distancia.

Para módulos RTD, más precisos y caros, están disponibles las mismas opciones, cubriendo muchos tipos.

Medidores de Peso (Strain Gauge en inglés).

El peso es una variable industrial muy importante. Los sistemas de pesaje se convirtieron en una opción de implementación muy nueva con PLC. Los fabricantes han agregado este tipo de módulo a su línea de productos actual. El circuito consta de amplificadores especiales que reciben milivoltios de la celda de carga (en este caso, el sensor) y generan señales de voltaje analógicas apropiadas que pueden ser procesadas por la CPU en el módulo.

Salidas PWM.

La modulación de ancho de pulso es un proceso en el que el tiempo de encendido y apagado de una señal se controla de tal manera que el dispositivo conectado a la salida cambiará en consecuencia. Por ejemplo, existen válvulas proporcionales que requieren una señal PWM para modular la salida. Para cada valor de frecuencia existe una cierta apertura de la válvula.

Los tiempos de encendido y apagado están relacionados en un parámetro llamado Ciclo de Trabajo (**Duty Cycle**), que se define mediante una fórmula simple:

Ciclo de trabajo= Ton/(Ton+Toff)

Si los tiempos Ton y Toff son iguales, entonces el ciclo de trabajo es del 50 %.

Puertos de comunicación.

Una de las necesidades más importantes en la vida moderna es la conectividad. Los PLC no son la excepción y requieren varias formas de conectarse a diferentes dispositivos: periféricos como otros módulos, equipos como otros PLC, páneles de operador y computadoras de programación o monitorización.

Normalmente, el PLC tiene al menos un puerto de comunicación, pero cuando se necesita más capacidad de comunicación, se requieren puertos adicionales. Algunos de los fabricantes ofrecen módulos adicionales que tienen más puertos del tipo requerido: serie, USB o Ethernet. La operación de las comunicaciones será analizada en el siguiente tópico.

7.6 Puertos.

Una de las características más importantes de la tecnología actual es la conectividad. La capacidad de intercambiar información con todo tipo de dispositivos está cobrando una importancia relevante.

Un puerto de comunicación se utiliza para programar el PLC, para conectarse a un dispositivo externo como páneles de pantalla táctil, computadoras, códigos de barras, lectores, módems, etc.

Con una PC normal, es posible programar, monitorear, controlar la ejecución de un PLC o, a través de un software SCADA, el proceso en sí. Todo lo anterior debe realizarse a través de un puerto de comunicación.

Los primeros modelos de PLC incluían sólo un puerto de comunicación. Se usaba para casi todo: programar el PLC o conectarse al pánel del operador. Pero como el puerto sólo podía tener una función, todas estas conexiones y desconexiones para hacer un simple cambio, obligaron a los fabricantes a buscar otra forma de comunicación.

Se diseñaron y construyeron nuevos procesadores, con características de hardware más potentes. Surgieron nuevas opciones de programación. En lugar de parar la máquina para transferir un nuevo programa apareció el concepto de programación ONLINE. Donde se pueden realizar cambios al programa, incluso con la máquina en funcionamiento. Aunque Esto puede ser arriesgado, ahora es muy posible.

Más puertos de comunicaciones en un PLC permiten realizar varias tareas simultáneamente. Por ejemplo, un PLC podría conectarse a un pánel de operador, registrar la información de un módulo de temperatura en serie, recibir transmisión de datos de un lector de código de barras y ser monitoreado por una PC con una aplicación de software de supervisión, todo esto al mismo tiempo.

Los puertos típicos son:

Serial

RS232:

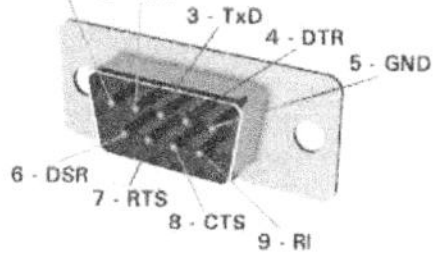

Este es un puerto de comunicación muy común y de bajo costo. Básicamente, puede utilizar tres líneas para realizar el intercambio de datos:
TX, Rx y Tierra.
La distancia máxima permitida es de 9 metros.

RS485:

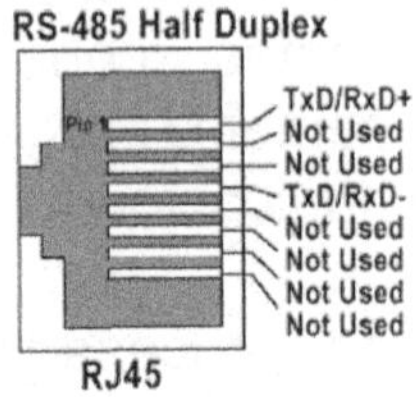

Este puerto de comunicación es más confiable para distancias más largas. Se puede lograr con éxito hasta un kilómetro de distancia.

Normalmente sólo se requieren dos líneas (o cuatro) para hacer la conexión:

Tx y Rx

La pantalla del cable siempre está conectada a tierra en un extremo.

La conexión RS485 también se usa para redes, por lo tanto, puede conectar varios dispositivos a las mismas dos líneas, pero primero debe asignar una dirección diferente a cada uno de los dispositivos conectados a la red.

USB

(Bus serie universal). El puerto USB ha reemplazado al puerto serial RS232 en la mayoría de las PC y Laptops. Hoy en día, sólo unos pocos PLC han evolucionado para incluir un puerto USB y solucionar el problema. Los fabricantes venden un convertidor de serie a USB, que puede funcionar de forma bidireccional.

Ethernet

Las computadoras están en todas partes. La conectividad de red es imprescindible. La mayoría de las aplicaciones industriales requieren compartir todo tipo de datos de producción con software de gestión.

En los primeros años, la gente tenía que recopilar la información manualmente para alimentar los paquetes de software de producción en las computadoras. Con las nuevas tecnologías y los puertos Ethernet, todos los datos se pueden recopilar directamente del proceso sin problemas ni demoras.

Se pueden esperar mejores desarrollos, y todos los periféricos necesarios pueden ser como los que se utilizan para las redes informáticas: concentradores, enrutadores, LAN inalámbrica, cableado estructurado, etc.

Protocolos:

Hablar de puertos sin decir una palabra de protocolos sería como hablar de personas y comunicación, sin decir una palabra.

Un **protocolo** es el "lenguaje" que utiliza un dispositivo para hablar con otro.

Cualquier equipo debe usar ciertos tipos de códigos de una manera "lógica" que el otro equipo pueda "entender" para enviar un comando o para enviar datos,

Cuando el protocolo es conocido e implementado en una amplia variedad de dispositivos se denomina **"ESTÁNDAR".**

Por otro lado, cuando el protocolo es utilizado únicamente por el fabricante, se denomina "**PROPIETARIO**" y en este caso, él está en condiciones de proporcionar la forma en que funciona el protocolo o mantenerlo sólo para sus propios productos.

Algunos protocolos estándar son ampliamente utilizados y conocidos:

Modbus:
Desarrollado por Modicon en 1979, ha sobrevivido y sigue siendo muy popular hoy en día. Tiene dos variantes:

ASCII y RTU.

El primero utiliza comandos estándar para código ASCII y el segundo utiliza una serie de comandos aplicados en las denominadas Unidades Terminales Remotas (RTU).

Por lo general, el medio de transporte es un puerto RS232 o RS485, pero dado que hoy en día el uso de un puerto Ethernet es muy común, el protocolo que utiliza esta conexión TCP/IP se denomina Modbus TCP. Algunos otros protocolos famosos son los siguientes:

Bus de campo (Fieldbus)
Profibus
Hart
DeviceNET
CANbus

Preguntas

1. Según el gráfico de hardware básico del PLC, ¿qué parte puede manejar información bidireccional? ¿Por qué?
2. Mencione los tipos de entradas y salidas.

3. ¿Qué pasos generales sigue la CPU durante un ciclo de escaneo?
4. Explicar el concepto de control de lazo abierto.
5. Explicar el concepto de control de lazo cerrado.
6. ¿Cuáles son los parámetros más importantes por considerar al seleccionar una CPU?
7. Mencione tres usos diferentes para la memoria.
8. ¿Cuáles son los tipos de memoria?
9. ¿Qué es un mapa de memoria?
10. ¿Cuál es la diferencia entre la memoria de usuario y la de programa?
11. ¿Qué es un programa de monitorización?
12. ¿Cuál es el significado de "volátil" cuando se asocia a una memoria?
13. ¿Cómo se pueden clasificar las entradas del PLC?
14. Explique la diferencia entre entradas digitales y analógicas. Proporcione ejemplos.
15. ¿Cómo se clasifican las entradas digitales?
16. ¿Cómo se clasifican las entradas analógicas?
17. ¿Cuáles son los diferentes tipos de salidas digitales que existen?
18. Identificar los posibles puertos de comunicación serie que podría tener un PLC.
19. ¿Qué otros puertos se pueden encontrar en los PLC modernos?
20. ¿Qué es un protocolo?
21. Enumere algunos protocolos populares.

[8. COMPONENTES DE SOFTWARE DE LOS PLC]

Este capítulo cubre todas las instrucciones básicas que son comunes a la mayoría de los PLC del mercado. Los tópicos estudian todos los parámetros involucrados cuando se usa el conjunto de instrucciones.

8. Componentes de software de PLC.

Más que las capacidades del hardware, las instrucciones y funcionalidades del software son los parámetros más valiosos para considerar cuando se utiliza un PLC. Sólo en casos excepcionales, el hardware es un factor predominante, ya que el hardware de PLC es muy parecido entre los fabricantes.

Las características del software dependen de muchos parámetros como: Procesador, conjunto de instrucciones, programa de monitorización, métodos de programación, herramientas de depuración, etc.

En general, todos los PLC del mercado pueden realizar cualquier trabajo requerido, pero la forma de hacerlo varía de una marca a otra. Algunos PLC pueden hacer las cosas mejor que otros, quizás más rápido o, en otros casos, más precisos.

El tiempo, consumido por el procesamiento interno y la ejecución de instrucciones, es transparente o no es importante para la mayoría de los usuarios. Sólo la acción final acapara la atención y para muchos de ellos, considerando los hechos, eso es lo que realmente importa.

Este no es el caso de la herramienta de programación de software. Si tiene una interfaz fácil de usar y una técnica de programación muy poderosa, el diseño de un programa de control puede ser más fácil para el programador.

Actualmente, existen varias técnicas y metodologías de programación, pero todas ellas utilizan aproximadamente el mismo tipo de elementos:

Contactos
Bobinas
Temporizadores
Contadores
Secuenciadores

Según el modelo o la tecnología, algunas otras funciones pueden estar disponibles:

Operaciones lógico-matemáticas
Manipulación de datos
Funciones con lenguaje script.

Debido a la evolución en velocidad y potencia de los procesadores, se han agregado operaciones más complejas desde el punto de vista del diseñador, para simplificar la tarea del programador.

Por ejemplo, una variable de datos obtenida de un dispositivo externo puede multiplicarse o dividirse por una constante, compararse con un valor de configuración o ajuste (set point) y almacenar el resultado en cualquier ubicación de la memoria de datos interna. Todo Esto se puede lograr usando una sola instrucción que permite la inserción de datos como parámetro.

Sin la existencia de este tipo de instrucciones, el programador tenía que encargarse de toda la manipulación de datos utilizando recursos internos, proporcionados por el diseñador del PLC, lo que muchas veces generaba problemas de control.

Cuando se desea desarrollar el software de programación de un PLC, se tienen dos opciones predominantes: Pocas instrucciones (pero muy poderosas) o muchas instrucciones (pero muy simples de usar). Tener un conjunto de instrucciones más potente o con mayor número, tuvo una relativa aceptación entre los usuarios del software de programación. Algunos de ellos consideran que tener tantas opciones para realizar una tarea los obliga a dedicar mucho tiempo a aprender el conjunto de instrucciones y hace que sea poco claro para un nuevo programador comprender el contenido del programa de control.

Otros, interesados en ahorrar un preciado tiempo de programación, aceptan la posibilidad de utilizar una instrucción especializada o ser capaces de elegir, entre varias instrucciones, la que se ajuste al propósito y simplifique la tarea.

Si usted ya está familiarizado con una marca de PLC y domina bastante bien los conceptos, la idea de cambiar de un fabricante a otro, no debería ser difícil.

Algunos fabricantes han decidido que un número de instrucciones menor, pero potente, es la mejor opción para cualquier persona que quiera comenzar a programar un PLC, por lo que están fabricando equipos de bajo costo con un conjunto de instrucciones muy básico, para ayudar en la decisión de usar sus productos. El usuario sólo necesita aprender algunas instrucciones.

Este libro quiere cubrir las instrucciones Básicas que, de alguna manera, son comunes a la mayoría de las marcas de PLC. Los libros futuros, con los siguientes niveles en mente, incluirán algunas instrucciones importantes que no se han considerado acá.
Pero no hay que preocuparse, con las instrucciones actuales, es posible hacer una infinidad de proyectos. Se debe entender que este es el primer paso.

8.1 Contactos.

Los proyectos de automatización implican el uso de un Relay, con todos sus contactos. En este caso, el contacto no es físico, sino una representación gráfica en el software de programación, que puede ser fácilmente copiado, borrado, renombrado, movido, pegado, documentado, etc.. En general, todas las ventajas que el software puede ofrecer hoy en día. Antes, si un usuario quería hacer un cambio en la lógica de la aplicación de control, tenía que superar muchas dificultades como re-cablear, marcar, agregar más relés, etc.

Algunos contactos suelen estar relacionados con las entradas del PLC, pero pueden estar asociados a cualquier otro elemento.

Si el contacto está representando un dispositivo (por ejemplo, un interruptor de seguridad) en el momento en que se “ACTIVA”, cambiará de estado: si normalmente está abierto, pasará al estado contrario, entonces el contacto se cerrará o si normalmente está cerrado, entonces se abrirá.

Los contactos se asocian principalmente a la entrada física del PLC, pero también se pueden utilizar contactos para otros elementos como bobinas de salida, bits especiales, temporizadores o contadores. Estos contactos pueden aparecer más de una vez en todo el programa de control. Se pueden utilizar tantos contactos, del mismo elemento, como se desee.

Todos los elementos de software como entradas, salidas, temporizadores y contadores pueden tener contactos asignados.

Un contacto sigue la misma idea de un contacto real que se encuentra en los Relés electromecánicos, pero en Lógica Escalera son simplemente una representación gráfica.

8.1.1 Tipos de contactos:

En general, hay dos tipos de contactos de propósito general:

Normalmente Abierto (NO) y Normalmente Cerrado (NC)

Hacen referencia a la condición actual del elemento con el que están asociados.

Existen algunos otros tipos de contactos considerados como "especiales", porque agregan una característica operativa especial. Algunos fabricantes definen sus propios contactos especiales o especifican una categoría para ellos.

Puede utilizar tantos contactos NA (NO) o NC como desee. El número sólo está limitado por el tamaño del programa.

8.1.1.1 Normalmente Abierto (NO):

Del inglés **N**ormally **O**pen. Un contacto normalmente abierto es un contacto que permanece abierto mientras el elemento asociado no está activo o energizado (en el caso de una bobina, temporizador o contador) o una entrada que no está activa o detectando, se dice que el contacto está normalmente Abierto (NO).

Un contacto normalmente abierto se puede dibujar utilizando dos pequeñas líneas paralelas.

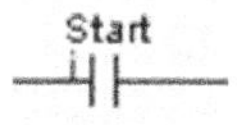

Contacto NO que no está activado. Está abierto

Contacto NO que está activado. Está cerrado

Este contacto es, como su nombre lo define, normalmente abierto y sólo se cierra cuando el elemento al que representa o al que está asignado entra en estado de activación.

La mayoría de los programas de software colocan un color diferente en la parte superior del contacto, o una franja de color sobre la etiqueta, para representar que el contacto se ha activado.

8.1.1.2 Normalmente Cerrado (NC).

Del inglés **N**ormally **C**losed. Un contacto normalmente cerrado, es un contacto que está cerrado mientras el elemento asociado no está energizado, ni activo. (En el caso de bobina, temporizador o contador). Si el contacto pertenece a una entrada que no está conectada ni detecta nada, permanece cerrado.

Se puede dibujar un contacto normalmente cerrado usando dos pequeñas líneas paralelas, con una línea inclinada a través de ellas, como se muestra a continuación.

Cuando los elementos no están activados, desconectados (o no detectan nada pero están representados por un contacto normalmente cerrado), pueden asumirse como un cable (puente) que permite el flujo de corriente.

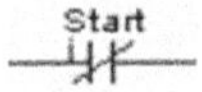

Contacto NC que no está activado. Está cerrado.

Contacto NC que está activado. Está abierto.

Se pone una franja de color en la etiqueta o directamente en el contacto,
para mostrar que se ha activado un contacto normalmente cerrado.

8.1.1.3 Contactos según las marcas

- **Siemens**

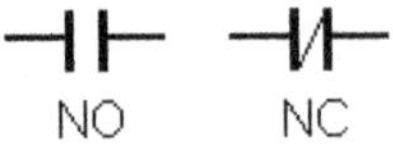

- **Allen Bradley:**

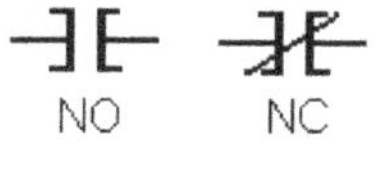

- **General Electric**

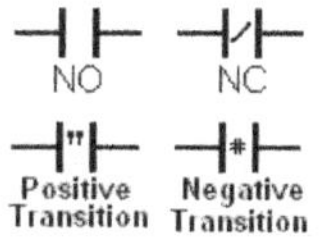

- **AutomationDirect**

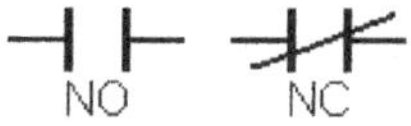

- **Triangle Research**

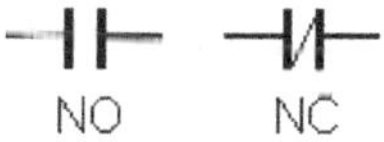

8 .1.2 Contactos especiales

Hay algunos otros contactos especiales, que algunos fabricantes han agregado a sus PLC:

8.1.2.1 Contactos inmediatos.

Estos contactos se utilizan en casos donde las señales de entrada deben ser atendidas inmediatamente. Por ejemplo, cuando selecciona este tipo de contacto para una entrada determinada y se activa, sin importar lo que esté haciendo el PLC, atenderá la lógica relacionada con este contacto, sin esperar hasta que el PLC finalice el barrido o escaneo de su programa (también conocido como tiempo de ESCANEO). Internamente, la CPU genera una "interrupción", guarda información básica, ejecuta la lógica requerida para esas entradas inmediatas específicas y luego, recupera los datos y vuelve al procedimiento que estaba haciendo antes de la interrupción. El símbolo puede tener pequeñas variaciones según el fabricante, pero el concepto general es el mismo:

—|I|—

Contacto Inmediato

En este caso reconoces que es un contacto inmediato porque hay una letra "I", entre las dos barras verticales.

8.1.2.2 Contactos diferenciales o activados por borde o flanco.

El contacto diferencial es una característica que refleja la transición del contacto:

Si la transición va de Bajo a Alto, Desconectado a Conectado o de "APAGADO" a "ENCENDIDO", entonces se trata de un contacto diferencial con disparo hacia ARRIBA o que funcionará en el flanco Positivo. Si la transición va de Alto a Bajo, Conectado a Desconectado o de "ENCENDIDO" a "APAGADO", Esto se considera un contacto con el disparo hacia Abajo, entonces se dice que funciona en el borde o flanco Negativo.

Para una mejor ilustración de este concepto, supongamos que tenemos un pulsador conectado a una entrada del PLC e internamente en el programa estamos utilizando un contacto inmediato de flanco positivo.

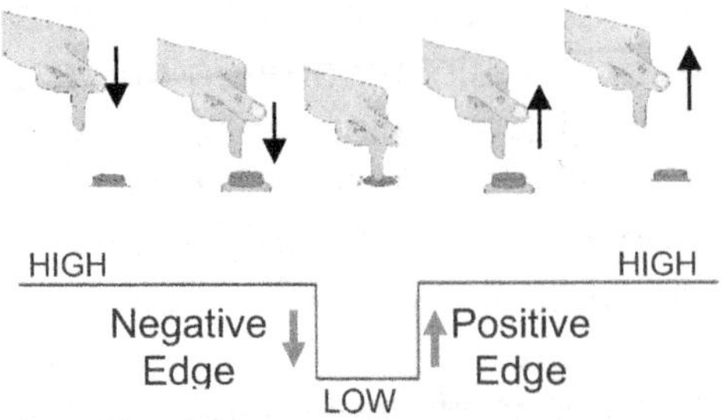

Diferentes etapas cuando se oprime un pulsador.

La entrada sólo funcionará o será considerada, justo en el momento en que soltemos el pulsador. Si lo mantenemos pulsado durante una hora, sólo una hora después, en el momento de retirar el dedo del pulsador, funcionará la lógica asociada.

Estos contactos se utilizan para evitar un funcionamiento incorrecto, en los casos en que el dispositivo conectado en la entrada tenga una señal que "rebota" (conocida como inestable), o porque la velocidad de procesamiento de la CPU sea demasiado rápida, con referencia a la entrada y, por error, pueda ejecutar la función lógica varias veces.

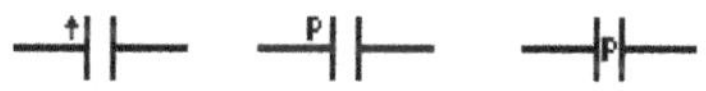

Diferentes símbolos para contactos de borde positivo.

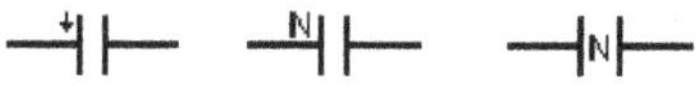

Diferentes símbolos para contactos de borde negativo.

Algunos fabricantes no utilizan la función de detección de bordes en un contacto, sino en el resultado final, que es en términos generales lo que se busca. Por esa razón, necesita usar un nuevo tipo de instrucción como las que se muestran a continuación:

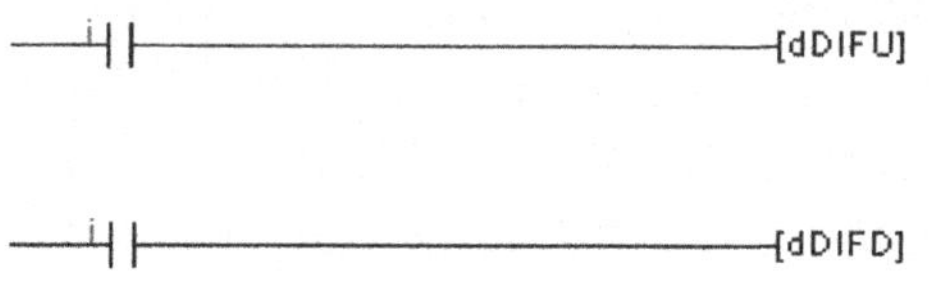

Condiciones de borde Diferencial Up (Positivo) y Down (Negativo).

Observe que la última letra es una "U" o una "D". Estas letras representan Diferencial Arriba o Diferencial Abajo respectivamente.

8.1.2.3 Bits Especiales.

Los bits especiales también se conocen como relés especiales, relojes y contactos especiales.

Los bits especiales son contactos independientes que no están asociados con ninguna entrada. Pueden cerrarse o abrirse según ciertas características internas preprogramadas.

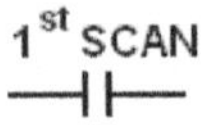

Primer escaneo :
Cuando el PLC está encendido y la CPU finaliza el primer escaneo, el contacto se cerrará. Varios programadores utilizan este contacto para asegurarse que, antes de ejecutar un programa completo, se cumplan ciertas condiciones.

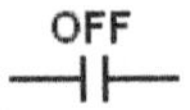

Contacto siempre OFF (Desactivado).
El contacto siempre está APAGADO. Se utiliza como ayuda de la interfaz gráfica para separar renglones (Rungs en inglés), para evitar tener algún renglón sin lógica de control (algunos programas no lo permiten) o para bloqueo temporal de lógica de control.

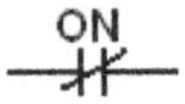

Contacto siempre ON (Activado).
Este contacto está permanentemente cerrado y al no estar asociado a ningún elemento, no hay posibilidad de que cambie de estado. Puede usarlo para separar renglones de manera que el programa sea más comprensible o para ignorar (by-pass) temporalmente la lógica de control.

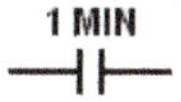

Reloj de 1 minuto.
Un reloj de 1 minuto es una señal continua que abre y cierra una vez por minuto. Normalmente permanece ENCENDIDO durante 30 segundos y APAGADO los otros 30 segundos.

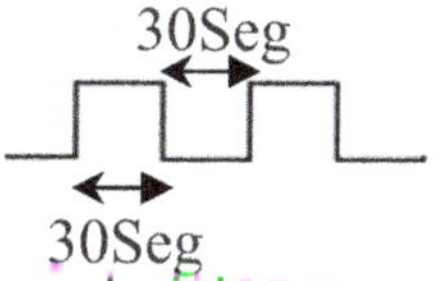

Duración de semi-ciclos para Reloj de 1 min

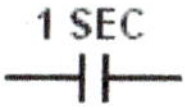

Reloj de 1 segundo.
Un reloj de 1 segundo es una señal continua que abre y cierra el contacto una vez por segundo. Normalmente permanece ENCENDIDO durante medio segundo y APAGADO durante el otro medio segundo.

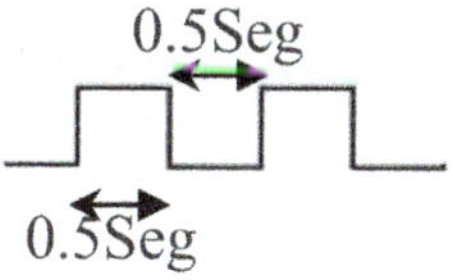

Duración de semi-ciclos para Reloj de 1 Seg

Los fabricantes de PLC ofrecen algunas otras señales de reloj con velocidades más altas, dependiendo de la potencia de la CPU.

En términos generales, los bits especiales se utilizan para separar escalones, para generar tiempos exactos mediante el conteo de pulsos o simplemente como disparadores de otras acciones del programa.

8.1.3 Etiquetado y documentación de contactos.

La mayoría de los fabricantes te ofrecen varios niveles de documentación que puede ocultarse en cualquier momento, para ayudarte a identificar el elemento de contacto.

1. Nombre del contacto
2. Número de elemento asignado.
3. El elemento al que pertenecen
4. El cableado y el marcado que utilizó.
5. El propósito del contacto.

Por ejemplo:

Azul, 0037
Detecta que la Puerta está abierta
DoorSens
Input 5
—| |—

Niveles de información para contactos.

Sólo el número de elemento asignado se guarda en la memoria del PLC, el resto de la documentación sólo se almacena en el archivo del computador, utilizado para desarrollar la aplicación.

8.1.4 Entradas según los fabricantes

- **Siemens**

  I0.1 Entrada #1
  I0.7 Entrada #7
  I1.10 Entrada #8
  I1.15 Entrada #13

- **Allen Bradley:**

  I1:1 Entrada #1
  I1:7 Entrada #7
  I1:8 Entrada #8
  I1:13 Entrada #13

- **General Electric**

  I0001 Entrada #1
  I0007 Entrada #7
  I0008 Entrada #8

I0013 Entrada #13

- **AutomationDirect**

X0 Entrada #1
X7 Entrada #8
X10 Entrada #9
X14 Entrada #13

- **Triangle Research**

Las entradas primero se especifican en una tabla de números consecutivos, por lo que el usuario puede llamarlos por el nombre asignado

Entrada 1. Start
Entrada 2. Stop
Entrada 3. Sensor1
Entrada 10. PiezaPos

8.2 Bobinas (Coils).

Las bobinas se consideran las salidas de un PLC. Se tienen dos tipos de bobinas:

Interna y Externa

Las bobinas internas son salidas internas, también se denominan **marcas** o **relés internos** por otros fabricantes.

Las bobinas de salida externas son puntos de salida físicos, que están asociados con las salidas físicas reales del PLC.

8.2.1 Bobinas o Salidas Internas

Las bobinas internas se utilizan normalmente para mantener el control de las funciones internas, como retenciones o enclavamientos, y dado que son sólo para fines de control de programas, permanecen dentro de la CPU.

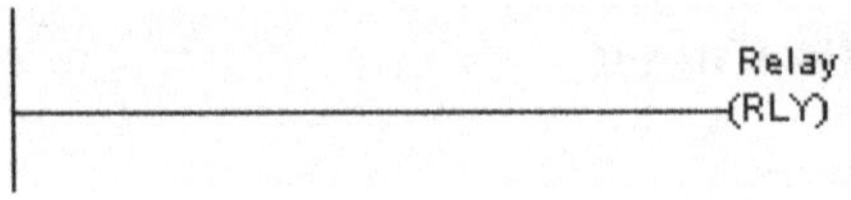

Representación de una salida interna de Relé

8.2.1.1 Salidas internas según fabricantes

- **Siemens**
  0.1 Salida #1
  0.7 Salida #7
  1.10 Salida #8
  1.15 Salida #13

- **Allen Bradley:**
  B3:1 Marca 1
  B3:3 Marca 3
- **General Electric**

  C XXXX

Donde **X** es un número: 0. 1, 2, etc.

- **AutomationDirect**

  C0 Relay 1
  C1 Relay 2
  C7 Relay 7
  C10 Relay 8

- **Triangle Research**
  Los relés primero se especifican en una tabla de números consecutivos, por lo que el usuario puede llamarlos por el nombre asignado
  Relay 1. Auxiliar
  Relay 2. Retención
  Relay 3. Alarma

Relay 10. Posición1

8.2.2 Bobinas o Salidas Internas

Las bobinas externas activarán (energizarán) un dispositivo externo, que en realidad está conectado a los terminales del PLC. Requieren cableado físico para controlar dispositivos externos con voltajes AC o DC, dependiendo del tipo de salida.

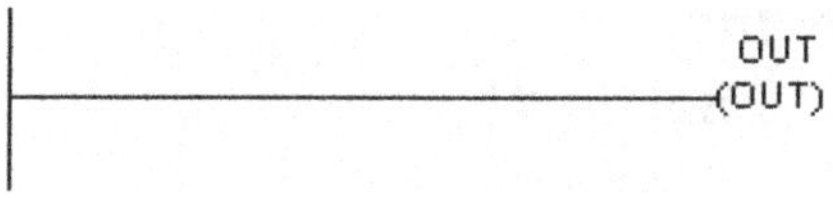

Representación de una salida externa.

Si la bobina o salida están conectadas en la línea (rung) sin ningún elemento de restricción, el PLC la activará inmediatamente. Si agregamos algo de lógica de control, sólo cuando se active toda esta lógica de contactos anterior, la bobina o salida se activará.

La imagen a continuación muestra que sólo cuando el sensor se cierra, la salida se activará. Este mismo análisis se puede hacer para la salida del Relay interno.

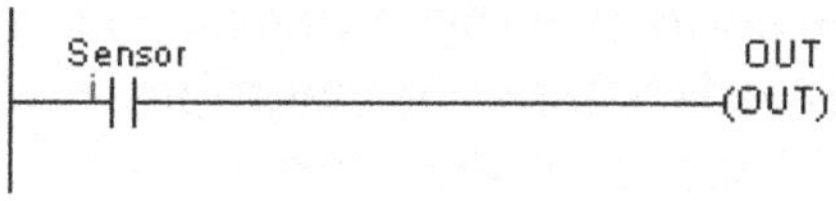

Salida OUT (Output) dependiendo de la Entrada Sensor (Input).

8.2.1.1 Salidas externas según fabricantes.

- **Siemens**
  0.1 Salida #1
  0.7 Salida #7
  1.10 Salida #8

1.15 Salida #13

- **Allen Bradley:**

  O 0.1 u O:1 Salida #1
  O 0.7 u O:7 Salida #7
  O 0:10 u O:10 Salida #10
  O 0:15 u O:15 Salida #15

- **General Electric**

  O0001 Salida #1
  O0007 Salida #7
  O0008 Salida #8
  O0013 Salida #13

- **AutomationDirect**

  Y0 Salida #1
  Y6 Salida #7
  Y7 Salida #8
  Y14 Salida #13

- **Triangle Research**

Las salidas deben crearse primero en la tabla Salida de la tabla E/S. Pueden tener un nombre de 8 caracteres de largo para hacerlo más comprensible. El número de salidas depende del modelo de PLC.

Salida 1 Motor
Salida 2 Lámpara
Salida 3 Alarma
Salida 4 Eyector

8.3 Temporizadores (Timers)

Siempre se necesitan temporizadores. Todo proceso requiere al menos una operación de temporización, incluso si la aplicación no es tan importante.

La mayoría de los fabricantes de PLC muestran la "potencia" de su PLC por el número y/o la precisión de los temporizadores que un usuario puede tener disponibles.

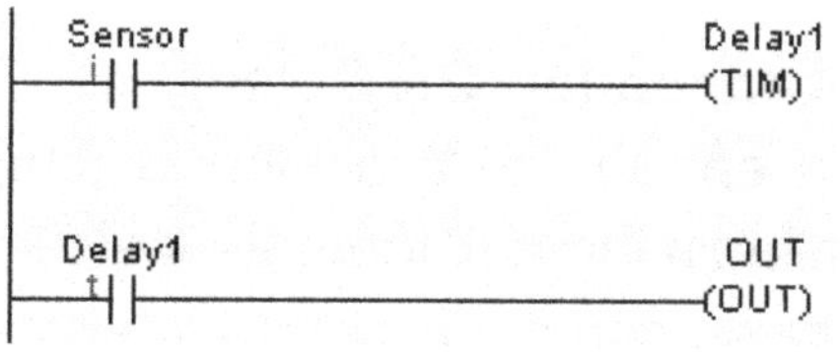

Lógica escalera típica para usar temporizadores (Timers).

Cada temporizador tiene los siguientes parámetros:

a) Valor de ajuste o Set Value (también Set Point)
b) Valor actual o presente.
c) Los contactos asignados al temporizador en particular.

Cuando un temporizador está activado, la temporización dinámica (como va transcurriendo el conteo de tiempo) se almacena en un registro o memoria a la que puede acceder el programador. Esta memoria se conoce como **valor presente**, valor presente del temporizador o simplemente **registro de tiempo**.

Cualquier temporizador puede ser activado por un contacto que debe permanecer activo durante todo el proceso de temporización, de lo contrario la acción de temporización no funcionará y se reiniciará cada vez que cierre el contacto.

Puede tener un temporizador conectado directamente, sin ningún contacto que controle la acción de activación. En este último caso, el temporizador se Iniciará inmediatamente, ya que no se necesitan contactos (condiciones) para habilitar el proceso.

Existen tres tipos de temporizadores, según la acción que se produce, una vez con el tiempo transcurrido:

Retardo ON, Retardo OFF y Retentivo.

- **Retardo al encender (ON Delay)**
  Si la entrada está activa, la temporización comienza inmediatamente y el temporizador cierra su contacto cuando finaliza.

- **Retardo al apagar (OFF Delay)**
  Cuando la entrada se activa el contacto del temporizador se cierra casi simultáneamente. Cuando la entrada desaparece o se inactiva, la temporización comienza, pero el contacto del temporizador sólo se abre cuando finaliza la acción de temporización.
- **Temporizadores retentivos:**
  Después de una acción de activación, por cualquier contacto dado, comienza la operación de temporización. Si el contacto no está activo por algún instante, el temporizador mantiene el valor actual y continuará contando el tiempo restante, solamente cuando la entrada se vuelva a activar. Este temporizador nunca pierde la información del tiempo transcurrido. Por el contrario, realiza un seguimiento hasta que la temporización finaliza por completo.

La entrada de disparo puede ser cualquier entrada interna o externa.

El temporizador tiene algunos conceptos importantes:

- Cada temporizador también tiene un número o nombre para diferenciarlo de los demás.
- La base de tiempo también es una característica relacionada con la precisión del temporizador. Por lo general, se usa un multiplicador para definir el tiempo y así obtener tiempos de mayor precisión. Por ejemplo, si el temporizador se establece en k50 y la base de tiempo es 0,1, el tiempo real será:

  50*0,1 seg = 5 seg.

- Normalmente, los fabricantes ofrecen dos bases de tiempo diferentes:

  0,1 o 0,01 seg.

- En algunos PLC se puede utilizar el valor actual del temporizador para tomar decisiones de control mientras la temporización aún se está ejecutando, como activar una salida entre un intervalo de tiempo específico o en cualquier momento exacto.

  Ejemplo:

  If PresentValue (Timer1) > 25 **Then**...

8.3.1 Temporizadores según los fabricantes.

- **Siemens**
  Los PLC de Siemens tienen tres tipos diferentes de temporizadores: TON, TONR y TOF.

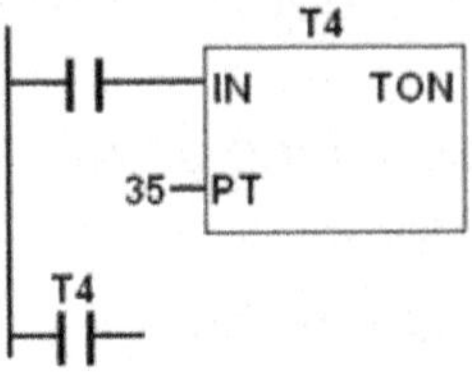

La entrada IN se utiliza para habilitar o energizar los temporizadores. En la entrada PT, el usuario puede definir el valor Preset.

La base de tiempo depende del número de temporizador seleccionado y debe consultarse en el manual del PLC utilizado. Por ejemplo, T0 tiene 1 ms, T1 tiene 10 ms y T5 tiene 100 ms de precisión.

- **Allen Bradley:**
  Los PLC de Allen Bradley tienen tres tipos diferentes de temporizadores: retardo de encendido (TON), retardo de apagado (TOF) y temporizador retentivo (RTO).

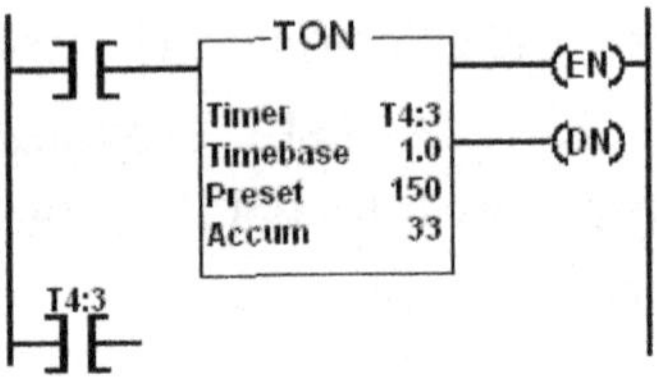

- **General Electric**
  Los PLC de GE tienen dos tipos de temporizadores: ONtimer y OffTimer.

Los temporizadores se habilitan con la señal de la izquierda. La base de tiempos es de 1ms de precisión.

- **AutomationDirect**

  Los PLC de Automation Direct tienen cuatro tipos diferentes de temporizadores: TMR, TMRF, TMRA, TMRAF. Los primeros son de base de tiempo 0.1 segundo, los que tienen F al final, son de base de tiempo de 0.01 segundos.

El valor Preset en los ejemplos de la izquierda es una constante, pero puede ser reemplazada por un registro de memoria que permite programar este valor desde otro dispositivo, como un pánel de operador.

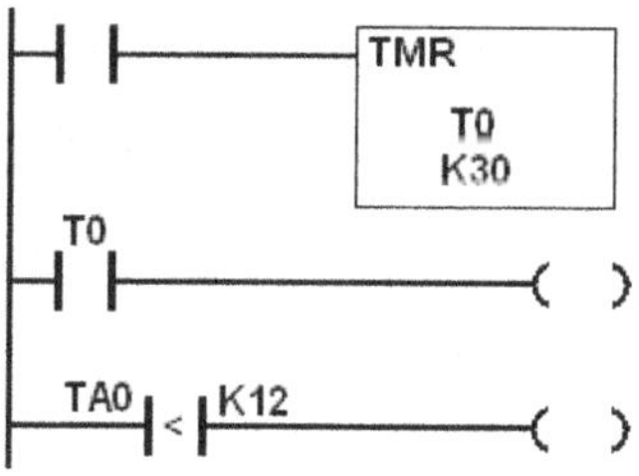

Se puede acceder al valor actual de un temporizador determinado solicitando el TAX, donde X es el número del temporizador. Por ejemplo, un temporizador de 10 segundos llamado T3, tendrá la temporización en tiempo real almacenada en el registro TA3.

- **Triangle Research**

Los temporizadores de Triangle Research, se definen previamente en una tabla, donde se asignan el nombre y el valor a temporizar. La base de tiempo es 0.1.
Para los modelos avanzados, denominados Super PLCs, los temporizadores pueden ser usados de muchas formas, mediante instrucciones paramétricas de Lenguaje Basic

SetTimerSV:
Para programar el SETVALUE de un temporizador dado en cualquier momento.

GetTimerSV:
Para pedir el SET Value de un temporizador dado en cualquier momento de la ejecución del programa.

TemporizadorPV[n]: Para solicitar el VALOR ACTUAL de un temporizador determinado en cualquier momento.

DELAY:
Para generar un pequeño retardo al ejecutar un pequeño programa en Basic en una función CusFn

Ejemplos:

SetTimerSV 1,2000.
Establece el temporizador 1 durante 200 segundos
SetSV 2, GetSVTimer(1)+10.
Configura el temporizador 2 con el valor de otro temporizador (el número 1) y agrega el valor de 10 (1 seg).

8.4 Contadores.

Al igual que los temporizadores, los contadores representan una característica muy importante para determinar las capacidades tecnológicas de un PLC.

Los contadores se utilizan para contar acciones de muchas posibilidades: ciclos de máquina, vueltas, piezas producidas, rechazos, tiempos de parada, posiciones, potencia, energía, etc.

En muchas ocasiones pueden contar pulsos de un Codificador (Encoder) para determinar una posición.

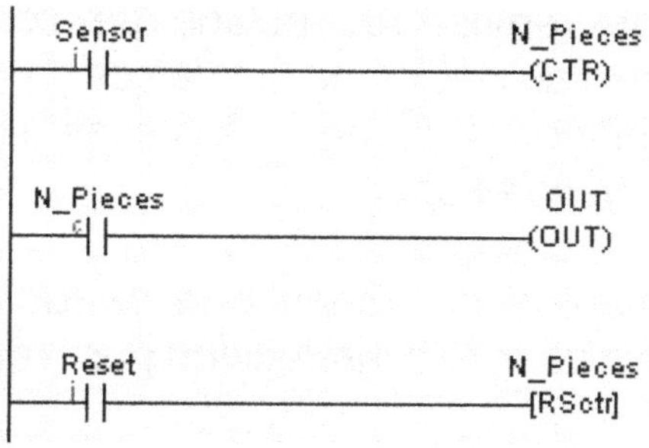

Lógica escalera típica para usar Contadores.

El contador tiene los siguientes parámetros:

1. Número o nombre del contador.
2. Valor de Conteo (SetValue).
3. Registro de Valor actual o presente.
4. Entradas Ascendente/Descendente (Up/Down).
5. Entrada de reinicio (Reset).
6. Los contactos asignados al contador.

Los contadores se pueden clasificar en:

Ascendentes(Incrementales), Descendentes (Decrementales) y Reversibles.

Los contadores incrementales pueden contar desde cero hasta cierto valor o valor establecido (SetValue).

Los contadores decrecientes cuentan desde un valor dado (SetValue) hasta cero.

Los contadores reversibles tienen dos entradas:

una para contar hacia adelante y otra para contar hacia atrás.

Las entradas Up (Ascendente) y Down (descendente) o ambas se utilizan para enviar los pulsos de conteo. Cuando un contador alcanza su Set Value activa sus contactos para avisar que ha terminado el conteo. A veces se reinicia sólo y comienza de nuevo el conteo.

Algunos fabricantes no tienen una entrada RESET para el contador y debe usar otra instrucción para reiniciar el contador.

Contadores de alta velocidad.

Existen algunos casos en los que las acciones de conteo deben ser a alta velocidad y, dado que el PLC ya incluye entradas que responden rápidamente a los cambios, los contadores normales que se encuentran en el PLC no funcionarán correctamente. Esto se debe a que el PLC tarda un tiempo en ejecutar todas las instrucciones de control en el programa y pasarán varios milisegundos, antes de ejecutar la instrucción de lectura del estado de la entrada de conteo.

Se utiliza una combinación de entradas de alta velocidad, interrupciones e instrucciones especiales para evitar perder conteos.

Para aplicaciones críticas, donde las entradas deben reaccionar a señales de alta velocidad, no se pueden usar contadores de software y se deben usar módulos con hardware específico. Estos módulos tienen una circuitería especial, con procesadores autónomos, que no ocupan el tiempo de procesamiento de la CPU del controlador que registra los datos.

8.4.1. Contadores según los fabricantes.

- **Siemens**
  En algunos PLC como el S7-200 hay 256 contadores que se pueden nombrar de C0 a C255. Una vez que haya seleccionado un contador, debe usar un número diferente

para cualquier otro tipo de contador que planee usar en el resto de su programa.

Dependiendo de la CPU, puede tener hasta 6 contadores de alta velocidad que van desde HSC0 hasta HSC5.

- **Allen Bradley:**

En algunos PLC, como Micrologix, hay 256 contadores que se pueden nombrar de C0 a C255. Una vez que haya seleccionado un contador, debe usar un número diferente para cualquier otro tipo de contador que planee usar en el resto de su programa.

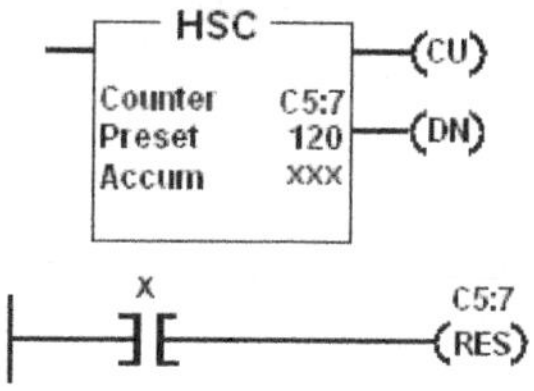

X puede ser cualquiera de los siguientes:

- Un contacto NA de una Entrada, para reiniciar el contador manualmente
- Un bit correspondiente al número del contador, como los siguientes:

C5:#/13 Notificación Listo (Ready). Este bit se activa cuando el contador alcanza el valor preestablecido. También puede utilizar la siguiente notación: C5:#/DN

Algunos otros bits pueden ser útiles cuando se trabaja con contadores, aquí encontrará algunos de ellos:

C5:#/10 Bit de acumulador de actualización.
Este bit se activa cuando se ha actualizado el acumulador del contador. (También C5:#/UA)
C5:#/11 Bit de subdesbordamiento.

Este bit está activado mientras el acumulador del contador está por debajo del valor pre-establecido. (También C5:#/ONU)

C5:#/12 Bit de desbordamiento.
Este bit está activado mientras el acumulador del contador está por encima del valor pre-establecido. (También C5:#/OV)

- **General Electric**
  Contadores que se pueden nombrar de C0 a C255. Una vez que haya seleccionado un contador, debe usar un número diferente para cualquier otro tipo de contador que planee usar en el resto de su programa.

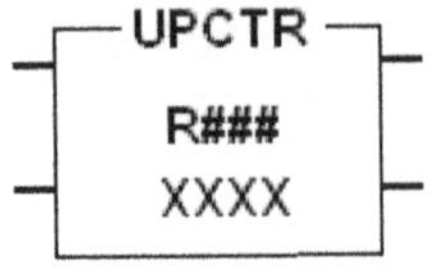

The contador cuenta desde cero hasta un valor dado, definido por XXXX. El valor actual es almacenado en un registro de entrada R ###

XXX también puede ser un registro. Los Registros se pueden seleccionar desde R1 hasta R500.

- **AutomationDirect**
  Los contadores en los PLC de Automation Direct se definen como CTX. Donde X es un número con numeración octal (0-7, 10-17, 20-27, etc). Una vez que haya seleccionado un contador, debe usar un número diferente para cualquier otro tipo de contador que planee usar en el resto de su programa. Hay dos tipos de contadores. Los normales y el contador arriba/abajo.

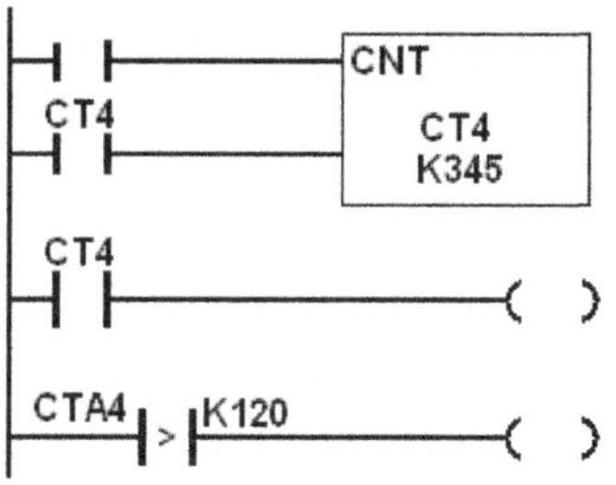

- **Triangle Research**

Los contadores se crean en la tabla Contadores previamente, en las tablas IO. Las series E10 y H tienen menos contadores que las series más sofisticadas como M y F.

Es posible usar la información de los contadores, mediante instrucciones escritas en leguaje Basic.

SetCtrSV:
Para programar el SETVALUE de un contador dado en cualquier momento.

GetCtrSV( )
Para solicitar el SETVALUE de un contador dado en cualquier momento de la ejecución del programa.

CtrPV[n]
Para solicitar el VALOR ACTUAL de un contador dado en cualquier momento.

Ejemplos:

SetCtrSV 3,2489.
Configura el Contador 3 para contar hasta 2489.

SetCtrSV 4, GetCtrSV(1)+15.
Establece el Contador 4 con el valor de otro contador (el número 1) y suma el valor de 15.

8.5 Secuenciadores.

En algunos casos, es necesario desarrollar programas de control en los que no se necesita una lógica compleja más que tener las salidas activadas en un pedido especial. Esto se puede entender fácilmente si ha observado la forma en que funcionan las cajas de música.

Una caja de música es de hecho un secuenciador. Está formado por un tambor con una gran cantidad de pasadores que se pueden espaciar por toda el área del cilindro como se muestra en la imagen a continuación.

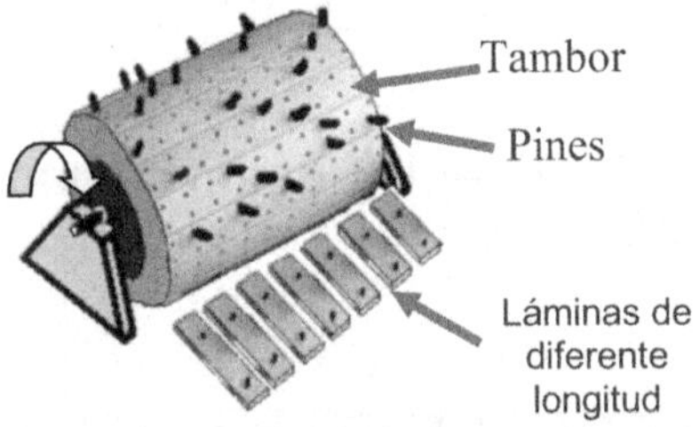

Caja musical mecánica.

Junto al tambor hay unas placas o láminas vibratorias, de diferente longitud, que son tocadas por los pines. Tener diferente longitud significa que pueden vibrar a diferentes frecuencias, para producir un sonido diferente.

La melodía se crea por la combinación de sonidos y, en este caso, por la combinación de pines que tocan una lámina específica.

Notará que, en un momento dado, puede tener combinaciones de pines tocando una, ninguna o todas las placas. Esta es su decisión: la forma en que combina los pines para producir una melodía.

El tambor puede girar a una velocidad fija para garantizar que la melodía siga un ritmo.

El secuenciador es el tambor, las filas de pines que tocan las placas se pueden asumir como la selección de pasos y finalmente, las láminas se pueden asumir como las salidas del PLC.

Por ejemplo, supongamos que queremos activar las salidas una por una hasta llegar a la última, entonces debemos comenzar de nuevo el ciclo desde la primera salida hasta la última. Esta es una secuencia que sigue los pasos:

1er paso ... Encienda la salida 1
2.º paso ... Apague la salida 1 y encienda la salida 2
3er paso ....Apague la salida 2 y encienda la salida 3
4to paso ....Apague la salida 3 y encienda la salida 4
5to Paso .... Apague Output4 y regrese al 1er paso .

Este sería un secuenciador de 4 pasos ya que el 5 ° paso es igual al 1 ° paso.

Si usamos una lámpara para cada salida, podría ver el efecto visual de la secuencia como el que se muestra a continuación:

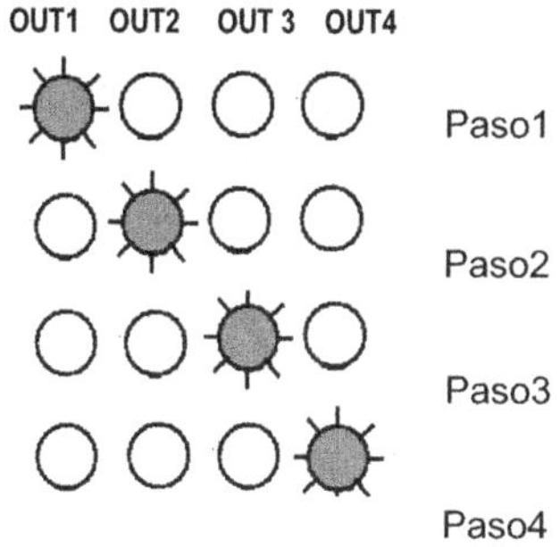

La velocidad de salto, de un paso al siguiente, está determinada por una señal interna que, según la implementación y la tecnología del PLC, puede ser una de las siguientes:

- Un bit especial o señal de reloj.
- Una señal de contacto procedente de un sensor.
- Una señal de contacto de un temporizador o un contador.

En algunos secuenciadores potentes, para cada paso puede seleccionar el tipo de señal para activar el salto al siguiente paso.

Primero debe considerar los siguientes conceptos para especificar un secuenciador:

1. Número o nombre del secuenciador.
2. Numero de pasos.
3. Salto a un paso específico.
4. Reset del secuenciador.

Por supuesto, es posible hacer secuenciadores con otras instrucciones como temporizadores y contadores, pero la gran ventaja de tenerlos listos como una instrucción, es que no hay que preocuparse por la programación.

8.5.1 Número o Nombre del Secuenciador.

Implementar un secuenciador requiere muchos recursos internos de la CPU. El número de Secuenciadores dentro de un PLC siempre es limitado. Si el procesador del PLC es muy potente, de 5 a 10 secuenciadores podría ser un buen número.

La mayoría de los fabricantes de PLC grandes le permiten tener más de un secuenciador y para que se pueda identificar el secuenciador usado, puede ponerle un número o una etiqueta, como se puede ver en el gráfico que se muestra a continuación:

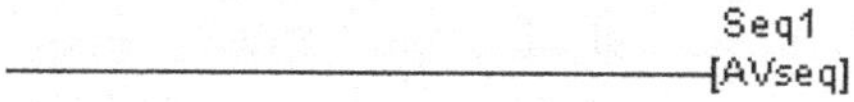

Representación de un Secuenciador.

El secuenciador se puede considerar una instrucción separada. En el gráfico la instrucción es “AVseq”. El nombre del secuenciador es "Seq1", pero podría tener un nombre diferente como "SpecialSeq".

8.5.2 Número de pasos de un secuenciador

El número de Pasos, como el número de secuenciadores, en un PLC es limitado.

El número máximo de pasos varía de un fabricante a otro, pero normalmente ronda los 30 pasos.

Cada paso puede tener un contacto como el que se muestra en la siguiente figura:

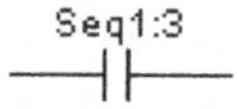

Contacto para el paso 3 (Step 3) del Sequenciador 1

La notación es la siguiente:

SeqX:Y

donde “X” puede ser reemplazado por el número del secuenciador (si está permitido) e “Y” es el Paso del Secuenciador. En este caso estamos hablando del tercer paso del Secuenciador 1.

8 .5.3 Saltar a un paso específico.

En algunas ocasiones, no se desea continuar con la secuencia normal, sino que se desea saltar a un paso específico de la secuencia. Podrían ser pasos anteriores o posteriores al paso de la secuencia actual. Estos saltos deben estar siempre dentro del mismo secuenciador. Para Estos casos, es necesario usar una instrucción especial que, después de cumplir con cierta lógica, le permitirá saltar al paso deseado.

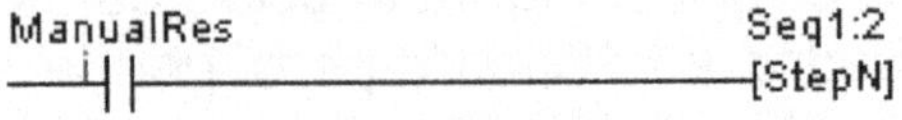

Instrucción para Saltar a un Paso.

En el gráfico anterior, se usa una entrada llamada ManualRes, que puede ser un pulsador, para saltar al Paso 2. Esto significa que no importa el paso actual en el que esté el secuenciador, al presionar el pulsador ManualRes, la secuencia saltará al Paso 2.

8.5.4 Reinicio del Secuenciador.

Dado que no siempre se necesita usar la cantidad máxima de pasos, sino los estrictamente necesarios para la secuencia de control, se dispone de una forma para reiniciar la secuencia en cualquier momento. Esto se puede lograr usando la instrucción de Reinicio de Secuencia. La mayoría de los secuenciadores usan un contador para contar los pasos, por lo que esta señal es similar a las que se usan en los contadores para reiniciar el contador.

Normalmente, la lógica utilizada para restablecer el secuenciador es un número de paso (para tener un reinicio automático) u otra señal de entrada externa, como una entrada con pulsador, para reiniciar el secuenciador de forma manual, en cualquier momento.

Instrucción para Reiniciar el Secuenciador.

El gráfico anterior muestra que el paso número 5 restablecerá el secuenciador uno.

Resumiendo, un programa completo usando un secuenciador se vería como el que se muestra a continuación:

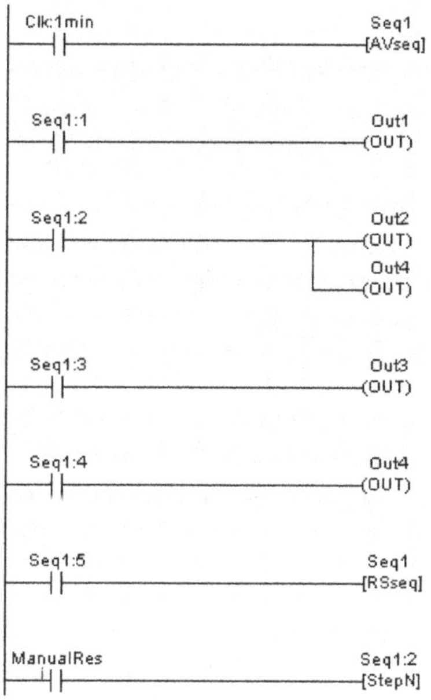

Programa completo de Secuenciador

Es importante notar que en cada paso podemos activar las salidas que queramos. En el segundo paso, las salidas 2 y 4 se activan al mismo tiempo.

Algunos fabricantes ofrecen la posibilidad de tener un secuenciador como una única instrucción gráfica. Es como tener una tabla para llenar, donde se puede hacer la selección de todas las funciones del secuenciador: cómo y cuándo saltar, qué activar en un determinado paso, cuándo reiniciar la secuencia, etc.

8.6 Operaciones lógicas y matemáticas

Aunque estas instrucciones no son el objetivo de este libro, ya que serán cubiertas por algunos de los libros futuros, es conveniente tener una breve explicación.

La información dentro del PLC puede provenir de diferentes fuentes: el tiempo actual de un temporizador, el valor establecido de un contador, el paso actual de un secuenciador, la velocidad de un motor controlado por el PLC, etc. Toda esta información se maneja como un grupo de ceros y unos (0 y 1 son los números de un código binario) dentro de los registros y la memoria del PLC.

Para algunos PLC, es posible utilizar Estos datos a través de un conjunto de nuevas instrucciones disponibles.

Para realizar decisiones y cálculos, necesita usar operadores:

Decisión: <,>,=,≠, ≥
Matemáticas: SUMA , RESTA, MUL, DIV, MOD.
Lógicos: AND, OR, XOR, EXOR, SHIFT, ROT.

Por ejemplo, se podría decir:

Si la temperatura es superior a 30 ^{0} C active la salida 3. En Lógica Escalera podría ser:

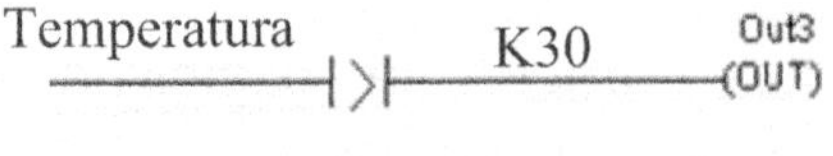

Ejemplo con operadores lógicos

El símbolo del contacto tiene un dato a cada lado: Temperatura y K30. También observa que el contacto tiene un símbolo interno de "Mayor que", lo que significa que el contacto comparará los dos datos.

En este caso, la variable Temperatura se calcula en algún lugar del programa del PLC y se almacena en una memoria, registro o variable. La constante 30 correspondiente a los 30 grados va acompañada de una letra K, para indicar que es una constante y se diferencie de un código de caracter.

La mayoría de los PLC tienen instrucciones para representar cualquiera de las operaciones matemáticas, sin embargo, si necesita desarrollar cálculos complejos, se convierte en una tarea difícil. Para ese propósito, algunos otros proveedores de PLC han implementado lenguajes de alto nivel como C o Basic. Permite al usuario escribir un cálculo muy complejo utilizando instrucciones de programación estándar.

La combinación de Lógica Escalera y un lenguaje de programación es una combinación poderosa y rica.

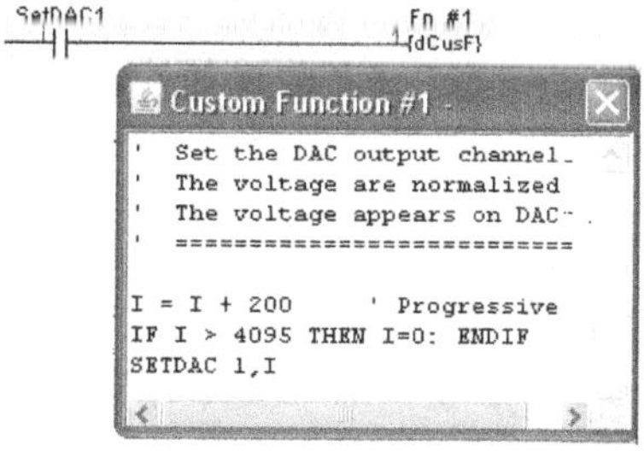

Una señal en la entrada ejecutará un programa en lenguaje Basic .

En el gráfico, si la entrada setDAC1 está activa, se ejecutará un nuevo programa escrito en lenguaje BASIC.

Funciones: Cuantas más capacidades de software pueda ofrecer un PLC, más rápido o fácil podrá el usuario escribir un programa.

Algunos fabricantes ofrecen uno o dos tipos de funciones:

1. Funciones predefinidas para realizar instrucciones repetitivas o extensas, como mover una tabla de datos de memoria de un lugar a otro.
2. Funciones definibles por el usuario donde el programador puede escribir sus propias fórmulas y programas y ejecutarlos como una llamada de rutina, que puede ocurrir en cualquier momento, desde otras partes del programa.

La última opción es muy importante ya que ahorrará mucho tiempo a la hora de programar PLCs.

Nuevamente, no necesita preocuparse por estas instrucciones ya que las aprenderemos y practicaremos en nuestro segundo libro.

Preguntas

1. ¿Qué elementos de software se utilizan para escribir un programa de Lógica Escalera?
3. ¿Qué es mejor? ¿Instrucciones básicas simples o varias instrucciones poderosas?
4. ¿Cómo se puede representar un contacto NC?
5. ¿Cuándo se sabe que un contacto NA está cerrado?
6. ¿Cuándo se usan contactos en un programa escalera?
7. En el software, ¿cómo se representa un contacto cuando ha cambiado al estado opuesto?
8. ¿Qué es un contacto inmediato?
9. ¿Qué es un contacto operado por el borde?
10. ¿Cuándo tiene detección de borde positivo y negativo?
11. ¿Qué son los Relés especiales?
12. ¿Cuál es el propósito de usar un Relé de primer escaneo?
13. ¿Qué es un contacto "siempre encendido"?
14. Explique por qué las bobinas son internas o externas.
15. ¿Puede una bobina aparecer más de una vez en un programa escalera?

16. ¿Cuándo decimos que una bobina está energizada o activada?
17. Explicar el funcionamiento de todos los tipos de temporizadores disponibles en la Lógica Escalera.
18. ¿Qué es la base de tiempo?
19. ¿Cuál es el valor presente en un temporizador?
20. ¿Qué sucede con el tiempo, si a través de la Lógica Escalera, desenergizamos el temporizador en cualquier momento?
21. ¿Cuántos contactos podemos usar de cualquier temporizador dado?
22. ¿Cómo se puede saber acerca de la precisión del tiempo?
23. ¿Cuál es el tiempo mínimo que podemos lograr con un temporizador?
24. Explicar los parámetros a considerar cuando se utiliza un contador.
25. ¿Qué sucede si después de algunos conteos, un contador no recibe más pulsos?
26. ¿Qué sucede si el RESET del contador está siempre en ON?
27. ¿Qué es un contador incremental (contador ascendente)?
28. ¿Cómo funciona un contador descendente?
29. ¿Podría explicar el funcionamiento de un contador reversible?
30. ¿Cuándo se utiliza un contador de alta velocidad o un módulo de contador de alta velocidad externo?
31. ¿Podría explicar el funcionamiento de un Secuenciador?

[9. PROGRAMACIÓN LÓGICA ESCALERA]

Este capítulo es un estudio integral de la programación de Lógica Escalera. Presenta las reglas para hacer un programa de control con PLC.

9. Programación de Lógica Escalera.

El uso de la Lógica Escalera está muy extendido e incluso, aunque existen nuevos desarrollos de metodologías de programación, sigue siendo muy popular. Entre otras razones, porque realmente está relacionado con personas con formación en electricidad y esos eran los profesionales que se encargaban de programar los PLC en las industrias. Esta aseveración ya no es válida, ya que algunas otras disciplinas del saber humano han aprendido a desarrollar programas de control, utilizando una metodología cercana a sus propios intereses.

Actualmente, podríamos decir que la programación Lógica Escalera es aplicable a todo tipo de proyectos. Sin embargo, debemos aclarar que existen situaciones donde otra metodología produce mejores resultados en tiempo de programación, facilidad, solución de problemas o simplicidad.

9.1 Transformación de un diagrama eléctrico en un circuito de escalera.

Si desea aprender los conceptos básicos de electricidad, hemos incluido una sección al final del libro. Si necesita actualizar sus conocimientos o no está familiarizado con la jerga eléctrica, lea ese apéndice primero.

Para comprender mejor los conceptos de un programa escalera, primero consideremos cuatro elementos físicos:

Una **bombilla (lamp)** , un **interruptor (switch)** ,
una **toma de CA (AC Outlet)** y el **conector macho**.

En el siguiente dibujo, puede notar la forma en que hemos interconectado los diferentes dispositivos para tener un circuito eléctrico operativo.

Por razones prácticas hemos omitido el fusible, que es el dispositivo de seguridad para proteger el circuito contra daños eléctricos.

Un terminal de cada dispositivo está conectado a uno de los terminales del otro. La toma de CA es la fuente de alimentación utilizada para suministrar energía a la lámpara una vez que cerramos el interruptor.

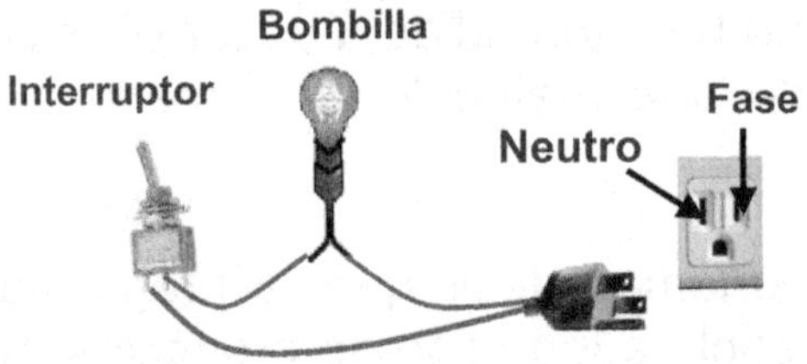

Circuito eléctrico real para encender o apagar una bombilla.

La representación eléctrica del circuito anterior es la siguiente.

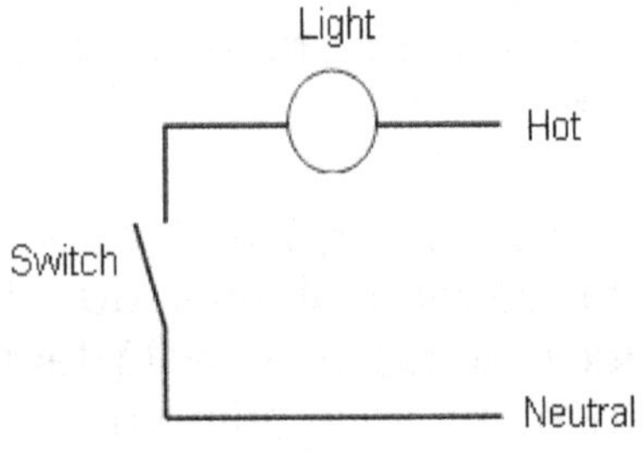

Diagrama Eléctrico para control una bombilla.

Cada dispositivo ha sido reemplazado por un símbolo que le permite tener una fácil comprensión de la operación.

Mientras el interruptor está abierto, no fluye corriente a través del circuito. Para encender la lámpara, necesitamos que todos los terminales de la lámpara estén conectados a los de la fuente de alimentación.

Cuando cierra el interruptor, puede considerarse como un cable normal que permite que la corriente fluya sin restricciones.

En este caso tenemos una fuente de CA que suministra una corriente que fluye primero en una dirección (de Fase (Hot) a Neutro (Neutral)) y luego en la dirección opuesta (de Neutro a Fase) a una frecuencia de 50 veces por segundo (50 Hertz). En algunos países esta frecuencia es de 60Hz.

Reemplazando la salida de CA (fuente de alimentación) y utilizando una fuente de CC en su lugar, la corriente fluirá sólo en una dirección.

Tenga en cuenta que los terminales de la fuente de alimentación Fase y Neutro se han dibujado como dos líneas verticales que se extienden hacia abajo cuando se necesitan más circuitos o dispositivos en paralelo. La representación eléctrica se puede volver a dibujar como se muestra a continuación.

En general, puede suponer que las dos líneas verticales son la fuente de alimentación, sin importar si provienen de una fuente de CA o CC. Todos los elementos del circuito se pueden dibujar de forma horizontal.

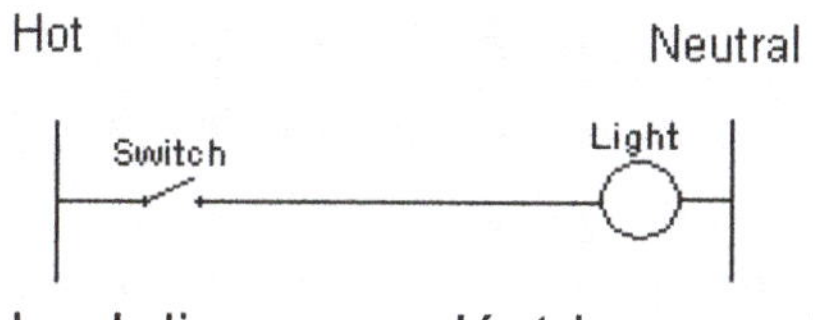

Re-dibujando el diagrama eléctrico para la bombilla.

La representación en escalera utiliza la misma analogía que el diagrama eléctrico. Sin embargo, en el siguiente gráfico, puede notar que la terminal vertical de la derecha, de la fuente de alimentación, ha sido removida. Cada símbolo eléctrico es reemplazado ahora por una representación gráfica que debe seguir ciertas reglas.

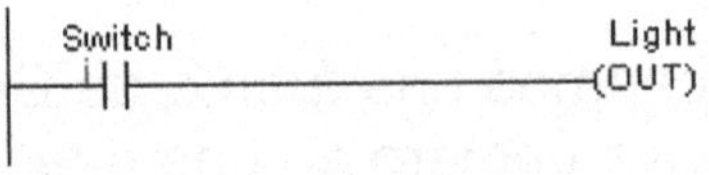

Programa de Lógica Escalera para controlar el estado de la bombilla.

9.2 Un programa escalera.

Un programa escalera se basa en la combinación de los elementos de software que ya conoce, y mucho más para los PLC más avanzados, para desarrollar un sistema de control.

Los programas de escalera están formados por líneas o **línea de control (rungs)**, que pueden ser tantos como permita la memoria de programa del PLC. En general, una línea de control está formado por lógica y acciones.

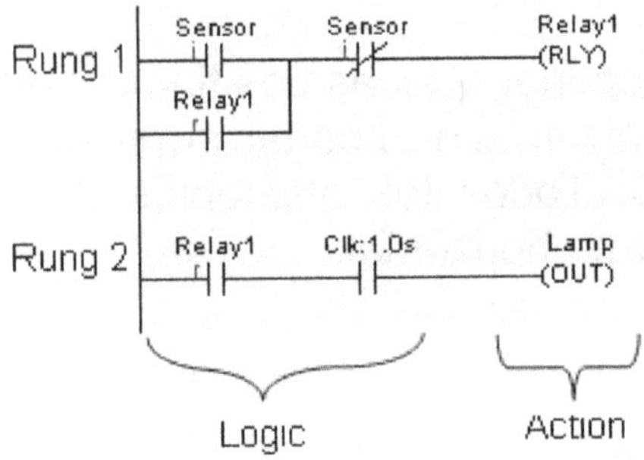

Conceptos de Línea, lógica y acción.

Justo debajo de la última línea, algunos fabricantes utilizan una acción o bobina END para notificar que el programa del PLC ha finalizado.

En cada línea, una combinación de contactos (lógica), determina la activación de una salida (acción).

Considere el siguiente programa escalera:

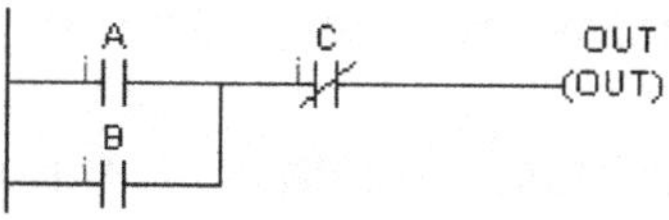

Lógica escalera para activar una salida.

En la primera línea para activar la Salida OUT, al menos uno de los caminos eléctricos debe tener todos los contactos cerrados. En el gráfico se puede ver que hay dos caminos posibles.

Ruta 1

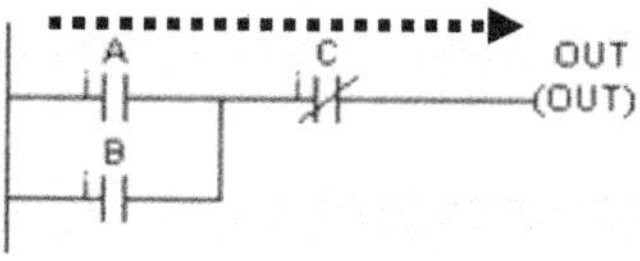

Primera ruta para activar una salida.

Para activar la SALIDA (OUT), se requiere que el contacto A, que está abierto, se cierre. El contacto C ya está cerrado. Para la Ruta 1, sólo necesita activar o cerrar el contacto A.

Ruta 2

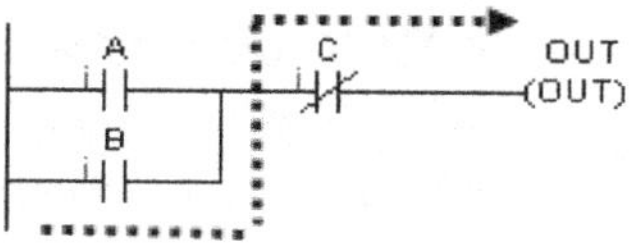

Segunda ruta para activar una salida.

Para activar la SALIDA, el contacto B, que está abierto, debe cerrarse. El contacto C ya está cerrado. Para la ruta 2, sólo necesita activar o cerrar el contacto B.

La salida OUT permanecerá "activada" o "energizada" mientras uno de los contactos (A o B), o ambos, de cualquiera de las rutas, esté cerrado.

Para la **lógica** se pueden tener conexiones seriales o paralelas de contactos, provenientes de:

> Entradas, salidas, Relays, temporizadores y contadores. Con menos frecuencia de secuenciadores y algunas instrucciones lógicas o matemáticas.

Para las **acciones** sólo se puede tener:

> Salidas, Relays internos, contadores, temporizadores, lógica de bits de nivel, operaciones matemáticas e instrucciones de funciones para manejar datos.

9.3 Relé de control maestro

Una de las aplicaciones más comunes de los circuitos eléctricos, que se aplica en la lógica cableada, es el **Relé de Control Maestro** (**MCR** en inglés). Este circuito también tiene una representación en diagramas de Lógica Escalera.

Hay dos formas de utilizar un Relé de control maestro:

Relé real y un **Relé de software.**

El relé real es un relé externo con varios contactos. La bobina del relé se energiza a través de algunos elementos físicos de seguridad como pulsadores, paradas de emergencia e interruptores de seguridad.

El propósito del MCR es evitar la operación de control y la activación de salidas, en caso de emergencia producto de una operación incorrecta o insegura. Los diferentes contactos de relé se utilizan para bloquear la alimentación de los módulos de salida o cualquier otro dispositivo externo.

El pulsador Stop representa todos los dispositivos de seguridad o emergencia que quitarán la energía al MCR.

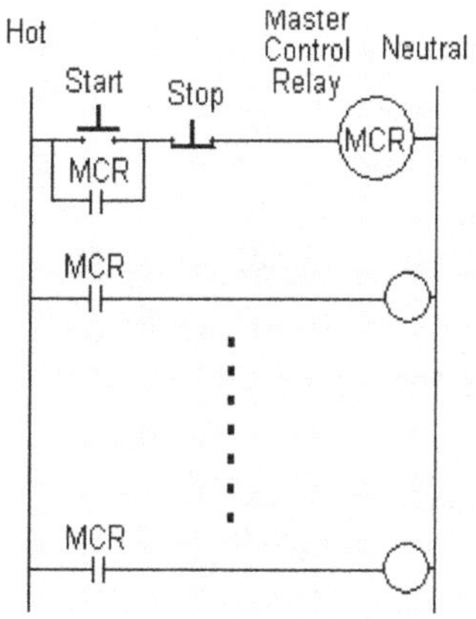

Uso de un MCR en un programa
de Lógica Escalera.

El propio PLC puede permanecer energizado y activo, pero dado que se puede eliminar el voltaje de las salidas del PLC, todos los elementos de control finales conectados al PLC son forzados a una condición segura, como cuando la máquina está apagada.

La razón principal para mantener el PLC energizado, aunque las salidas estén desenergizadas, es que el proceso puede continuar desde el mismo punto que estaba, antes de la parada repentina, una vez que se resuelva la emergencia.

Si es necesario, una de las entradas del PLC se puede utilizar como señal de retroalimentación para notificar al PLC que el MCR se ha desactivado y que debe realizar las acciones de control específicas y adecuadas, relacionadas con la parada de emergencia.

La versión de Lógica Escalera del Relé de Control Maestro (MCR) es un elemento de software, disponible en algunos

PLC, que le permite desactivar uno o un grupo de líneas de control. Su función es como los relés físicos utilizados para desconectar un circuito.

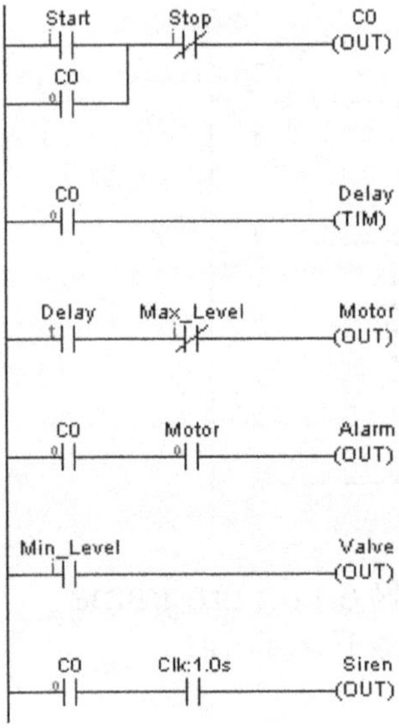

Reemplazando el MCR con instrucciones normales de PLC.

Cuando la CPU encuentra que hay un MCR activo, todas las salidas en los renglones subsiguientes se apagan. El proceso se repite en cada escaneo hasta que el MCR vuelve a estar activo.

Algunos fabricantes de PLC han preferido no usar una instrucción MCR en sí misma, ya que ésta puede implementarse usando otros elementos de software comunes.

Observe el programa escalera. Puede notar que C0 aparece varias veces en el programa. Esto significa que la salida C0 (nuestro MCR) debe estar activa para permitir la operación de cada línea de control donde aparece.

Independientemente del programa de control, todos los contactos que pertenecen a un mismo elemento y que no tienen nada en paralelo (como los contactos de C0) o los contactos de cualquier MCR, se conocen como contactos de "**enclavamiento**" (**interlocking** en inglés).

El enclavamiento es una forma de "autorizar" el funcionamiento de una línea de control ya que, si el contacto está abierto, sin importar el estado de los demás elementos, la línea no operará.

El siguiente programa tiene la misma operación que antes, pero introduce dos nuevas instrucciones, que son específicas sólo para un fabricante de PLC, llamadas ILock e ILoff. Aíslan claramente parte de un programa dado.

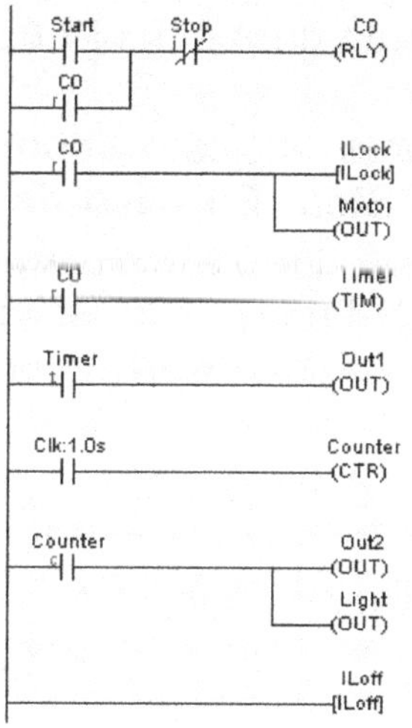

Usando instrucciones de Enclavamiento.

Con excepción de la primera línea, el resto del programa se encuentra entre las instrucciones ILock e ILoff, lo que significa que sólo funcionará cuando la instrucción de enclavamiento esté activa, que a la vez depende de C0.

Cuando se activa C0, el programa se ejecutará; de lo contrario, se detendrá porque las instrucciones de enclavamiento no están activas. Cuando se utilizan las instrucciones de enclavamiento, el tiempo de escaneo se reduce drásticamente ya que la CPU no verifica la lógica involucrada y prácticamente ignora esta parte del programa.

9.4 Programas Escalera Típicos.

Hay varias configuraciones típicas usadas normalmente en un programa escalera.

9.4.1 Start/Stop. (Arranque/Parada)

Puede usar estas líneas de control, en la mayoría de los programas que escriba. Le dará una forma de arrancar o detener la ejecución del programa. Esto también se llama MCR pero se implementa dentro del PLC.

Utiliza dos pulsadores físicos (normalmente abiertos) denominados Start y Stop. En caso de que alguno de los pulsadores externos y físicos sea NC, debe cambiar la instrucción en el programa y usar el símbolo opuesto: un contacto NC para Arranque (Start) o un contacto NA para Parada (Stop).

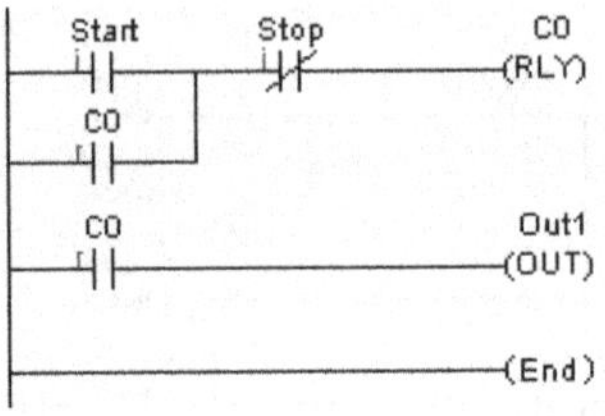

Programa para controlar una salida.

Observe que la última línea tiene un comando **END**. Esto se ha puesto con fines ilustrativos porque, como se mencionó anteriormente, algunos programas de programación lo requerirán.

Esta última línea con su instrucción, debe estar al final de todo el programa, y es sólo un método, utilizado por la CPU, para darse cuenta de que el programa está almacenado y deberá ser ejecutado hasta allí.

El programa escalera Start/Stop puede usar una salida interna o externa. En este caso, estamos utilizando una salida de relé interna, denominada C0. Por ahora sólo se usa un contacto, pero esto se debe a que el programa es de sólo tres líneas de control.

Puede usar tantos contactos como desee en otras partes o programas más largos.

9.4.2 Uso de temporizadores y sus contactos.

El uso de temporizadores en programas de Lógica Escalera es muy común. En cualquier momento necesitará un retardo (**Delay**) o esperar un tiempo antes de iniciar una nueva acción.

Sólo necesita definir la forma de activar el temporizador para usarlo. En el programa a continuación, se usa un contacto de C0 para habilitar el temporizador.

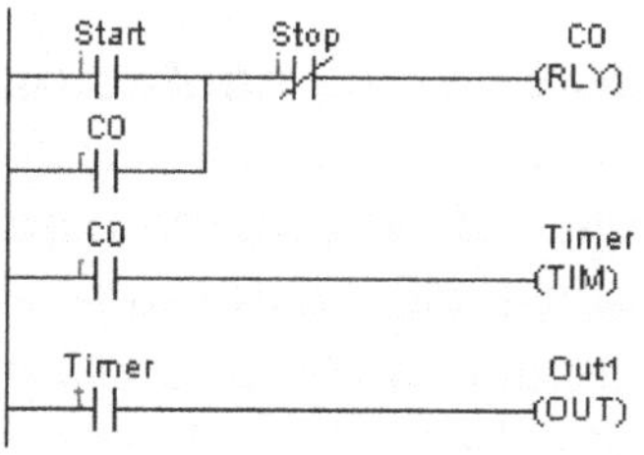

Programa simple para usar un Temporizador (Timer).

Si por alguna razón no usa ninguna lógica de control para habilitar el temporizador, y el temporizador tiene una conexión directa a la barra de bus de la izquierda, el temporizador comenzará a contar el tiempo tan pronto como se energice el PLC.

El uso de un temporizador implica el uso de la información que proporciona: el tiempo total o el valor de tiempo que haya transcurrido, hasta un instante dado, durante el proceso de temporización.

El tiempo transcurrido viene seguido por el cierre de todo contacto asociado al temporizador. Estos contactos adoptan el mismo nombre.

El Valor Actual (CurrentValue o PresentValue) del temporizador, es un registro de memoria que se puede usar para hacer comparaciones con valores específicos que puedan proporcionar una salida o resultado útil.

Puede usar tantos contactos de temporizador como desee y ubicarlos en diferentes líneas del programa para generar señales de habilitación específicas.

Las líneas de control que contienen contactos del temporizador, se pueden ubicar antes o después de la línea donde se encuentra el temporizador. Pero esta situación, con algunos proveedores de PLC, dará lugar a resultados erróneos.

9.4.3 Uso de contadores y sus contactos.

Los contadores son elementos que también pueden funcionar con o sin señal de habilitación externa al PLC. Sin embargo, requieren una señal de activación que debe abrirse y cerrarse para alimentar la acción de conteo. Un contador no cuenta por sí mismo; requiere pulsos de entrada que actúan como reloj de entrada.

En el programa mostrado a continuación, la señal de habilitación es C0 y, como se mencionó anteriormente, se puede omitir de la línea de escalera.

Los pulsos son generados automáticamente por un “reloj” interno donde el contacto se abre y cierra continuamente una vez por segundo. Dado que el contador se alimenta con estos pulsos, la acción realizada por este contador, en particular, es contar segundos.

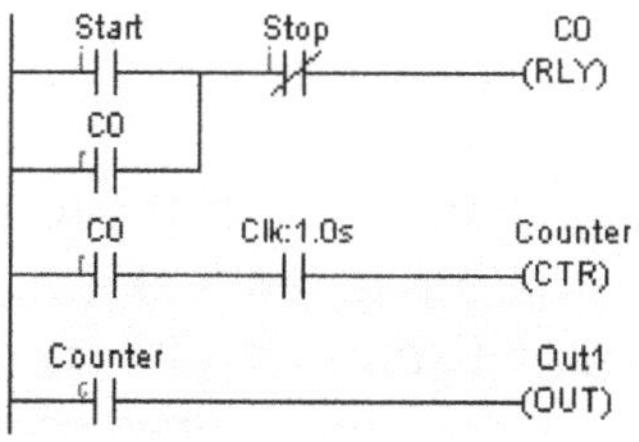

Programa simple para contar pulsos.

En este caso hemos omitido, a propósito, la señal de Reset. Pero siempre debe tener en cuenta que, si el contador no tiene forma de borrarse, no funcionará como debería; sólo en las condiciones iniciales, cuando se aplica energía al PLC.

Algunos proveedores utilizan símbolos para los contadores que obligan al programador a definir y realizar todas las conexiones adecuadas antes de poder utilizarlos. Todas las entradas de los contadores deben estar conectadas previamente.

En otros casos, como éste, donde la señal de reinicio está separada del contador, a veces es necesario reiniciar el contador justo en la línea de control anterior a la que se encuentra el contador. Esto se debe al barrido del programa y la naturaleza del conteo ascendente/descendente.

En algún lugar del software de programación, debe especificar el valor que el contador utilizará como configuración (Set Value). Por ejemplo, si planea contar hasta 34, debe escribir este número como parámetro para el contador. La mayoría de los fabricantes de PLC utilizan una ubicación de memoria que no es visible en la representación en escalera. Algunos otros te permiten verlo justo encima del símbolo.

La información que se puede obtener de un contador es el valor a contar y el valor actual o presente que tiene el contador, en cualquier momento dado, durante el proceso de conteo.

Cuando el contador alcance su valor programado, energizará todos los contactos que tenga asociados.
El Valor Actual o Valor Presente del contador es un registro de memoria que se puede comparar con otros valores para generar una salida, sin necesidad de esperar a que el contador alcance el valor de conteo final.

Puede utilizar tantos contactos de contador como desee y ubicarlos en cualquier lugar de las líneas del programa, para generar acciones específicas.

9.4.4 Uso de los valores actuales de temporizadores y contadores.

Sólo si el PLC tiene instrucciones de comparación, es posible mejorar el rendimiento del programa escalera, utilizando todos los valores actuales de los registros cambiantes, como los valores actuales de los temporizadores y contadores.

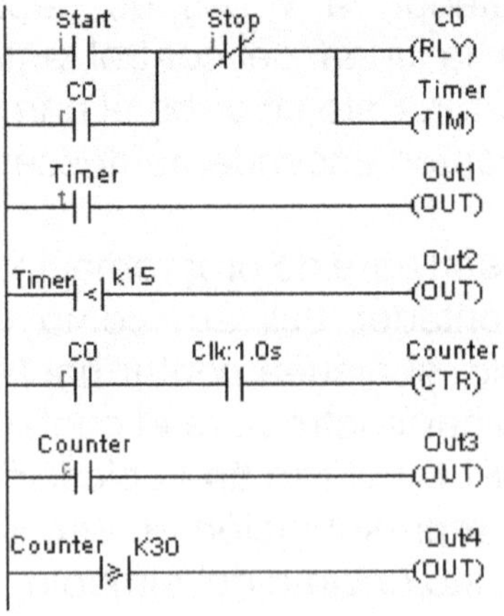

Usando comparadores con Temporizadores y Contadores.

Al examinar este programa de Lógica Escalera, puede notar que en algunos de las líneas de control se tienen algunas instrucciones nuevas, que nunca se usaron o explicaron aquí.

Estas nuevas instrucciones se denominan “Comparadores” y utilizan dos valores o registros. Actúan como un contacto, que se cierra en el momento en que su comparación es válida.

Por ejemplo, la instrucción del comparador permanecerá cerrada mientras el valor actual del temporizador sea inferior a 15. Cuando el Valor Actual supere 15, el contacto se abrirá porque la instrucción ya no sigue siendo válida.

Analizando el renglón de control, y asumiendo que la temporización dura hasta 50 (sin importar las unidades), la salida "Out2" estará en ON mientras la temporización (o el valor actual del temporizador) esté por debajo de 15. El resto del tiempo, la salida va a estar APAGADA.

Algunos fabricantes de PLC utilizan una ubicación de memoria, que se puede abordar como una variable para el valor Presente o Actual. Por ejemplo, mientras que el contacto del temporizador se llama simplemente Temporizador, su valor actual podría etiquetarse como TimerCV.

El mismo análisis se puede hacer para el Contador, como los del resto de las líneas de control.

Los contactos de comparación pueden ser: Igual, Menor que, Mayor que e Igual o Mayor que.

Cada comparador requiere dos operandos que pueden ser dos registros, un registro y un valor fijo o constante, y un registro con una ubicación de memoria.

En lugar de usar varios temporizadores y contadores, puede usar comparadores lógicos para habilitar la lógica de control que dependería de un sólo temporizador o un contador. Sólo si el programa de control lo permite y el PLC soporta estas instrucciones.

9.4.5 Combinación de temporizadores y contadores.

Los programas con temporizadores y contadores son muy comunes.

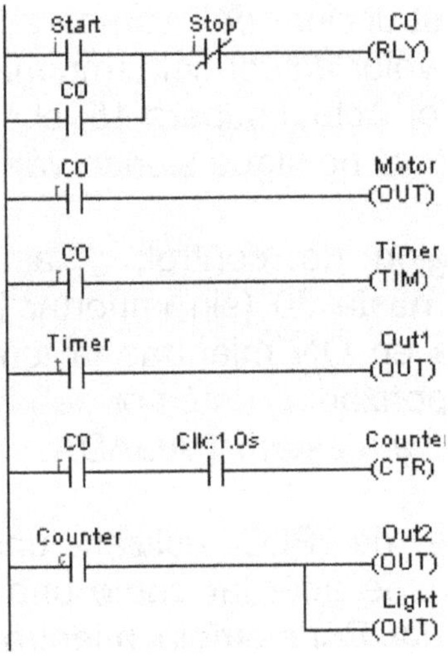

Combinación de temporizador y contador.

Puede utilizar un temporizador para producir un retardo para una determinada acción, para habilitar una línea de control o simplemente como prevención de la activación.

Por ejemplo, este programa, una vez iniciado al presionar Start, esperará un tiempo antes de permitir el conteo. En otras palabras, el contador no comenzará a contar a menos que el temporizador haya terminado y su contacto se haya cerrado.

Nuevamente, este programa tiene fines ilustrativos y hemos omitido el renglón de reinicio del contador.

9.4.6 Puede utilizar contactos de dispositivos o elementos activados.

No hay mucha diferencia en usar un contacto de habilitación o un contacto de la acción resultante. Si el contacto está habilitando, digamos una salida, podemos usar el contacto de la salida como señal de habilitación equivalente al primer contacto original que se cerró. Para aclarar este concepto, echemos un vistazo al siguiente programa escalera.

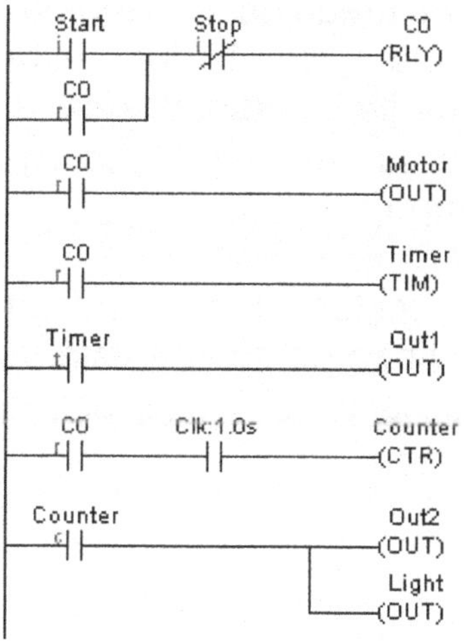

Contacto en diferentes partes del programa.

En la segunda línea de control, un contacto de C0 está activando una salida denominada Motor. En la siguiente línea de control, el mismo contacto de C0 está activando un temporizador.

Es lo mismo usar un contacto de Motor en lugar de C0, para habilitar el temporizador. Esto se debe a que la diferencia de tiempo entre la activación de C0 y Motor es de apenas milisegundos y no sería perceptible para el ojo humano, ni para el funcionamiento del programa.

Entonces, en términos prácticos, podríamos considerar que ambas activaciones ocurren "simultáneamente".

Ya sea que esté utilizando contactos de C0 o Motor, depende del programador tener una lógica más clara o hacer que el programa sea más comprensible para la resolución de problemas.

En algunos casos con el contacto C0 es fácil entender que depende de tener la máquina encendida. En otros casos, cuando un contacto del Motor está habilitando el temporizador, es muy fácil entender que el Motor debe estar encendido, antes de que el temporizador pueda comenzar a contar cualquier tiempo.

En el diagrama de escalera que se muestra a continuación, notará que la última línea de control está usando un contacto de Out3, y esta salida es activada por la línea de control exactamente antes.

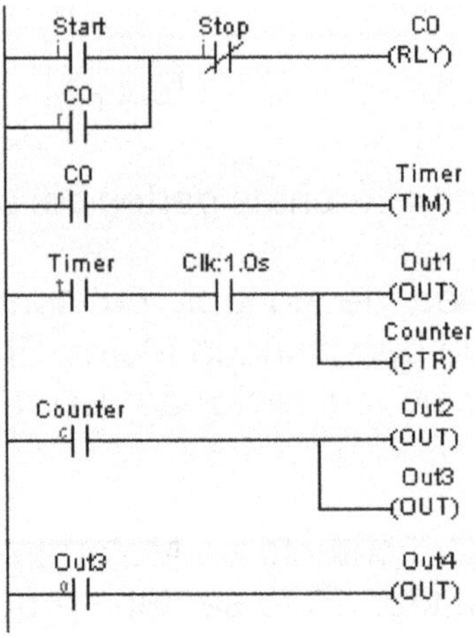

Simplificando líneas de control en escalera.

Podríamos eliminar la última línea de control y agregar la salida de Out4, justo debajo de la salida Out3 (en Paralelo).

En este caso todas las salidas Out2, Out3 y Out4 estarían accionadas por el contacto del Contador.

9.4.7 Uso de secuenciadores.

Los secuenciadores, como se mencionó anteriormente, son muy útiles cuando la activación de las salidas está siguiendo cierto “patrón”. También, cuando se hace por pasos los cuales son comandados por una entrada o un reloj interno. En esos casos, es mucho mejor usar un secuenciador en lugar de un programa escalera. De hecho, el secuenciador reemplaza muchas líneas de control de Lógica Escalera.

Puede usar la siguiente configuración para usar secuenciadores en un programa de control:

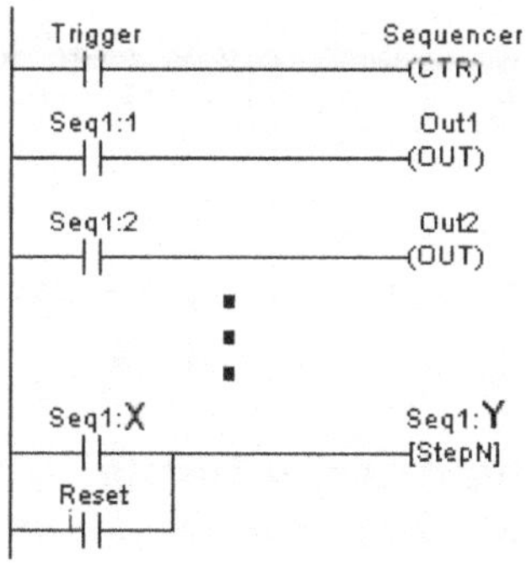

Programa típico con Secuenciadores.

La señal de disparo puede ser cualquier contacto de cualquiera de los otros elementos Entrada, Salida, Temporizador, Contador o Bit interno.

La letra X representa el paso máximo que va a alcanzar el secuenciador (en este caso es el SetValue del contador).

La letra Y es el valor que queremos usar para el reinicio del secuenciador. Tenga en cuenta que hemos agregado una entrada de reinicio opcional llamada Reset, que nos ayudará a reiniciar el secuenciador en cualquier momento que queramos.

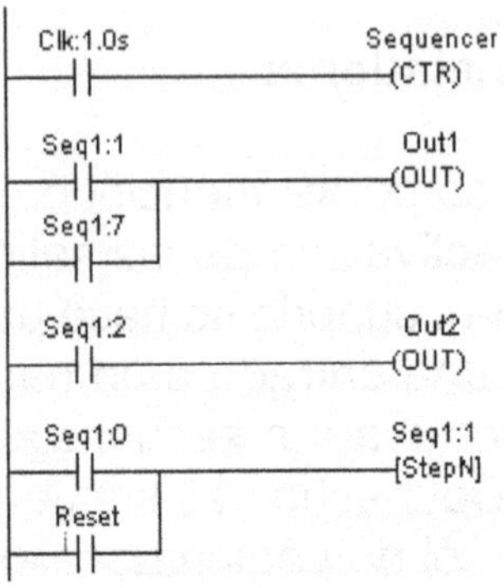

Sequenciador para dos salidas.

Por regla general, puede combinar todos los contactos de paso para activar una salida. Por ejemplo, podríamos agregar un contacto paralelo de Seq1:7 al que ya tenemos como Seq1:1.

De acuerdo con la cantidad de pasos, puede desarrollar muchas combinaciones de contactos.

9.4.8 Eventos activados por borde.

El uso de esta función varía de un fabricante a otro. Algunos de los programas típicos se pueden aplicar a la detección de flancos de los contactos, algún otro de las salidas.
La forma de aplicar una transición diferencial hacia arriba o hacia abajo es la siguiente:

Para diferencial ARRIBA:

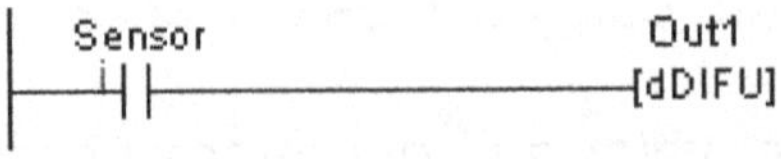

Activación de salida en Diferencial arriba o borde positivo.

La salida Out1 será energizada en el preciso momento en que la entrada Sensor esté haciendo la transición de "OFF" a "ON".

Para Diferencial ABAJO:

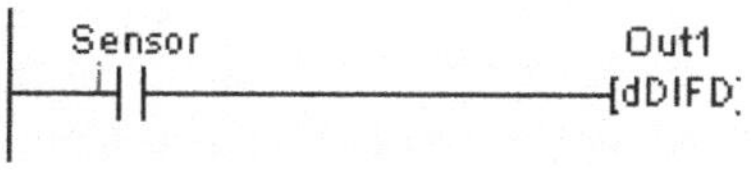

Activación de salida en Diferencial abajo o borde negativo.

Si utiliza la otra función de salida de Diferencial Abajo, la salida Out1 se activará en el momento en que el sensor cambie de la condición de detección a la de no detección. Esto significa que el sensor no detecta, luego detecta y luego vuelve a cambiar a no detección.

En ambos casos, las acciones sólo ocurren durante un ciclo de tiempo de escaneo, por lo que no se perciben fácilmente.

Preguntas.

1. Defina los términos "Rung", "Lógica" y "Acción".
2. ¿Qué elementos pueden aparecer en la Lógica de una línea de control de escalera?
3. ¿Qué elementos pueden aparecer en la Acción de una línea de control de escalera?
4. En un programa escalera, ¿qué es un camino o ruta eléctrica?
5. Explique por qué es importante un Relay de control maestro.
6. ¿Qué es enclavar (Interlocking)?
7. ¿Qué elementos puede usar para un circuito de arranque y parada?
8. ¿Puede implementar secuenciadores a través de Lógica Escalera?

[10. OTRAS METODOLOGÍAS DE PROGRAMACIÓN]

Lógica Escalera no es la única metodología para programar PLCs. Este capítulo explora algunos otros métodos de programación, pero sólo como conocimiento básico o de simple información.

10. Otras Metodologías de Programación.

Los fabricantes han desarrollado su propia forma de programar sus equipos. Anteriormente, si deseaba cambiar su marca actual de PLC, necesitaba reconstruir todo el programa, por eso la estandarización se volvió importante.

El primer estándar es el IEC-1131 y fue desarrollado en Europa. Durante los últimos años este estándar ha tenido variaciones y se convirtió en IEC61131-3

La idea de tener una forma común de programar equipos PLC llevó a desarrollar cinco métodos posibles:

Lista de instrucciones
Texto estructurado
diagrama de escalera
Diagrama de bloques de funciones
Diagrama de flujo secuencial

10.1. Lista de instrucciones (IL).

También conocido como mnemónicos, este método usa comandos en tres letras. Aunque es una forma engorrosa de trabajar, la velocidad de procesamiento es mejor que las otras técnicas.

```
STA (*Guardar variable*)
LD
MOV
OUT
```

Este es el mismo método de programación utilizado en el lenguaje ensamblador, que es muy popular entre los microcontroladores.

Para agregar comentarios, sólo necesita poner la expresión entre asteriscos (*y*).

10.2. Texto estructurado.

Es un lenguaje de alto nivel como la programación BASIC o C. El programador puede usar muchas instrucciones poderosas para desarrollar un algoritmo de control:

If... Then... Else
Case
For .... To
While....

Cada programa se puede guardar y utilizar en otras aplicaciones. También se puede llamar como un procedimiento o subrutina.

10.3 Diagrama de escalera (LD).

Este es el método más popular para programar PLCs, ya que la mayoría de los fabricantes de PLCs lo han incluido como estándar.

Sigue las reglas eléctricas de conexiones, por lo que es un tipo de programación eléctrica. Debido a que esta metodología es el alcance de este libro, no se dará más explicación aquí.

10.4 Diagramas de bloques de funciones (FBD).

Hay dos tipos diferentes de unidades de programa:

Funciones y funciones de bloque

Las funciones son los llamados "procedimientos" que pueden tener muchas entradas y sólo tener una salida.

Un bloque de funciones puede tener varias entradas y producir varias salidas cuando se ejecuta.

El usuario puede tener bibliotecas del proveedor del software, crear sus propias funciones o bloques de funciones utilizando las herramientas del software. Dado que esta es una forma gráfica de programación, se pueden vincular diferentes bloques entre sí.

Los bloques pueden estar en cualquier posición en la hoja de trabajo.

10.5 Diagramas de flujo secuencial (SFC)

Este método se está volviendo muy popular entre los programadores nuevos y avanzados. La mayoría de los fabricantes han incluido algunas de las características de esta técnica en su propio software de programación.

Un buen número de procesos de control o máquinas de producción operan en modo secuencial. Sólo unos pocos procesos funcionan simultáneamente (en paralelo), por lo que los diagramas de flujo secuencial pueden ser un buen enfoque, con las siguientes ventajas:

1. Fácil para otras disciplinas distintas a la eléctrica y la electrónica.
2. Fácil de depurar ya que el programa muestra el punto de ejecución actual.
3. Uso más eficiente de la CPU o los recursos de los procesadores
4. El temporizador y los contadores se pueden usar más de una vez si no se usan en diferentes lugares al mismo tiempo.
5. Los diagnósticos y la solución de problemas son bastante fáciles.

Sigue ciertas reglas básicas:

1. E funcionamiento de la máquina se debe dividir en varios pasos.
2. Existen "etapas", "transiciones", Salidas, SET y RST como elementos.
3. Las ETAPAS pueden ser "Iniciales" (Se verifica cuando el PLC está energizado) o "Normales" (el resto de las etapas). El PLC sólo verifica (Barrido o SCAN) las etapas activas, que son las etapas que están activas en un momento determinado.
4. Saltar de ETAPA a ETAPA, se hace con transiciones. Estas son condiciones lógicas a lograr. Por ejemplo, un tiempo, un contacto, un conteo, un interruptor de límite, etc. Siempre hay una transición de una Etapa de Origen a una Etapa de Destino. Después de la transición, se desactiva la Etapa Origen y se activa la Etapa Destino.
5. En cada ETAPA se pueden activar salidas (con o sin condición). Después de una transición no es necesario desactivar las salidas ya que, en el momento en que se desactiva la ETAPA, las salidas se apagan automáticamente.
6. Las instrucciones SET y RST se usan para dos propósitos principales: si se usa SET con salidas, estas permanecerán activas sin importar si el paso se desactiva después de una transición y sin importar si la condición ya no es verdadera.

Si SET se usa con ETAPAS, La etapa se activa desde una parte diferente del programa como si hubiera tenido una transición a dicha etapa.

Algunos autores pueden llamarlo GSTART (SET) o Gkill (RST) para procedimientos o etapas.

10.6 Diagramas de Flujo (FD).

Hay otro método de programación, no tan popular, llamado diagramas de flujo, donde se puede hacer el programa usando los mismos gráficos que se usan en la ingeniería de sistemas.

En general, se puede escribir un programa de control completo usando cualquier número de métodos. Todo fabricante trata de desarrollar herramientas para facilitar la labor de programación e intenta incluir tantas librerías como sea posible, para que el programador pueda ahorrar tiempo a la hora de realizar tareas más difíciles.

Otros métodos usan la misma metodología que para escribir programas en lenguajes de alto nivel como BASIC o C++. Existen comandos, creados sólo con el propósito de realizar controles tales como activación o desactivación de temporizadores, ajuste o reinicio de bobinas internas o externas.

En general, un conjunto completo de comandos de software permite al usuario reemplazar una parte o todas las instrucciones de escalera.

No muchos técnicos e ingenieros están familiarizados con este tipo de programación y parecen reacios a incorporar Funciones en sus programas. Por otro lado, ha abierto una puerta a nuevas disciplinas, distintas a la eléctrica, para desarrollar programas de control. La nueva automatización industrial es más universal para todo tipo de profesionales.

Preguntas.

1. ¿Qué es el estándar IEC61131-3?
2. ¿Cuál es el otro nombre de la lista de instrucciones?
3. ¿Cómo funciona el Texto Estructurado?
4. ¿Qué tipo de unidades de trabajo se pueden utilizar en los diagramas de bloques de funciones?
5. ¿Cuáles son las ventajas de programar a través de Diagramas de Flujo Secuencial?

[Fundamentos de PLC
y
Programación de Lógica Escalera]

Importante:

Recuerde que usted puede contactarnos via email. En muchas de esas ocasiones al autor del libro, le gusta contactar a las personas directamente, para orientarlos acerca de cómo sacar buen provecho de este libro y su práctica.

Tenemos disponible un software DEMO para practicar las siguientes lecciones de Lógica Escalera.

Para obtenerlo, por favor envíe un correo electrónico a sales@latin-tech.net, con CC a plctraining@hotmail.com, incluyendo su información y el número de recibo de su proveedor.

Opcionalmente, puede visitar www.lt-automation.com en caso de que quiera adquirir un PLC de bajo costo para tener prácticas reales, cursos "rápidos" o dudas.

11 Wintrilogi®. Software de programación y simulación.

Este software le permite practicar la Programación Ladder en su propia computadora. Otra versión de pago te permite, además de la simulación, transferir programas a un PLC real.

El software Wintrilogi® fue desarrollado por Triangle Research Limited como parte de su línea de productos.

Este software está siendo utilizado por muchas instituciones educativas de todo el mundo. Más aún, algunos ingenieros prueban sus programas con este paquete de software antes de escribirlo para otra marca.

Para escribir un programa de PLC exitoso, debe realizar los siguientes pasos:

1. Tenga una descripción clara del programa que desea desarrollar. Lea la lección primero.
2. Escribir el programa, utilizando todos los elementos y herramientas de programación. Todas las veces.
3. Compile el programa.
4. Resuelva todos los errores de programación y vaya al paso 3 y vuelva a compilar.

Este software es una herramienta muy importante para que domine los conceptos aprendidos con este libro. Le brindará una experiencia práctica como ningún otro libro sobre automatización.

5. Edite y agregue las líneas de control requeridas, hasta que el programa realmente funcione según lo requerido.
6. Simule su programa.
7. Si es posible, descargue el programa al PLC real.
8. Realice las conexiones adecuadas de los dispositivos en el PLC.
9. Pruebe el funcionamiento del programa, analizando el rendimiento general.

11.1 Instalación del Software.

Recibirá dos paquetes de software:

JRE y Wintrilogi®

Para instalar el software, debe tener mucho cuidado con dos pasos principales:

Primero instale JRE (Java Run-time Environment) y luego el software Wintrilogi®.

Este es uno de los principales problemas al intentar ejecutar el software, ya que una instalación incorrecta provocará un funcionamiento defectuoso del software.

Utilice la versión de software JRE que suministramos. Antes de continuar, compruebe si ya tiene una versión instalada. Si lo hace, desinstálelo, usando la herramienta para "Agregar o quitar programas" desde el Pánel de control en su PC o computadora portátil.

Una vez que haya eliminado cualquier otra versión anterior de JRE, instale el nuevo JRE y luego el software Wintrilogi®.

11.2 Ejecución del Programa.

Una vez que haya instalado el software con éxito, seleccione la aplicación Wintrilogi, siguiendo la ruta que se muestra a continuación:

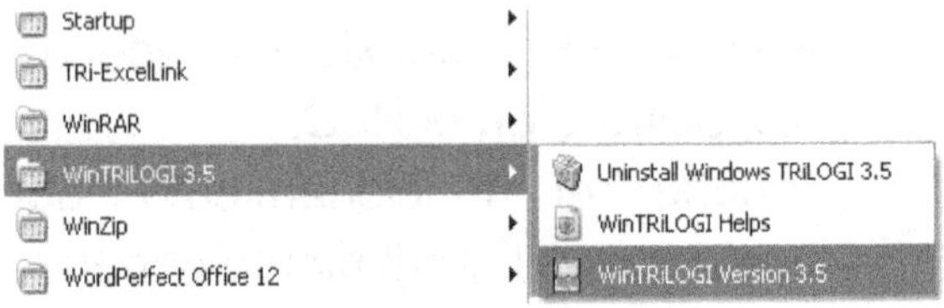

Selección del programa.

Asegúrese de seleccionar la Serie **E10**. Si selecciona la serie **H**, su programa no funcionará en el PLC denominado E10. Sin embargo, funcionará para cualquier programa que escriba: La serie H es una familia de PLC con más entradas/salidas.

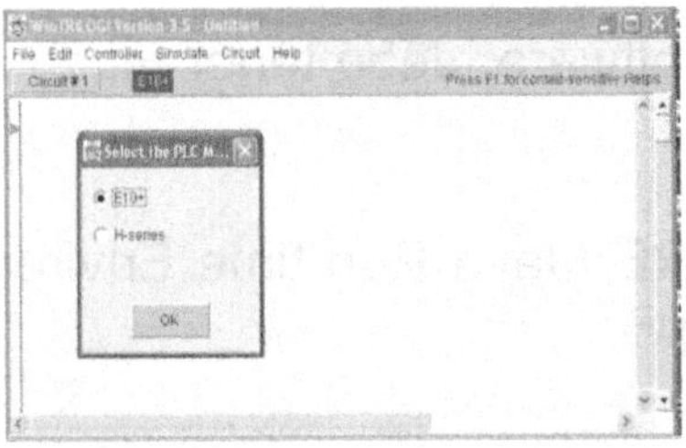

Selección del modelo de PLC.

11.3 Comunicación con el entrenador de PLC.

Si no tiene un PLC de verdad y solamente planea simular las lecciones en su computadora, puede saltar esta parte.

En el menú "Controlador", seleccione Configuración del puerto serie para verificar que los parámetros de comunicación en la PC, coincidan con los que tiene en el PLC.

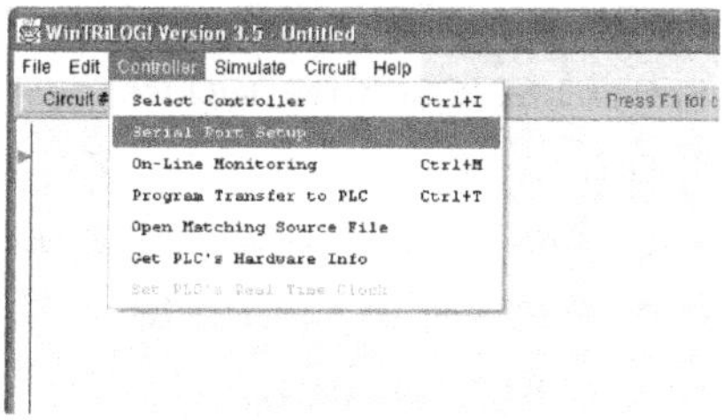

Programando el puerto serial de su PC.

En Command String escriba:

IR*

Si todo está bien, debería recibir una respuesta de IR01* o IRXX*, donde XX es el número de identificación del PLC que usa, en caso de que esté programando uno de los PLC en una red.

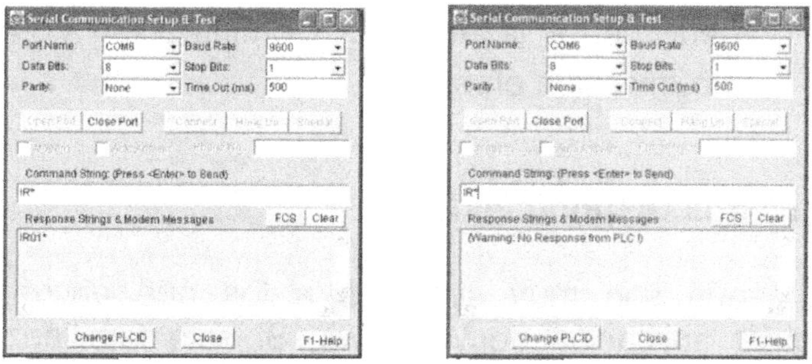

Verificando conexión entre PC y PLC.

Si recibe el siguiente mensaje:

"Warning: ¡No response from the PLC!"

"Advertencia: ¡Sin respuesta del PLC!"

entonces necesita verificar si hay problemas relacionados con:

1. **Puerto de comunicaciones.**
   Verifique si está seleccionando el puerto correcto. Esto es muy importante cuando se utiliza un convertidor de USB a serie. No todos funcionan bien y asignan un número de puerto serial diferente.
2. **Ajustes de comunicación.**
   Asegúrese de que su configuración de comunicación sea exactamente la misma que la del PLC. Para realizar cualquier cambio, primero debe hacer click en "Cerrar puerto", realizar sus cambios y luego hacer click en "Abrir puerto".
3. **LED de alimentación.**
   Si el adaptador de pared está conectado, debería ver que el LED verde en el PLC está ENCENDIDO. De lo contrario, verifique el fusible principal y la conexión del adaptador de pared. Una vez que esté conectado, puede cerrar la pantalla "Configuración y prueba de comunicación en serie".

11.4 Menús Disponibles.

Los Menús son muy similares a los que encuentras en cualquier aplicación de Windows. Si está familiarizado con cualquier otro paquete de software, no tendrá ningún problema al usar Wintrilogi®.

Una vez que abra la aplicación, verá los siguientes menús:

File, Edit, Controller, Simulate, Circuit y Help.

Archivo, Editar, Controlador, Simular, Circuito y Ayuda.

11.4.1 Menú File (Archivo).

Esta opción le permite manejar todos los archivos del programa.

- **New-Nuevo (Ctrl+N)**
  Esta opción le permite crear un nuevo programa. Si no usa ningún nombre, usará "sin título" por defecto.
- **Save-Guardar (Ctrl+S).**
  Guarde cualquier cambio en el archivo original. Tenga cuidado de mantener intacto el programa original; mejor usa la opción Guardar como.
- **Open- Abrir (Local Unit - Unidad Local).**

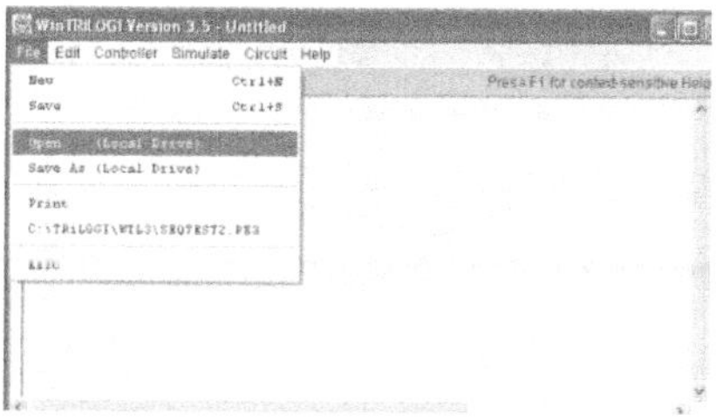

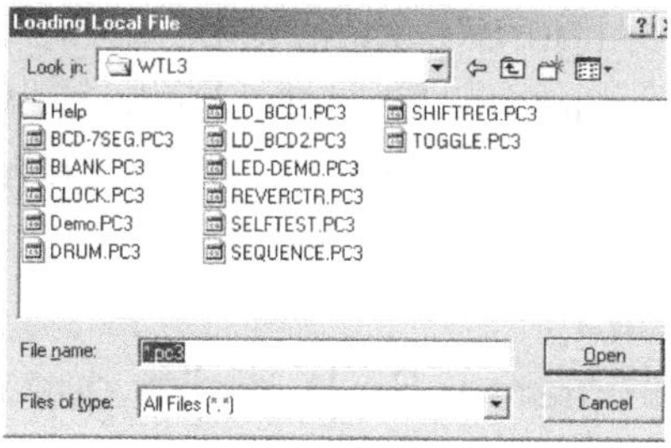

Directorio donde el Programa va a ser grabado.

Abra cualquier programa de PLC disponible en su computadora. El simulador puede utilizar programas de muestra o reales con extensión .PE3 o .PC3. Los relacionados con el PLC son .PE3.

- **Save As - Guardar Como (Local unit - Unidad local)**
  Guarde los archivos de programa escalera modificados con un nombre diferente. Esto es muy útil para generar diferentes versiones basadas en un programa escalera original. Aunque el nombre del programa puede tener muchos caracteres, al descargar el archivo al PLC, el nombre se reducirá a sólo seis caracteres.

- **Print - Imprimir.**
  Este comando te permite imprimir la información de tu programa de acuerdo a tus necesidades:

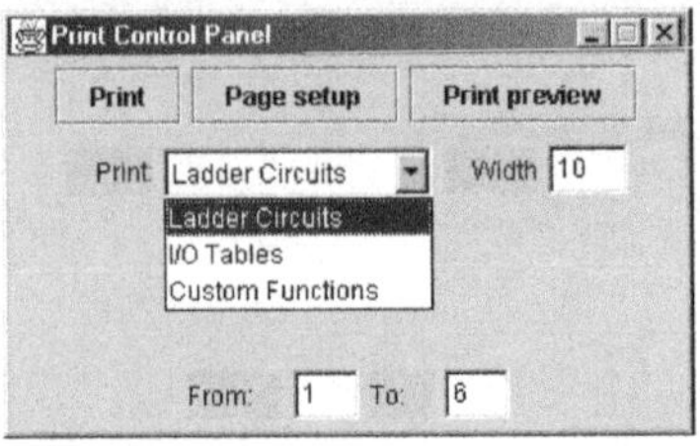

Opciones de Impresión del Software.

El menú Configurar página le permitirá ajustar la página en tamaño y ancho. El menú Vista previa de impresión mostrará cómo se vería el documento antes de imprimirlo.

- **Exit - Salida.**
  Cierra el programa. Se le pedirá que decida si desea guardar el programa o no.

10.4.2 Menú Edit (Edición).

Esta opción le permite hacer programas originales o hacer cambios a los existentes.

- **Abort - Abortar editar circuito.**

Esto deja el renglón sin cambios si se han realizado algunos cambios y aún no ha presionado ENTER.

- **Undo - Deshacer (Ctrl+Z).**
  Cada vez que utilice este comando, el circuito de escalera volverá a su modificación anterior (máximo 10 pasos).
- **Cortar Circuito (Ctrl+X).**
  Retire los circuitos o líneas de control no deseadas. Todos los circuitos, seleccionados por el cuadro de opción de arriba a la derecha, se Cortan - Cut y se colocan en el Portapapeles -Clipboard. Puede pegarlos en otro lugar del programa.

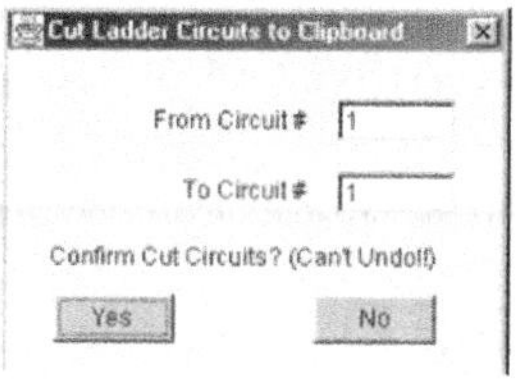

Sea cuidadoso con este comando. Una vez CORTE un circuito, no podrá deshacer los cambios.

Retirando líneas en un programa de lógica escalera.

- **Copy - Copiar circuito (Ctrl+C).**
  Este comando hace una copia de las líneas de control que ha seleccionado en el cuadro de diálogo, dejando intactos los circuitos originales. Las líneas de control copiados se colocan en el Portapapeles.
- **Paste - Pegar (Ctrl+V).**
  Después de "Cortar" o "Copiar", puede pegar todos los circuitos antes del circuito actual que ha sido seleccionado.
- **Find - Buscar (Ctrl+F).**

Puede buscar cualquier elemento en particular con un nombre de etiqueta usando el siguiente cuadro de diálogo:

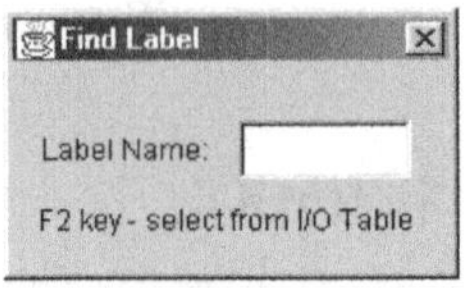

Buscar un elemento particular.

- **Go to - Ir a (Ctrl+G).**
  Este comando le permite mover el cursor, dentro de un programa escalera con muchos circuitos, al circuito que desee.
- **I/O table - Tabla de E/S (F2).**
  Esta tabla contiene todos los elementos que puede usar al escribir un programa escalera.

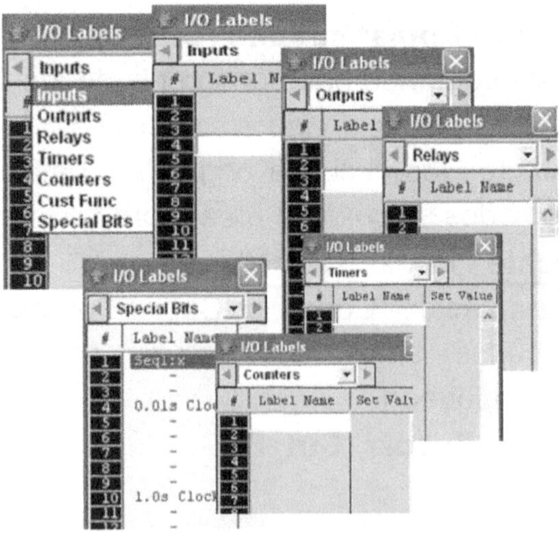

Diferentes tablas usadas para definir los elementos de software.

Tenga en cuenta que, para Entradas, Salidas y Relés, debe ingresar sólo el nombre del elemento. Para Contadores y Temporizadores, además del nombre, se requiere proporcionar el SetValue para que puedan funcionar correctamente.

La tabla de Special Bits - Bits especiales, permite al usuario tener acceso a los relojes internos y al Secuenciador.
Las funciones de cliente (CustFunc) sólo se aplican a nuestros PLC más sofisticados. No es necesario utilizarlos en este libro.

- **Identification letter- Letra de identificación del elemento I/0 (F3).**
  Se trata de una letra de carácter pequeño que aparece a un lado de cualquier contacto y ayuda a identificar a qué elemento pertenece:

  i=entrada, o=salida, r=Relay, t=temporizador y c=contador.

  Con F3 puede alternar la acción de mostrar y ocultar estas letras.

- **11.4.3 Menú Controller (Controlador)**

Este Menú se puede utilizar, sólo si se tiene el PLC. Le permitirá conectar el PC al PLC.

Si desea conectarse al PLC, primero verifique el tipo de puerto de comunicación de su computadora de escritorio o portátil. Si es un puerto RS232, simplemente conecte el cable de comunicación directamente. De lo contrario, si el puerto es de tipo USB, debe obtener un convertidor de USB a Serial. Tenga cuidado al pedir este dispositivo y verifique el controlador de software, porque algunos de ellos podrían no funcionar correctamente.

Select Controller - Seleccionar controlador (Ctrl-I)

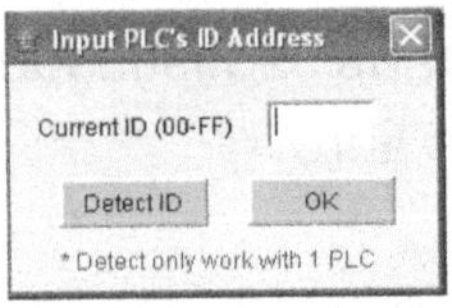

Seleccionando la ID del PLC

Normalmente está conectando su computadora a un sólo PLC. A menos que haya cambiado el ID del PLC anteriormente, será 01. Al hacer click en Detect ID le permitirá conocer el ID del PLC actual, pero sólo funcionará si previamente ha realizado comunicación con el PLC. El ID podría ser diferente si tiene varios equipos en una red.

Serial Port - Configuración del puerto serie

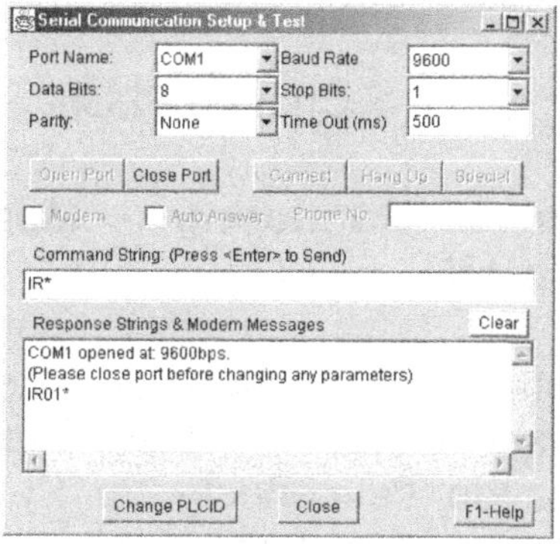

Programando los parámetros del
Puerto Serial de su PC.

Puede configurar todos los parámetros de comunicación del puerto serial de su PC, para que coincidan con los del PLC. Primero cierre el puerto, usando el pulsador para tal fin. Una vez que haya realizado todos los cambios, debe abrir el Puerto nuevamente.

String Command- Cadena de Comando.

Es un campo que se usa para probar si tiene comunicación entre la PC y el PLC. Si envía IR*, el PLC responderá con IR01* (o un número de identificación diferente si lo ha cambiado).

Sólo necesita hacer esta verificación para asegurarse de que tiene una buena conexión.

En caso de que tenga más de un PLC en una red, no debe usar el comando IR* porque todos los dispositivos responderán al mismo tiempo, lo que generará un problema de comunicación.

Para cambiar el ID del PLC puede utilizar el pulsador:

" Change PLCID - Cambiar PLCID".

- **Online Monitoring - Monitorización en línea (Ctrl+M).**

Esta opción de menú permite al usuario ver qué está pasando con el estado de todos los elementos, cuando se conecta un PLC real. Se tienen dos formas: simplemente leyendo el estado de los dispositivos reales conectados al PLC o cambiando el estado actual directamente desde la pantalla de la PC.

La monitorización en línea sólo funciona cuando ya ha establecido comunicación con el PLC.

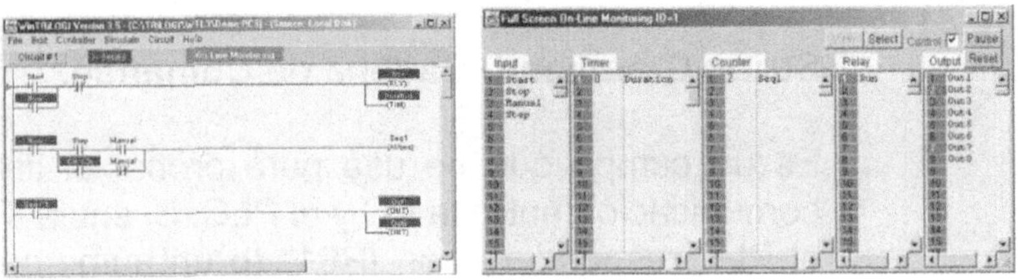

Pantallas que sólo son visibles cuando esté conectado al PLC o haciendo simulación en línea.

Existen cinco columnas principales que contienen todos los elementos utilizados en el proyecto. Los números de la izquierda, para cada columna, corresponden al número de conexión específico en el PLC. Por ejemplo, Start está físicamente conectado a la entrada #1 del PLC. Cuando el número está resaltado en color rojo o fondo oscuro, significa que el elemento está "activo" o "encendido".

Cambiar el estado de cualquier elemento requiere que primero marque la casilla llamada "Control" en la esquina superior derecha.

Al hacer click directamente en cualquier elemento, puede cambiar su estado. Por ejemplo, si hace click con el pulsador izquierdo del mouse en Start, esta entrada estará activa sólo durante el tiempo que se presione el mouse, una vez que suelte el dedo del mouse, la entrada volverá a su estado original. Por otro lado, si usa el pulsador derecho de su mouse, la entrada pasará al estado opuesto: si estaba APAGADO, se encenderá y permanecerá así. Si hace click una vez más, se apagará nuevamente. Esta es una función Alternar.

Se tienen cuatro pulsadores más que se explican a continuación:

- **View - Ver** :
  Sólo activo para PLC más sofisticados utilizados en nuestro próximo libro que va más allá de los fundamentos.
- **Select - Seleccione** :
  Si tiene una red de PLC, establecerá un monitorización en línea con un PLC en particular, definido por su ID.
- **Reset - Restablecer** :
  Restablece todos los datos de E/S y deja el PLC en su estado original.
- **Pause - Pausa** :
  Detiene el PLC. La ejecución del programa escalera se suspende. La monitorización en línea también se puede realizar a través del programa escalera. Los

elementos activados se muestran resaltados en azul. Un contacto NC resaltado significa que el contacto está abierto y un contacto NO resaltado significa que el contacto está cerrado. Tenga mucho cuidado al interpretar el estado.

- **Transfer to PLC -Transferir programa al PLC (Ctrl+T).**

  Cuando su programa haya sido simulado y la compilación no tenga problemas informados, puede descargar el programa al PLC. Se le pedirá que confirme si realmente desea descargar el programa al PLC, ya que podría generar riesgos.

- **Open matching source file - Abra archivo fuente similar.**

  El uso de este comando le informará sobre el programa que ya está almacenado en el PLC y abrirá el archivo de programa correspondiente guardado en su PC. Sólo comprueba el nombre y no el contenido.

- **Get PLC´s hardware info - Obtener información de hardware de PLC.**

  Cuando el PLC está conectado a la PC, el uso de este comando devolverá todas las características disponibles del PLC: número de modelo, el máximo de entradas, salidas, relés, temporizadores y contadores. Esta es la misma información que obtiene cuando transfiere un programa al PLC.

- **Simulate - Simular.**

  Este menú es para probar, depurar y simular el programa escalera. La simulación es una excelente herramienta para practicar en escalera. WinTRiLOGI® compila automáticamente un programa escalera antes de activar el simulador. Si se encuentra un error durante la compilación, el error se resaltará centrándose en la línea de control y el tipo de error. Está claramente informado para que pueda hacer una corrección rápida.

- **Run reset I/O - Ejecutar (restablecimiento de todas las E/S) (Ctrl+F9)**
  Esta opción restablece todas las entradas y salidas (estado apagado) e inmediatamente abre el simulador. El propósito de Esto es asegurarse de que comience desde la condición de encendido del PLC. Se supone que las entradas están desconectadas de los dispositivos reales.
- **Run Except i/p - Ejecutar (Restablecer excepto i/p) (Ctrl+F8)**
  Esta opción conserva el estado de las entradas que previamente habías puesto en ON o activado. Por ejemplo, si un sensor debe estar detectando un dispositivo antes de encender la máquina, en el momento en que reinicia, la señal de entrada debe estar encendida. El resto de los datos se borra. Después de ejecutar el comando, se inicia la ventana de simulación.
- **Continue Run - Continuar ejecución (sin reinicio) (F9)**
  El propósito de este comando es continuar la simulación desde la última vez que se cerró. La ventaja es que mantiene todos los estados y valores de los elementos. Si ha realizado incluso el más mínimo cambio en el programa escalera, todo el programa se volverá a compilar para buscar errores antes de ejecutarlo.

  El primer pulso de escaneo (1st.Scan) no se vuelve a activar porque se supone que el programa continúa desde una simulación anterior. La razón principal para usar este comando es que ahorra tiempo, cuando busca un error simple, en lugar de tener que ejecutar todo el programa y configurar las entradas, simplemente continúa desde el punto de prueba en el que ha estado trabajando.
- **Compile only - Compilar solamente (F8)**

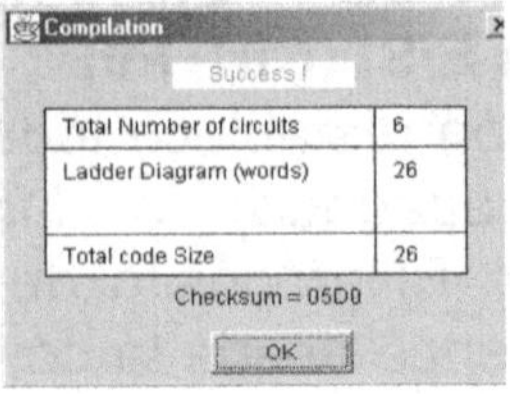

Pantalla para compilación o detección de problemas en su programa.

Al ejecutar este comando se obtiene un nuevo análisis de los recursos. Puede ver qué tan grande es su programa y si tiene algún error.

- **Reset I/O - Reiniciar todas las E/S (Ctrl-R)**
  Todas las entradas y salidas se ponen a cero sin abrir el simulador. Cuando se ejecuta el comando, se eliminan todos los resaltados (estado forzado) de los elementos para que pueda devolverlos a su estado original.

10.4.5 Menú Circuit - Circuito.

Este menú incluye algunas opciones relacionadas con las líneas de control.

- **Insert comments - Insertar comentarios**
  Puede agregar comentarios para ayudar a comprender el funcionamiento de cada línea de control o, en algunas ocasiones, para ayudar a otros a conocer su estrategia de automatización para el programa de control. El editor de comentarios le permite copiar, cortar o pegar cualquier texto.

  Estos comentarios no se compilan ni se descargan en la memoria del PLC y sólo se almacenan en el archivo de su computadora. Los comentarios son opcionales. Usando la barra espaciadora de su teclado puede editar estos comentarios.

Dado que se consideran una línea de control, puede usar la opción de circuito para eliminarlos.

- **Insert circuits - Insertar circuitos.**
  Este comando lo ayuda a insertar un circuito nuevo (o más) justo antes del circuito seleccionado actualmente. Es muy útil cuando desea realizar cambios en el programa y desea mantener los elementos relacionados en escalones cerrados. Después de insertar una línea de control, los demás se vuelven a numerar.
- **Move circuit - Mover circuito**
  Esto permite reubicar líneas de control individuales en el programa escalera. Primero seleccione el circuito que desea mover, luego seleccione el comando "Mover circuito" y finalmente seleccione la ubicación de destino.

  Si planea mover varios circuitos, use Cortar circuito y Pegar circuito en el menú Editar.

- **Append circuit - Agregar circuito.**
  Para agregar un nuevo circuito al programa de Lógica Escalera exactamente después del último circuito del programa.
- **Delete circuit - Eliminar circuito.**
  Use este comando con cuidado ya que **no es posible DESHACER** la acción. Si desea eliminar uno o un rango de líneas de control, simplemente complete los datos en la ventana.

10.4.6 Menú Help - Ayuda.

Esta opción de menú contiene la mayor parte de la información de este manual. Sin embargo, dado que se trata de un libro, hemos agregado algunos comentarios adicionales para que sea más claro y útil.

10.5 Cargar un programa que haya escrito antes.

Siga el camino como se muestra en la siguiente imagen:

FILE>Open (Local Unit)>WTL3>Your File
ARCHIVO>ABRIR (Unidad local)>WTL3>Su archivo

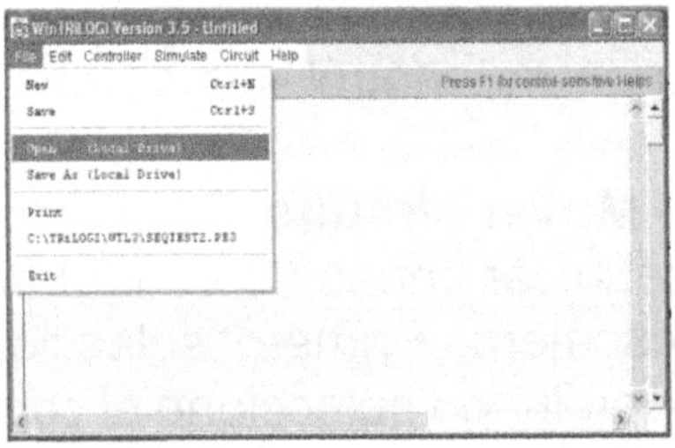

Pantalla para abrir un programa de Lógica Escalera ya existente.

En este caso, queremos abrir WATERLVL.PE3 por lo que, una vez resaltado con el mouse, haga click en Abrir. Se abrirá el programa de PLC correspondiente a WATERLVL.PE3.

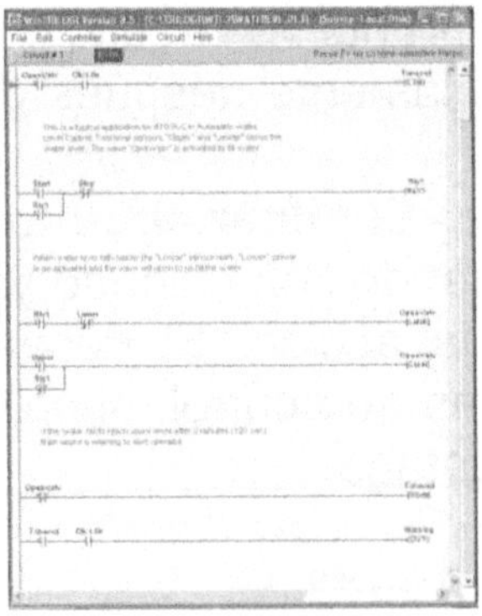

Programa abierto y listo para ser simulado.

- **11.6 Simulación de un programa.**

Si desea simular el proyecto antes de descargarlo al PLC, haga click en “Simulate” y luego en ejecútelo con “Run”.

Recuerde que para realizar una Simulación de un programa escalera no necesita estar conectado al PLC. De hecho, no necesita el hardware en absoluto.

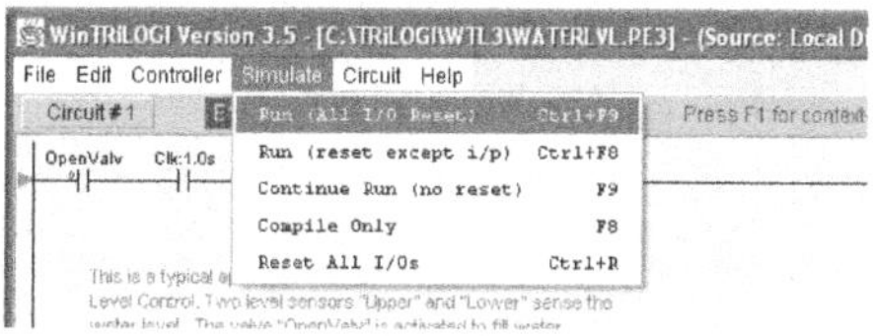

Pantalla para seleccionar la simulación del programa.

Aparecerá una nueva pantalla con el estado de la mayoría de los elementos. Si desea simular la activación de cualquier entrada, simplemente haga click en esa entrada en particular.

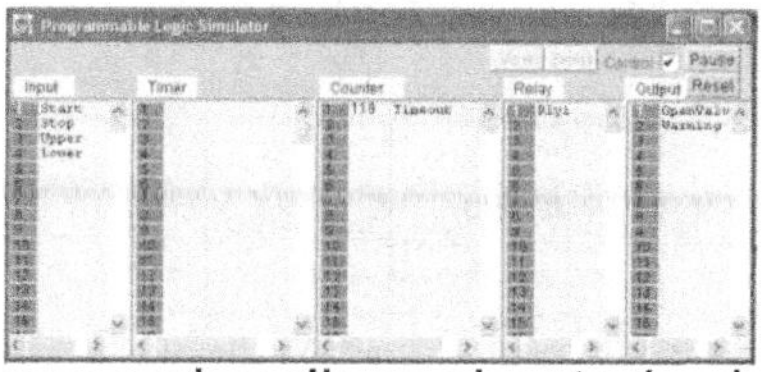

Pantalla para forzar o visualizar el estado de los elementos.

Recuerde que los pulsadores, izquierdo y derecho, de su mouse tienen diferente función. Pruébelos usted mismo dando click primero sobre entradas y luego sobre salidas

Si no desea realizar ninguna simulación, simplemente omita este paso.

1.7 Transferencia de un programa al PLC.

Si no tiene el PLC, puede saltarse esta parte.

Para transferir el programa al PLC, seleccione "Controller - Controlador" y luego "Program transfer to PLC - Transferencia de programa al PLC". También puede utilizar las teclas “CONTROL” y “T”.

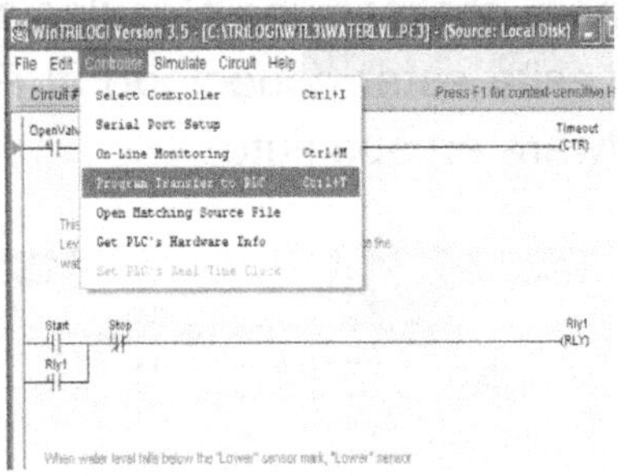

Pantalla para transferir el programa de control a un PLC real.

Aparecerá una pequeña ventana que le pedirá que ingrese la ID (si la conoce); de lo contrario, haga click en "Detectar ID - Detectar ID" y el programa buscará la ID por usted.

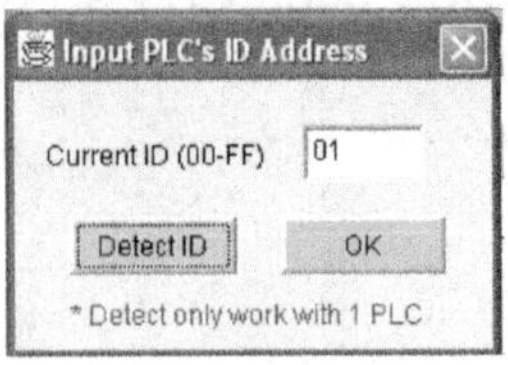

Click en OK

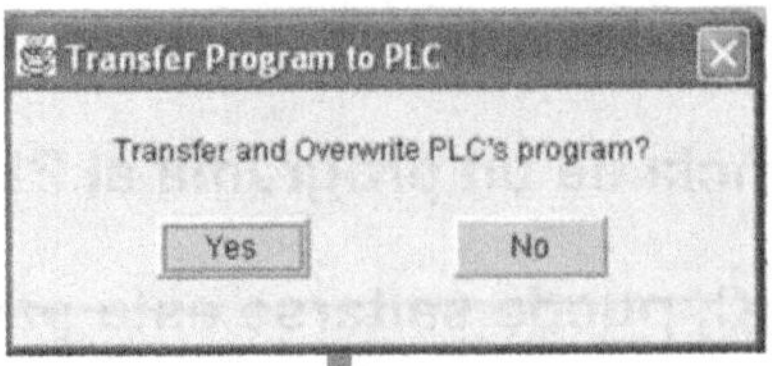

Click en "YES"

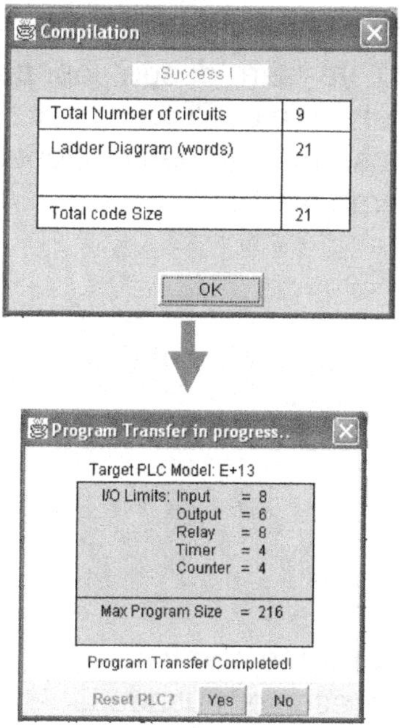

Iniciará la transferencia al PLC o al Entrenador de PLC.

Procedimiento, paso a paso, para transferir un programa al PLC.

11.8 Simulación o Monitorización línea.

Si desea ver el funcionamiento del programa de PLC EN LÍNEA, seleccione: Controlador-Controller>Monitorización en línea - Online monitoring. También puede usar las teclas "Control" y "M" para ir al modo de monitorización en línea, como se muestra en la pantalla a continuación.

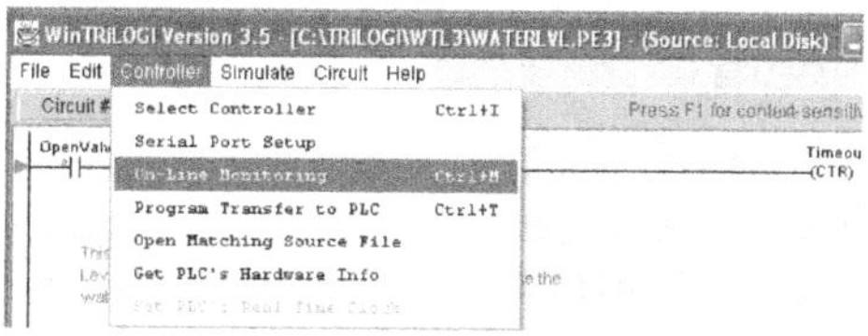

Seleccionando Monitorización en Línea desde la pantalla.

Luego aparecerá la pantalla de Monitorización en línea. Ahora puede comandar el PLC ya sea desde los pulsadores e interruptores reales en el propio PLC o a través de las entradas en la pantalla de su PC. Ambas opciones tendrán el mismo efecto en el programa del PLC.

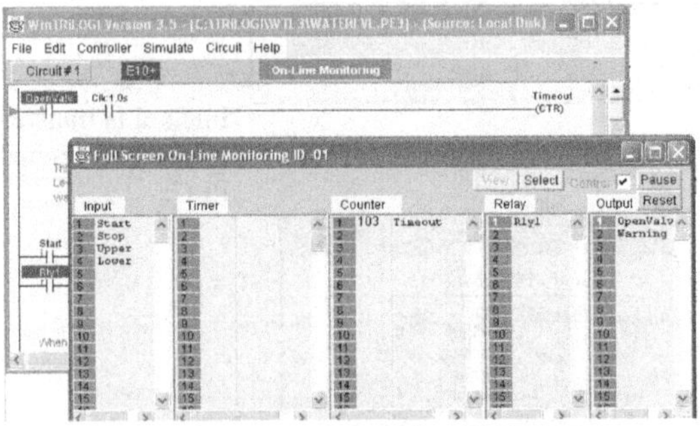

Pantalla emergente con todos los elementos escalera usados.

Recuerde que puede hacer click con el ratón (mouse) de su computador. Los botones izquierdo y derecho tienen diferentes efectos en la selección.

11.9 Uso de los pulsadores, interruptores y Relays del Entrenador de PLC.

Puede crear su propio entrenador de PLC para ejercicios prácticos, pero también puede realizar una simulación de software. Si desea trabajar con un PLC real, le sugerimos agregar diferentes dispositivos y conectarlos al mismo, de la siguiente manera:

ENTRADAS

Dispositivo	Está conectado a la entrada del PLC #
Pulsador 1	1 o IN1
Pulsador 2	2 o IN2
interruptor 1	3 o IN3
interruptor 2	4 o IN4

interruptor 3	**5 o IN5**
interruptor 4	**6 o IN6**

Conexión de los dispositivos de entrada a un Entrenador de PLC real.

Como ejemplo, se podría decir:

En el PLC el Pulsador 1 está conectado a la Entrada 1 del PLC. Sería lo mismo hacer click en la entrada 1 a través del simulador de software o presionar el Pulsador 1 en el PLC para activar la entrada 1.

SALIDAS

Salida #	Está conectada a
1	Out 1
2	Out 2
3	Out 3
4	Out 4

Salidas del PLC.

Conexión Real:

El PLC real tendrá las salidas físicas conectadas a relés externos.
La activación de la salida 1 en el PLC energizará la Salida 1, que posteriormente energizará el relé.

11.10 Escribiendo un programa por primera vez.

Suponga que se le pide que escriba el siguiente programa de control:

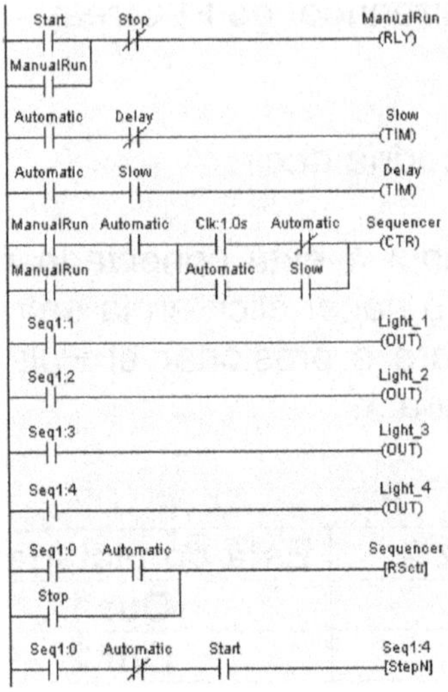

Sólo necesita seguir los siguientes pasos:

1. Abrir el programa WinTRiLOGI®.

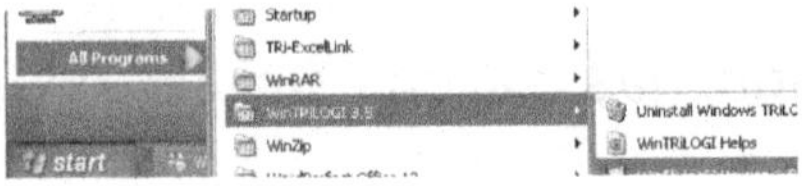

2. Seleccione E10 (Para la mayoría de los ejercicios de este libro).
   También puede seleccionar la serie H. Este es un PLC con más entradas y salidas. Usamos E10 porque sólo tiene 6 entradas y 4 salidas y es suficiente para entender los conceptos.

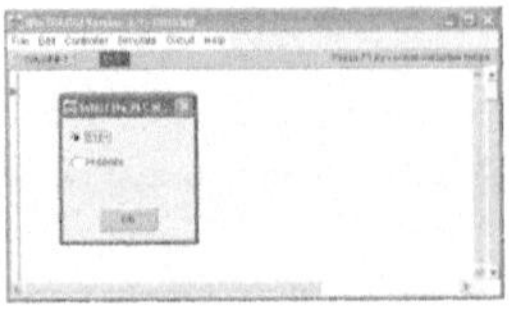

3. Cree el nombre de su programa: **FirstProg.PE3**

   Hemos elegido este nombre en lugar de FirstProgram.PE3 para mantener el original intacto. Proceda a guardarlo.

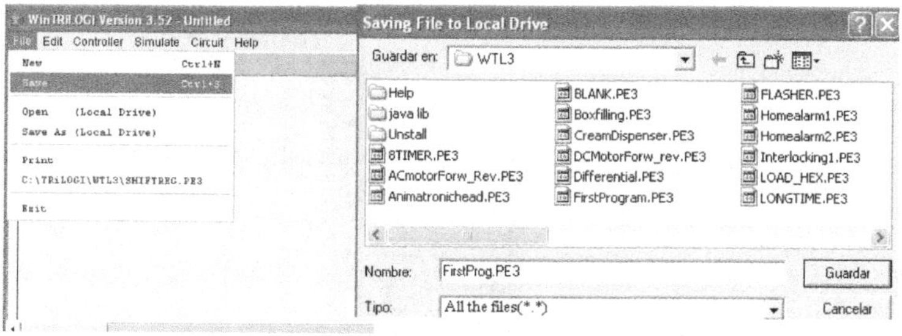

4. Abra la tabla de I/O - E/S para ingresar todos los elementos que desea usar, presionando F2.

Defina los elementos que requiera: Entradas, salidas, relés, temporizadores, contadores y secuenciadores. No se preocupe si olvida o necesita más elementos en el futuro; puedes agregarlos más tarde. La importancia de saber qué usar es que se haga una idea de los recursos que va a necesitar, ya sea de los dispositivos a conectar al PLC o la cantidad de entradas y salidas físicas que pueden cumplir con las especificaciones.

Entradas : Start (Marcha), Stop (Parada) y Automatic(Automático).
Salidas : Light_1, Light_2, Light_3 y Light_4.
Relés : ManualRun.
Temporizadores : Slow y Delay.
Contadores : Sequencer.
Secuenciador : Número 1 (este modelo de PLC sólo tiene uno).

La creación de nombres para entradas, salidas y relés, es un procedimiento sencillo al completar la tabla de E/S correspondiente.

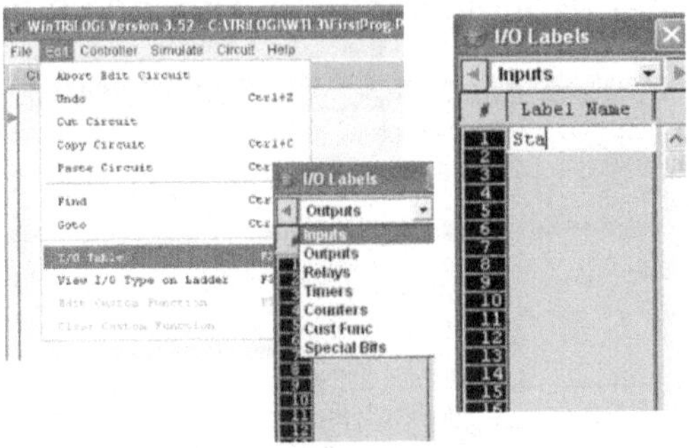

Para configurar los temporizadores, primero debe ingresar el nombre y luego el valor de configuración. En el gráfico se ve que estos valores son 17 y 10 respectivamente. Significa que el valor establecido en tiempo real es 1,7 seg y 1,0 seg.

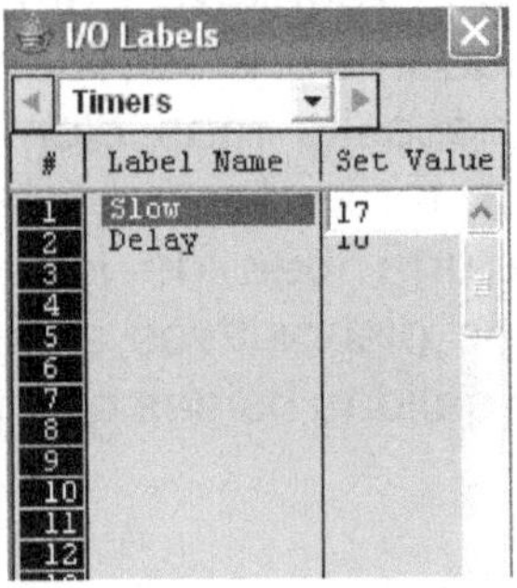

Los contadores también requieren el valor Set. Primero ingrese el nombre y luego el valor máximo que contará. En este caso el contador está asociado al único secuenciador que tiene el entrenador, por eso lo llamamos Sequencer, pero podría haber tenido otro nombre.

La secuencia tendrá 4 pasos o lo mismo, el contador sólo contará hasta el número 4.

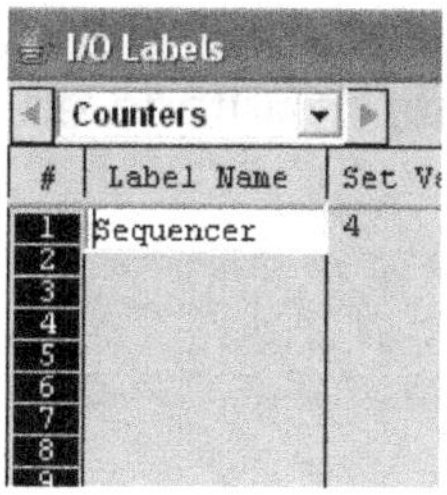

5. Ingrese al modo de edición presionando la barra espaciadora.

Verá que en la parte superior aparecerá un nuevo menú gráfico. También puede hacer "doble click" en el bus de alimentación, frente al pequeño triángulo de lectura.

Sabrá que está en el modo "Editar", porque hay un cuadrado amarillo delante del triángulo rojo y que hay una nueva barra de menú. También se muestra el circuito o línea de control que está a punto de agregar o editar.

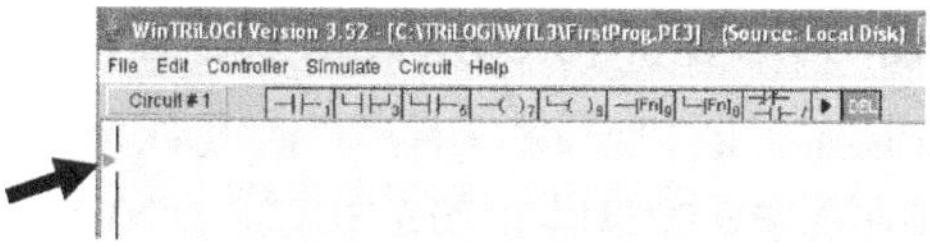

6. Haga click en el ícono 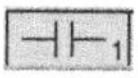 para agregar un contacto normalmente abierto. Aparecerá la tabla de E/S. Puede notar que hay un pequeño número, en este caso 1, que puede presionar para obtener los mismos resultados de hacer click en el icono.

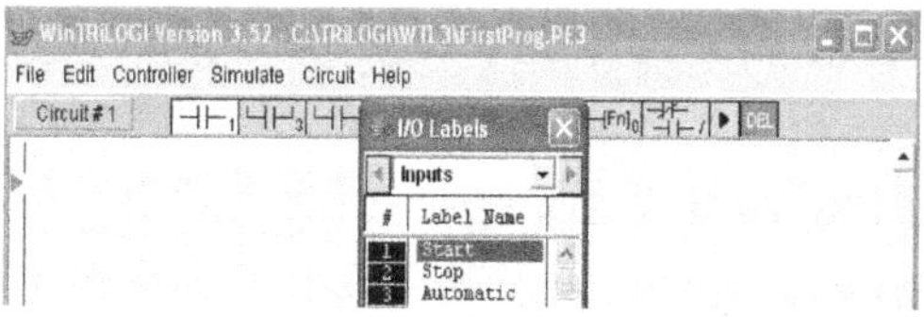

Si ya observa la tabla de entrada, haga click en Start y luego debería obtener el siguiente resultado en pantalla:

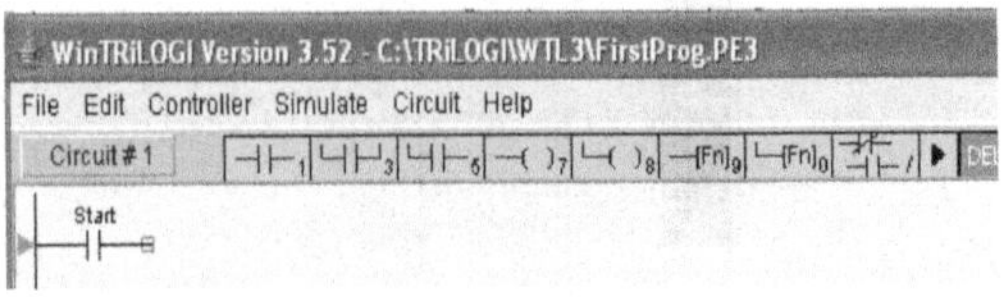

La tabla de E/S se oculta automáticamente. Puede ver que se ha agregado un contacto "Normalmente abierto" de "Start".

7. Haga click en el ícono  o presione 1 nuevamente para agregar un contacto normalmente abierto para Stop, siguiendo el mismo procedimiento utilizado en el paso anterior.

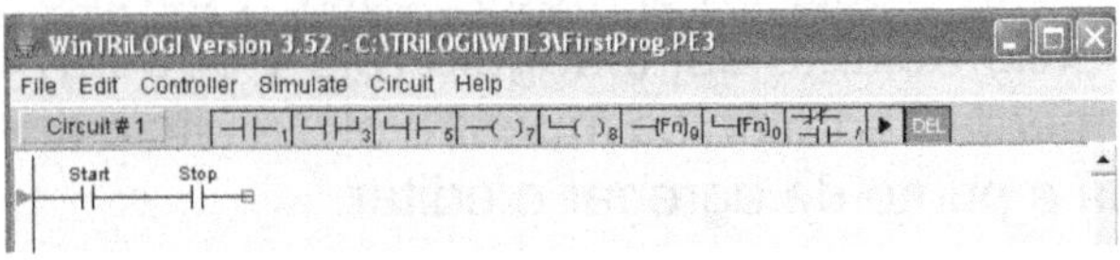

8. Para cambiar este último contacto NO a NC, haga click en 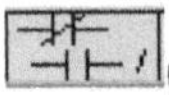(o seleccione la tecla de "/"), luego haga click en Aceptar. Las pantallas resultantes serán como:

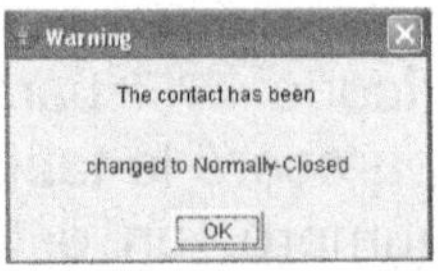

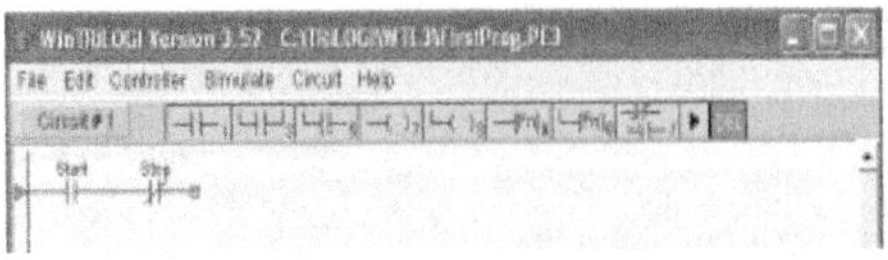

9. Ahora necesitamos agregar una salida de Relay interna. Esto se puede hacer haciendo click en 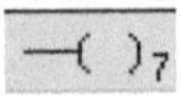 (o presionando el número 7) y seleccionando ManualRun de los relés en la tabla E/S.

Una vez seleccionado el relé ManualRun se obtiene la siguiente pantalla

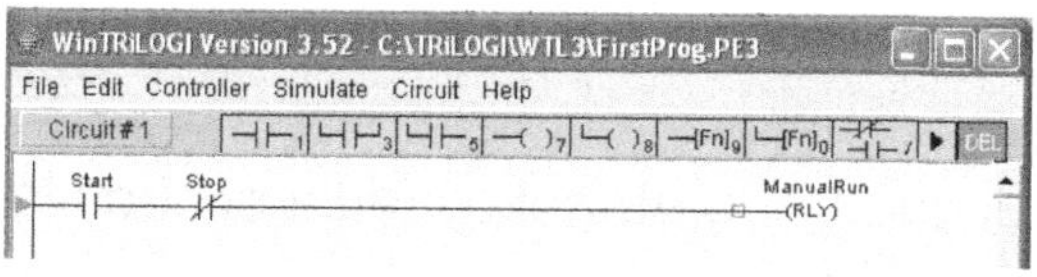

10. Ahora necesitamos agregar un contacto NO de ManualRun en paralelo con Start. Antes de continuar, debe hacer click en Start.

Una vez que esté resaltado, puede hacer click en 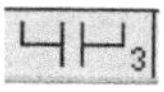 o simplemente presionar la tecla número 3.

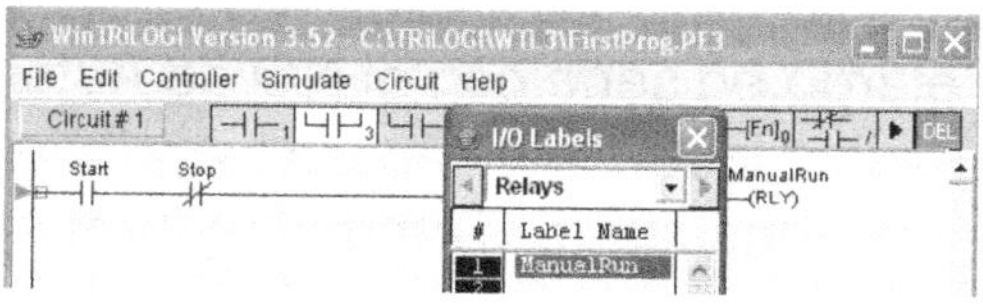

Ya que el contacto que debemos agregar es un contacto del relé llamado ManualRun basta con seleccionarlo, para obtener la siguiente pantalla:

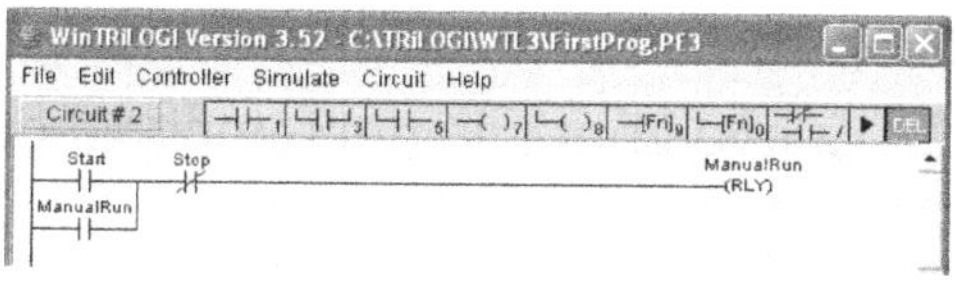

11. Entonces estamos listos para escribir el Circuito #2. Simplemente haga click un poco debajo del contacto que acabamos de colocar o simplemente presione Entrar.

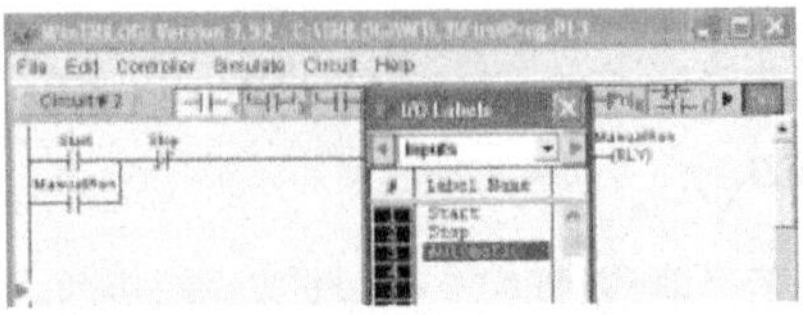

Note que el cuadrado amarillo indica el circuito #2. Haga click en el ícono Abrir contacto y luego, desde las Entradas, seleccione Automático.

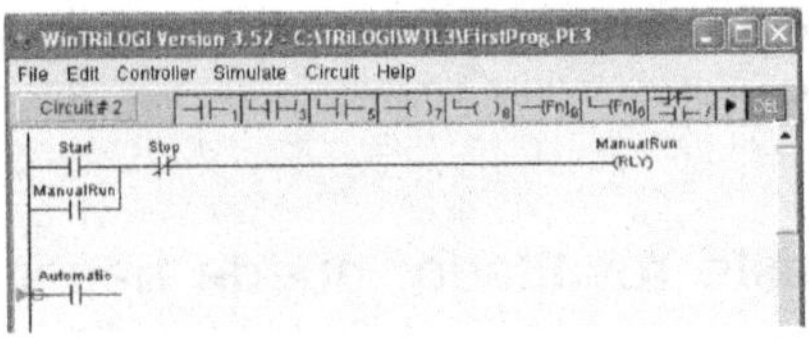

12. Para agregar un contacto NC del temporizador denominado Retardo en serie con el NO de Automático, haga click en el ícono, luego desplácese hacia abajo en la tabla de E/S hasta que encuentre Temporizadores y seleccione Retardo

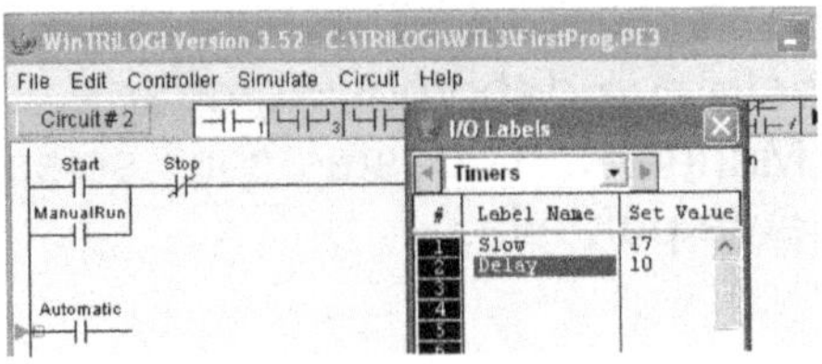

Se ha añadido un nuevo contacto del temporizador:

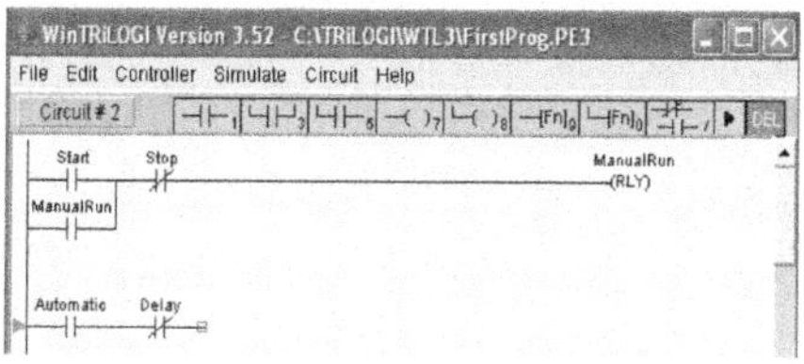

Haga click en 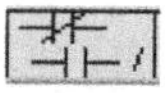 para cambiarlo a NC, ya que por defecto es un contacto NO.

Y, por último, para añadir el temporizador hacemos click en el icono 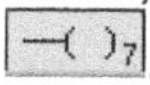, nos desplazamos por temporizadores y seleccionamos el temporizador Slow.

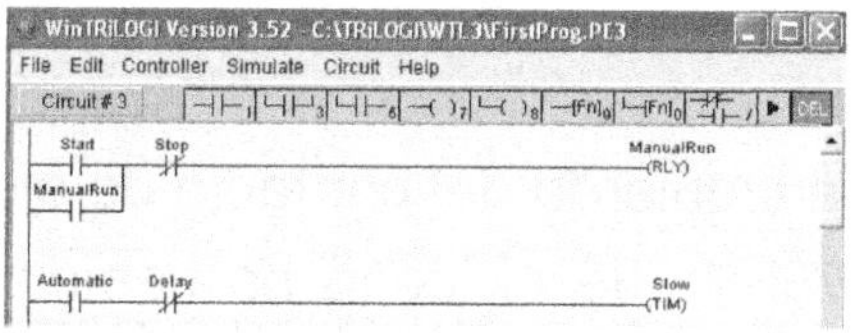

Con los mismos procedimientos, agregue la siguiente línea de control para obtener el circuito #3 completo.

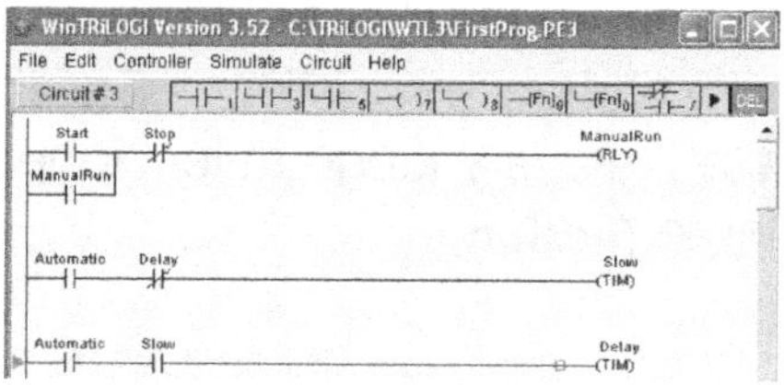

En este caso el contacto NA de Slow permanece sin cambios.

13. Esta parte es bastante importante ya que necesitamos saber cómo agregar combinaciones de contactos.

Primero agregue contactos NO para el relé ManualRun y la entrada automática como se muestra a continuación:

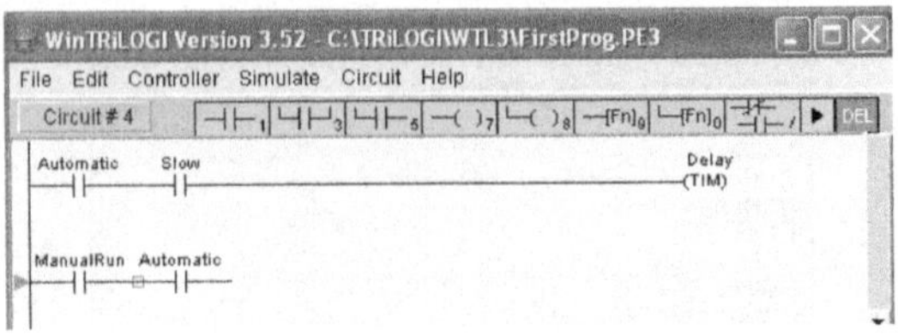

Haga click en el contacto ManualRun para resaltarlo nuevamente y luego haga click en el icono 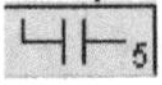 para colocar el contacto paralelo.

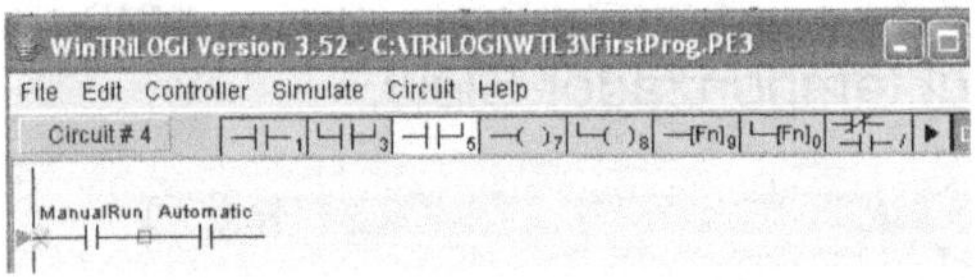

Observe que a la izquierda del contacto de ejecución manual hay una cruz azul y que el icono ha cambiado a  un fondo amarillo para indicarle que defina el otro elemento con el que desea realizar la conexión.

Entonces, simplemente haga click en el contacto automático para resaltarlo y luego en . En la tabla de E/S, desplácese hasta Relays y luego seleccione ManualRun. Tendrá la siguiente pantalla:

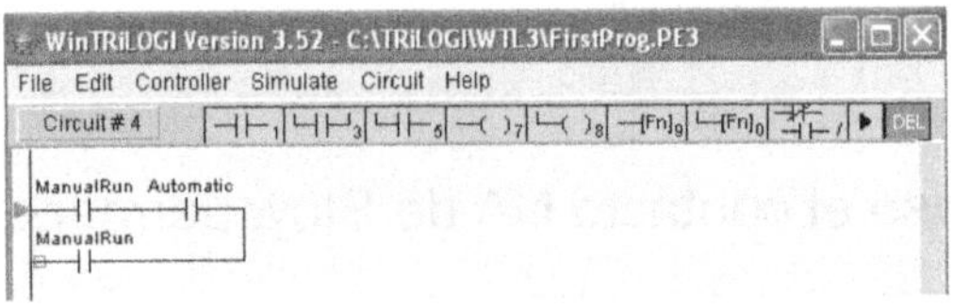

Haga click en el contacto llamado Automatic nuevamente para resaltarlo y luego use la flecha derecha de su computadora para mover el cursor hacia la derecha. Aparecerá un pequeño cuadrado amarillo a la derecha del contacto como se muestra a continuación:

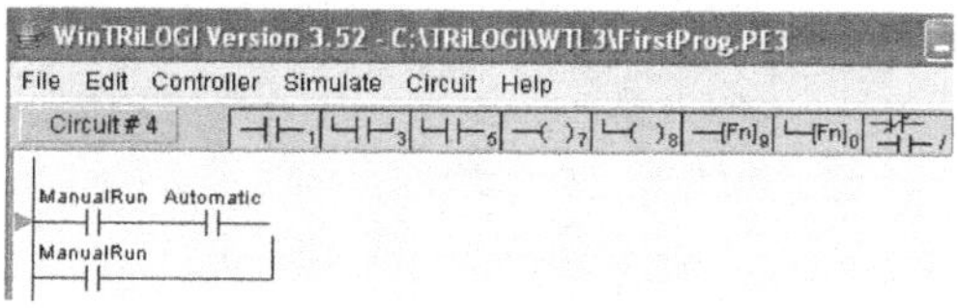

Luego agregue un nuevo contacto haciendo click en ⊣⊢₁, y luego desplácese hacia abajo hasta que encuentre Bits especiales en la tabla de E/S. Seleccione Reloj de 1,0 s.

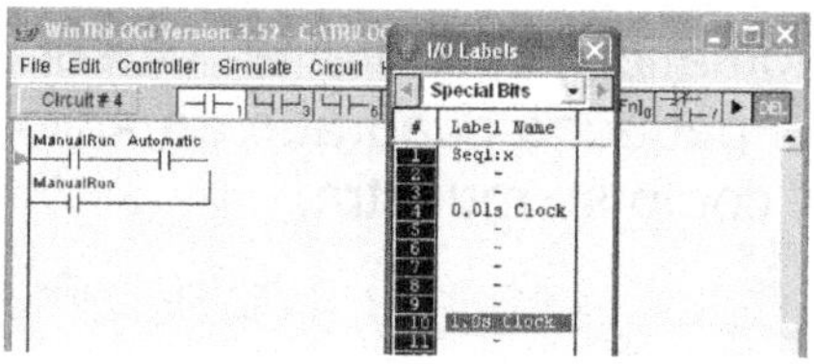

Aparecerá el Contacto del reloj. Con el mismo procedimiento agregue el contacto NC de Automatic hasta obtener:

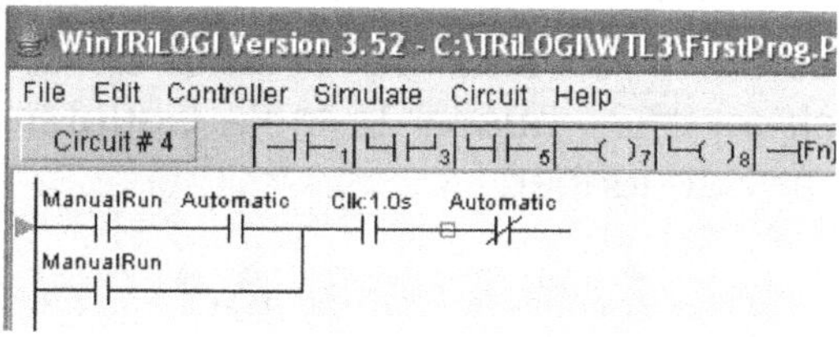

Con la flecha izquierda mueva el cursor para resaltar el contacto del reloj y luego haga click en el icono ⊣⊢₅. Usando el mismo procedimiento que antes, resalte el contacto llamado Automatic, haga click en ⊣⊢₅ y luego seleccione la entrada Automátic, de la tabla de E/S.

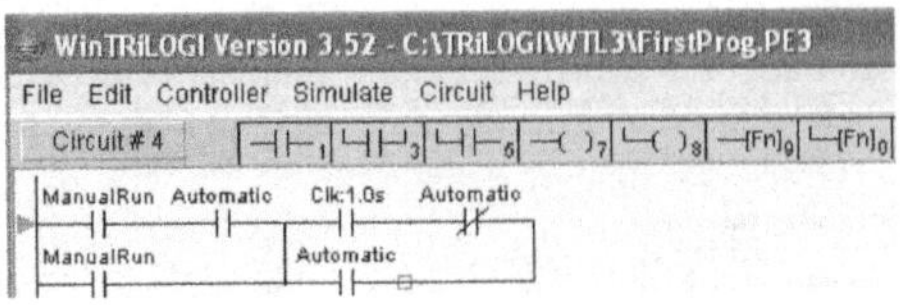

Para agregar el contacto del temporizador llamado "Slow", simplemente haga click en [icono ─┤├─] y desplácese hasta la tabla Timers - Temporizadores, luego seleccione "Slow".

Para poder agregar la salida, haga click en el contacto NC llamado Automatic y mueva el cursor hacia la derecha. Aparecerá un pequeño cuadrado amarillo en el lado derecho del contacto, como se muestra.

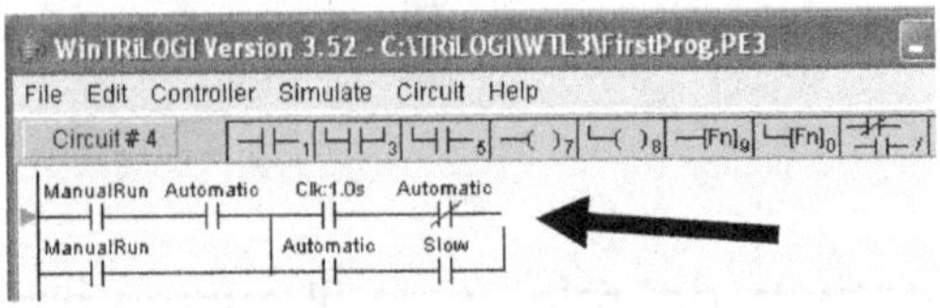

Según el programa original necesitamos un contador con el nombre Sequencer. Dado que los contadores se pueden obtener como una salida de la tabla de E/S, sólo necesita hacer click en [icono ─( )─], buscar la tabla Counters - Contadores y seleccionar Sequencer.

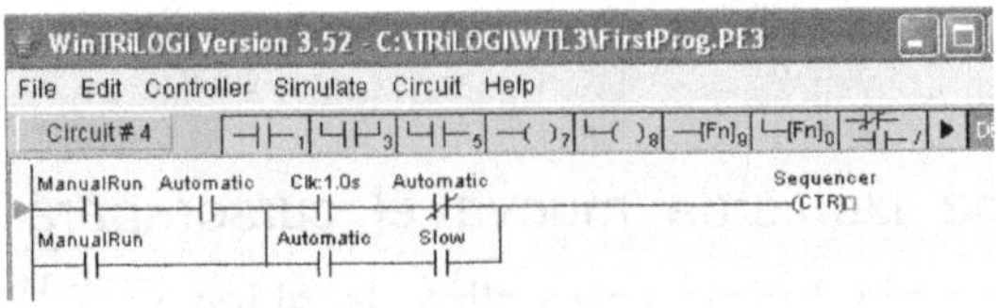

14. El circuito #5 requiere una instrucción especial o contacto del secuenciador. Para comenzar, simplemente presione Enter o haga click debajo del circuito actual.

Debería ver el triángulo rojo y el cuadrado amarillo para asegurarse de que está en modo de edición; de lo contrario, haga click dos veces en la línea de control o presione la barra espaciadora.

Haga click en el icono 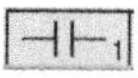 y busque Bits especiales y luego seleccione Seq1:X. Se le pedirá que ingrese el número de paso, que es "1" en este caso.

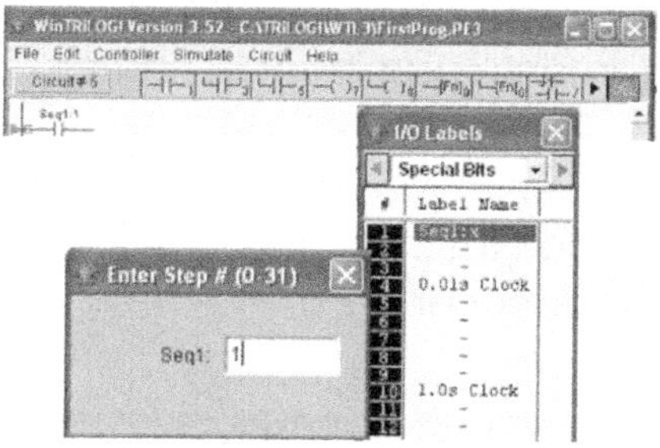

Con 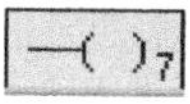 añadir la salida Light_1. Continúe agregando los nuevos circuitos referentes a los pasos 2, 3 y 4 del secuenciador y sus luces correspondientes:
Light_2, Light_3 y Light_4.

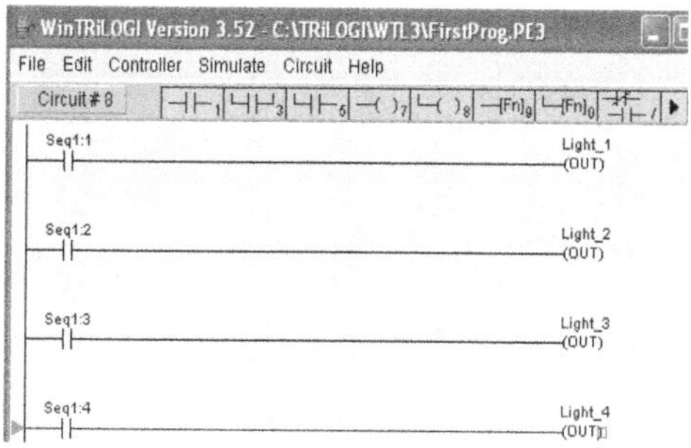

15. Para crear el Circuito #9, la única parte que no conocemos es la instrucción de la derecha, si ha leído todos los pasos anteriores, puede escribir el programa hasta aquí:

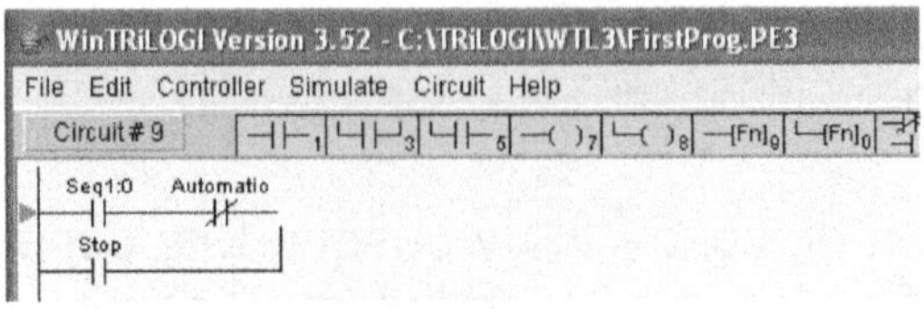

Observe que hay un cuadrado amarillo en el lado derecho del contacto NC indicado como Automático. Sólo necesita hacer click  o simplemente presionar el número 9 en el teclado de su PC.

Seleccione el comando Reset contador y luego seleccione el Contador llamado Sequencer.

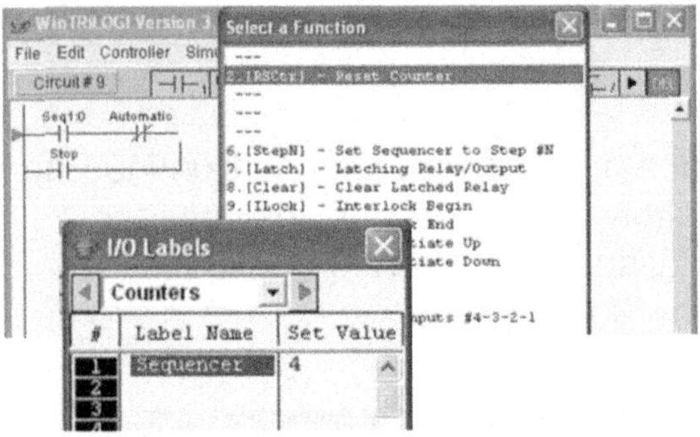

El circuito resultante #9 es el siguiente:

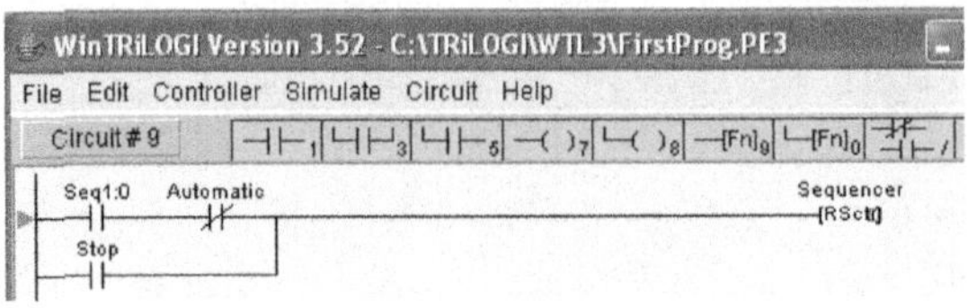

16. El Circuito #10 se puede obtener con el mismo procedimiento. Para obtener la última instrucción StepN, también debe hacer click en .

Ingrese "4", cuando se le solicite.
El resultado final y el último circuito de su programa se verá como el siguiente:

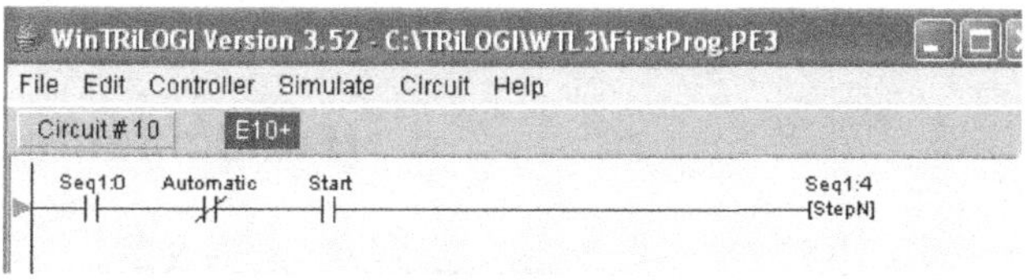

Se recomienda que guarde periódicamente su programa. Si aún no lo ha hecho, hágalo a través del menú File- Archivo.

Ahora puede continuar con la simulación o la descarga. Estos procedimientos están en otras lecturas anteriores.

Preguntas

1. ¿Qué debe hacer primero al instalar el software de simulación y programación Wintrilogi?
2. ¿Cómo prueba sus comunicaciones con el PLC?
3. ¿Cómo se accede al modo de edición en el software?
4. ¿Qué necesita para simular tu programa?
5. ¿Cómo transfiere el programa en su PC o Laptop al PLC?
6. ¿Qué necesita para ir a Monitorización Online?
7. ¿Cómo se elimina una línea de control (circuito)?
8. ¿Cómo se inserta una línea de control (circuito)?
9. Al usar el software de simulación, ¿qué efectos puede tener en una entrada si usa el pulsador izquierdo o derecho del mouse?
10. ¿Cómo se programa el valor Set en un temporizador?
11. ¿Cómo se obtiene la instrucción StepN?
12. ¿Qué hace para insertar un comentario en una línea de control (circuito) en particular?

[12. LECCIONES DE PROGRAMACIÓN DE LOGICA ESCALERA]

Este capítulo contiene 40 lecciones para guiarlo a través del dominio de las instrucciones. Todas las lecciones son prácticas, por lo que debe escribir el programa, realizar una simulación y, si tiene un PLC real, transferirlo al PLC.

12 Lecciones de Programación.

Cómo practicar las lecciones de PLC.

Le recomendamos leer los siguientes consejos, para tener una buena comprensión de la programación de PLC:

1. Primero estudie toda la teoría de los capítulos anteriores.
2. Lea la lección y trate de entender el programa.
3. Escriba el programa, no importa si se parece al de otras lecciones anteriores. La práctica en la escritura de programas es muy importante.
4. Compile el programa y corrija cualquier error que haya cometido.
5. Simule el programa a través del software y, en función de los resultados, intente responder las preguntas.
6. Si tiene el PLC, transfiera el programa y, para la simulación, use los pulsadores e interruptores requeridos disponibles.
7. Guarde cada programa que haga con un nombre significativo.
8. Agregue sus propios comentarios a las líneas de control según sus experiencias.
9. Utilice el espacio de "Notas" para registrar lo que considere importante de cada una de las lecciones.

Lección 1.	Circuito básico con contacto de entrada NA.
Lección 2.	Circuito Básico con contacto de entrada NC.
Lección 3.	Una entrada impulsando múltiples salidas.
Lección 4.	La misma entrada con dos contactos diferentes.
Lección 5.	Dos entradas NA conectadas en serie.
Lección 6.	Línea de control con varias entradas.
Lección 7.	Línea de control con contactos NA y NC.
Lección 8.	Varias rutas de activación en la misma línea de control de escalera.
Lección 9.	Circuito básico con cerradura.
Lección 10.	Circuito Básico con Stop.
Lección 11.	Adición de un Relé interno.

Lección 1. Circuito Básico con contacto de entrada NA.

Esta es su primera experiencia con la escalera, así que intentemos comenzar con un circuito básico como se muestra a continuación:

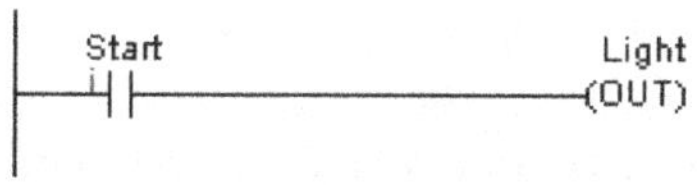

Start es un pulsador externo conectado a la primera entrada y Light es una bombilla conectada a la primera salida del PLC. Por ahora, no tenemos que preocuparnos por las conexiones.

Cuando presione el pulsador, el contacto Start en el programa del PLC se cerrará y, como resultado, la Light también se activará.
La Light estará ENCENDIDA siempre que mantenga presionado el pulsador con el dedo.

Preguntas.

1. ¿Cómo puede usar un pulsador, un interruptor conmutable y un interruptor de nivel como entrada?
2. ¿Con qué rapidez se activa la salida?
3. ¿Podríamos tener más entradas o más salidas en paralelo?
4. ¿Podríamos tener más entradas o más salidas en serie?
5. ¿Cuántas instrucciones está ejecutando el PLC aquí?
6. ¿Podría sugerir una aplicación para este circuito?

Notas

Lección 2. Circuito Básico con contacto de entrada NC.

Esta lección explica cómo usar un contacto NC, con un pulsador NO conectado a una entrada.

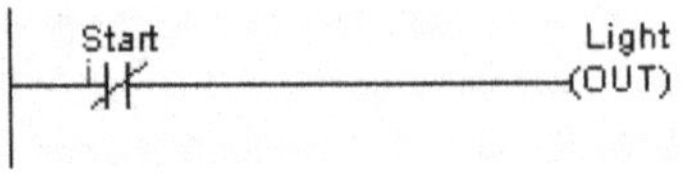

En este circuito hemos cambiado el contacto NA de la entrada denominado Start a uno Normalmente Cerrado. Debido a esta condición, no hay nada que impida la activación de la Light. Suponiendo que estamos usando un pulsador físico NO (porque podríamos usar uno NC) la única posibilidad de apagar la Light es cuando presionas el pulsador Start.

El simulador de software sólo te permite simular NO pulsadores, que cierra cuando haces click con su ratón, en la pantalla de simulación.

Preguntas.

1. ¿Qué pasa si usa un pulsador NC real?
2. ¿Cuándo se puede usar un circuito como éste?
3. ¿Hay alguna diferencia en el uso de pulsadores o interruptores reales?

Notas

Lección 3. Una entrada impulsando múltiples salidas.

Esta lección le permite comprender múltiples salidas activadas por una sola entrada.

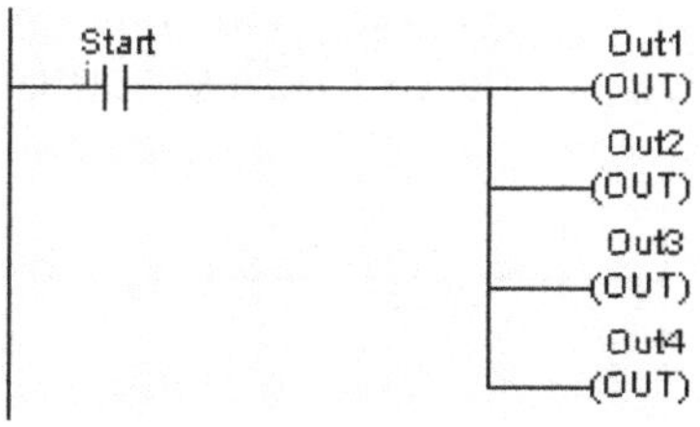

Este circuito tiene un contacto llamado Start y, una vez activado, se cerrará y energizará cuatro salidas simultáneamente. En general, puede considerar que las cuatro salidas de la derecha dependen de la activación de Start.

Preguntas.

1. ¿Cuántas salidas podemos conectar en Paralelo?
2. ¿Se activan las salidas simultáneamente?
3. ¿Es lo mismo poner las salidas en otro orden?

Notas

Lección 4. La misma entrada con dos contactos diferentes.

Esta lección ayuda a comprender que puede asignar contactos NO o NC a una entrada y cómo funcionan.

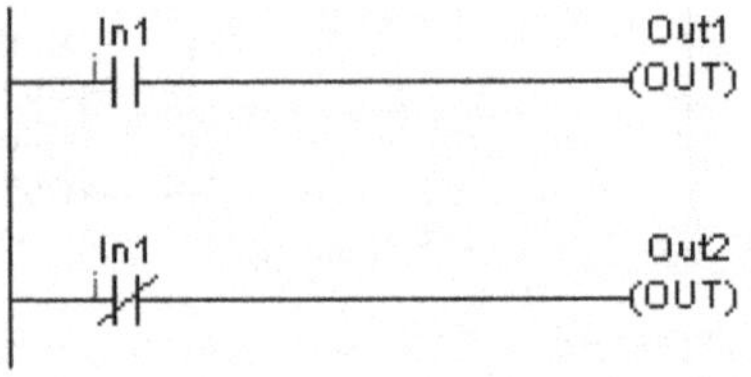

Este programa corto tiene dos líneas de control. Observe que cada una tiene una salida diferente, pero comparten la misma entrada.
La única diferencia es que los contactos tienen un estado normal diferente en cada línea de control: la primera línea de control incluye un contacto NA y la segunda línea tiene un contacto NC.

Por regla general, una misma entrada puede aparecer varias veces en diferentes circuitos o líneas, con contactos NA o NC. De hecho, para crear su lógica de control, es muy posible que tenga que usar el mismo contacto varias veces en la mayoría de las líneas de su programa.

Preguntas.

1. ¿Están Out1 y Out2 activadas al mismo tiempo una vez que In1 se active?
2. Agregue el mismo contacto en serie, en la misma línea.
3. Agregue el mismo contacto en paralelo, en la misma línea.

Notas

Lección 5. Dos contactos de entrada NA, conectados en serie.

El objetivo principal de esta lección es comprender la conexión en serie de los contactos. También conocida como puerta lógica AND.

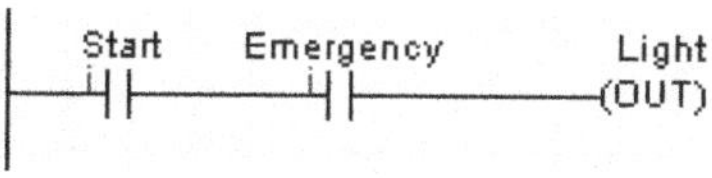

El circuito anterior muestra dos contactos NO, conectados de tal manera que la Light se encenderá sólo cuando AMBOS contactos estén cerrados simultáneamente. Como recordará, cuando esto sucede, hay un flujo de "corriente" de izquierda a derecha.
Si está usando el simulador, ya que no puede hacer click en dos contactos al mismo tiempo, cambie uno de los contactos a una condición NC o use el pulsador derecho de su mouse.

Si está usando un entrenador de PLC, puede usar las dos primeras entradas (que están conectadas a los pulsadores) y presionarlas simultáneamente.

Preguntas.

1. ¿Se puede activar primero una entrada y luego la otra?
2. ¿Se puede usar un pulsador para una entrada y un interruptor para la otra?
3. ¿Se puede poner primero la Emergencia y luego el Start?
4. ¿Es posible tener más separación entre los contactos?

Notas

Lección 6. Línea de control con varias entradas

Esta lección lo ayudará a practicar con múltiples entradas y cómo interactúan para crear varias rutas posibles para activar una salida.
Este circuito de escalera muestra dos caminos posibles para energizar la salida Out1, ya sea que use In1 e In2 o use In3 e In4.

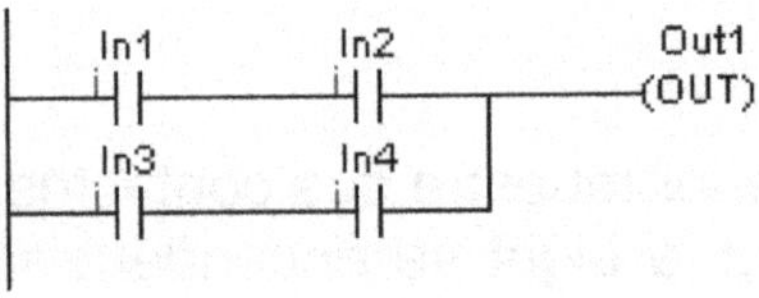

Tenga en cuenta que tiene muchas combinaciones considerando que cada entrada ha sido activada. No puede usar el simulador de software ya que sólo le permite activar una entrada a la vez. Recuerde que hacer click con el pulsador derecho del mouse sobre un contacto cambiará su estado.

Preguntas

1. Si cambiamos todos los contactos NA a NC, ¿será igual?
2. ¿Podría probar todas las combinaciones?
3. ¿Qué pasa si todas las entradas están activadas?

Notas

Lección 7 Línea de control con contactos NA y NC.

Esta lección ayuda a analizar cómo funciona la ruta de activación cuando hay una combinación de contactos NA y NC.

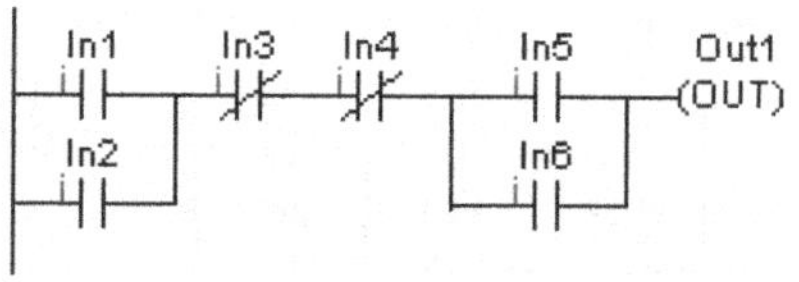

Si está utilizando el PLC, verifique que todos los interruptores no estén activados (las luces verdes del PLC deben estar apagadas). Con el simulador de software no necesita preocuparse por esto.

En esta línea de control puede observar que hay cuatro caminos posibles para activar la salida Out1:

1. In1 activado, In3 no activado, In4 no activado, In5 activado.
2. In1 activado, In3 no activado, In4 no activado, In6 activado.
3. In2 activado, In3 no activado, In4 no activado, In5 activado.
4. In2 activado, In3 no activado, In4 no activado, In6 activado.

Preguntas.

1. ¿Qué sucede si la única entrada In3 está siempre activada?
2. ¿Qué pasa si sólo In2 está siempre activado?
3. ¿Qué sucede si In1 e In6 están siempre activados?

Notas

Lección 8. Varias rutas de activación en la misma línea de control.

Esta lección tiene como objetivo estudiar el número de posibles caminos de activación de salidas cuando se utilizan varias entradas.

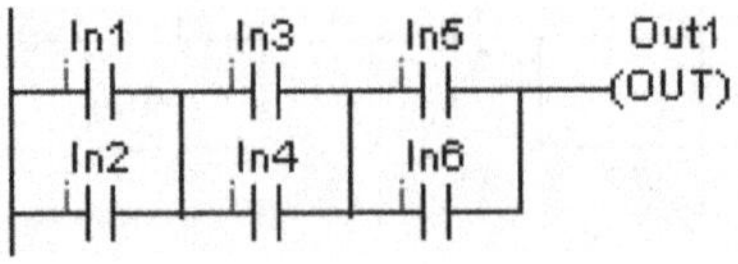

Si está utilizando el PLC, verifique que todos los interruptores no estén activados (las luces verdes del PLC deben estar apagadas. Con el simulador de software no necesita preocuparse por esto. En esta línea de control se puede observar que existen varios caminos posibles para activar la salida Out1:

1. In1 activado, In3 activado, In5 activado.
2. In1 activado, In4 activado, In5 activado.
3. In1 activado, In3 activado, In6 activado.
4. In1 activado, In4 activado, In6 activado.
5. In2 activado, In3 activado, In5 activado.
6. In2 activado, In3 activado, In6 activado.
7. In2 activado, In4 activado, In5 activado.
8. In2 activado, In4 activado, In6 activado.

Preguntas.

1. ¿Cuántas entradas se necesitan para activar la salida?
2. Al cambiar el orden del bloque paralelo, ¿obtenemos el mismo resultado?
3. ¿Se puede duplicar alguna de las entradas en la misma línea?

Notas

Lección 9. Circuito básico con enclavamiento.

Con esta lección aprenderá cómo funciona la retención de contactos.

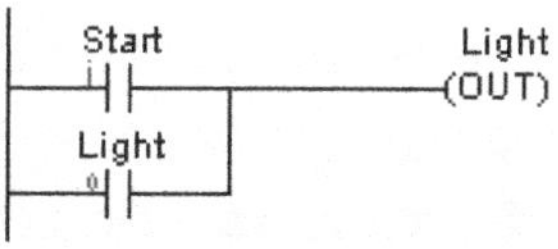

Agregar un contacto de la misma salida en paralelo con Start, conducirá a la siguiente secuencia de eventos:

Presionando el pulsador Start, la salida Light se activará y, dado que ahora está activa, su contacto asociado, en paralelo con el Start, se cerrará, proporcionando una ruta alternativa para mantener la salida activada.

Puede quitar el dedo del pulsador y la salida permanecerá ENCENDIDA, porque su contacto está cerrado. Es como si el contacto estuviera reemplazando la acción de presionar el pulsador.

Esto sucederá tan rápido que puede asumir que todas las acciones ocurrirán al mismo tiempo.

Ahora tenemos un problema: la lámpara Light está ENCENDIDA y no hay forma de apagarla a menos que apague el PLC.

Preguntas.

1. ¿Qué tipo de contacto es “Light”?
2. Explique cómo el PLC, internamente, ejecuta esta lógica.
3. ¿Qué tan rápido se cerrará el contacto "Light"?
4. ¿Podría proporcionar soluciones para apagar Light sin apagar el PLC?
5. ¿Cuántas instrucciones está ejecutando el PLC aquí?

Notas

Lección 10. Circuito básico con Stop.

Esta lección es útil para comprender la configuración clásica Start-Stop. Note que hemos agregado un contacto Normalmente Cerrado llamado Stop, conectado a otra entrada de PLC.

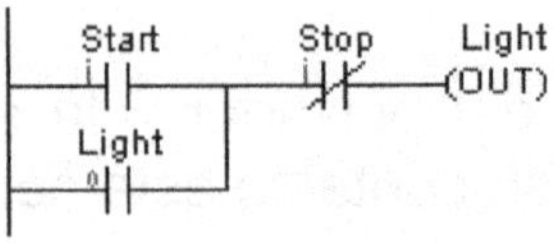

Dado que el contacto de Stop normalmente está cerrado, se vuelve "invisible" para el circuito. La explicación es la siguiente:

Presiona Start, Light se activa y permanece activa, incluso si no continúa presionando Start, ya que el contacto asociado de la salida Light está cerrado.

Después de haber seguido Estos procedimientos, si presiona Stop, aunque sea por un tiempo muy breve, la Light se desactivará. La razón es que al presionar el pulsador Stop, está rompiendo la ruta del circuito, por lo que volverá a su condición original y requerirá que presione Start nuevamente para reiniciar el proceso.

Preguntas.

1. Explique cuál de estos elementos debe conectarse a entradas o salidas físicas.
2. ¿Para una entrada dada, podemos usar un contacto NA y NC al mismo tiempo?
3. ¿Por qué el contacto del pulsador físico se llama Stop?
4. ¿Cómo podríamos reemplazar el contacto NC de Stop y usar un contacto NO en su lugar?
5. Si la salida Light está suministrando energía a un Relay físico externo, podríamos usar un contacto NO de ese relé, para reemplazar el contacto con el mismo nombre en este circuito?

Notas

Lección 11. Adición de un Relay interno.

Esta lección le permite comprender el uso similar de las salidas internas y externas, mediante el uso de un Relay interno.

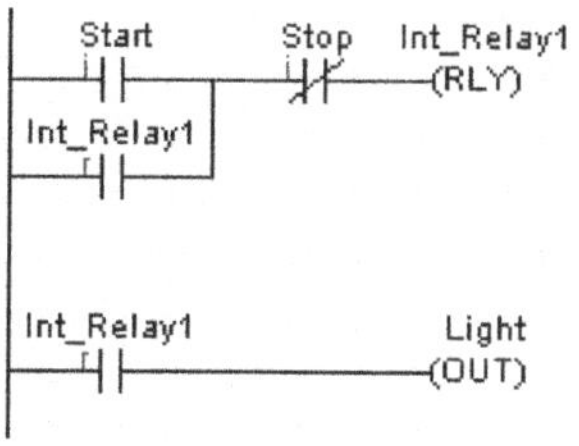

En este caso usaremos un Relay Interno para hacer la misma función, y un contacto adicional del mismo Relay interno se usa para activar la salida Light.

El programa funcionará exactamente igual que el anterior, la única diferencia es que con el Relay interno la implementación es más cercana a la realidad.
El cableado físico requiere una gran cantidad de relés auxiliares.

Los relés internos también consumen más pasos de programación que la activación de la salida directa. Pero para la mayoría de los casos este hecho es irrelevante.

Preguntas.

1. ¿Cuál es la ventaja o desventaja con respecto al circuito descrito en la lección 3?
2. ¿Cuántos relés internos podríamos usar en un programa dado?
3. ¿Qué tan rápido es la activación de la salida?
4. Si esto fuera un cableado físico, ¿cómo podría ordenar este relé?
5. ¿Es lo mismo usar dos salidas de PLC en paralelo que tener un sólo Relay con dos contactos?

Notas

Lección 12. Temporizadores. Concepto básico.

Esta lección introducirá el concepto de temporizadores en los PLC.

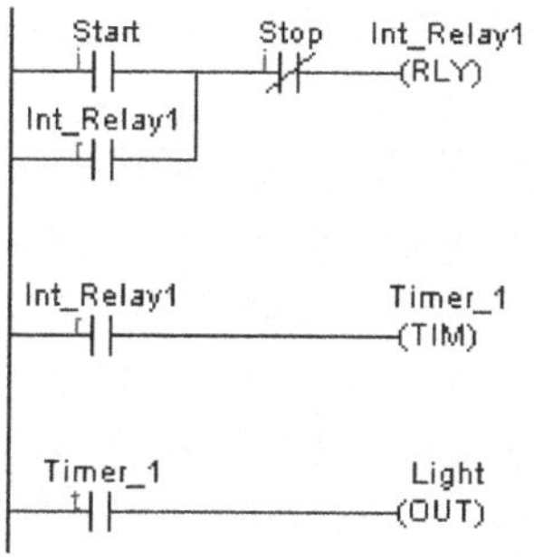

Estamos utilizando el típico circuito Start/Stop implementado con un relé interno. Tenga en cuenta que el relé interno está comandando un temporizador. El contacto de ese temporizador está comandando la salida externa denominada Light.

Una vez que haya activado el relé interno (pulsando momentáneamente Start), el temporizador comenzará a contar el tiempo. Inmediatamente después de que transcurre el tiempo, el contacto del temporizador se cierra, lo que permite la activación de la salida externa conectada a la Light.

Si durante el proceso de temporización, presiona Stop, entonces todo se detiene: el temporizador y Light nunca se activarán. Use 50 para establecer el valor de tiempo para el Timer_1.

Preguntas.

1. ¿Qué es la base de tiempo?
2. ¿Cuál es el tiempo máximo que puede utilizar?
3. ¿Cuál es el temporizador mínimo que puede usar?
4. ¿Cuántos contactos puede tener un temporizador?

5. ¿Cómo podemos Stop un temporizador?
6. ¿Cómo podemos pausar el tiempo?
7. ¿Cómo podemos activar la Light con una opción diferente al contacto del temporizador?
8. Examine las aplicaciones para este circuito.

Notas

Lección 13. Temporizador con contacto NC.

Esta lección analiza la aplicación del contacto NC de un temporizador y su efecto en la salida accionada. Utilice 50 como valor establecido para el temporizador.

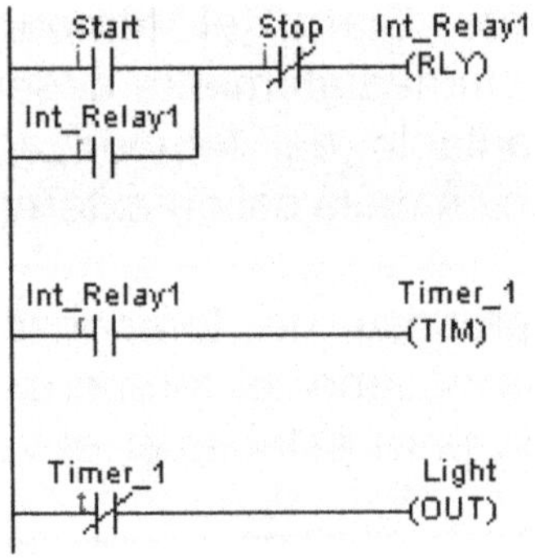

El ejemplo es el mismo de la lección anterior. Sólo hay una diferencia: hemos cambiado el contacto del temporizador que originalmente era NO y ahora es NC.

En este caso la Light estará siempre encendida. Se apagará después de que comencemos el proceso de temporización, presionando el pulsador Start.

Una vez transcurrido el tiempo, cambia el estado del contacto. Originalmente estaba cerrado y después de la sincronización, luego se abrirá. Recuerda que para activar un elemento de la derecha tenemos que garantizar que todos los contactos de la izquierda estén cerrados.

Preguntas.

1. ¿Cuántos pasos de programación está ejecutando el PLC aquí?
2. ¿Este tiempo es fijo o variable?
3. ¿Podríamos usar simultáneamente un contacto NO del temporizador, para accionar una salida diferente?
4. ¿Cómo podemos tener Light normalmente apagada desde el principio y habilitar el funcionamiento aquí descrito, después de pulsar Start?
5. ¿Podría mencionar aplicaciones para este circuito?

Notas

Lección 14. Temporizadores en Cascada.

En esta lección introduciremos el concepto de usar dos temporizadores en cascada. Utilice 50 como valor establecido para cada temporizador.

Observe el circuito a continuación y se dará cuenta de que Timer_1 está habilitando Timer_2. Esto es lo que llamamos una "Cascada".

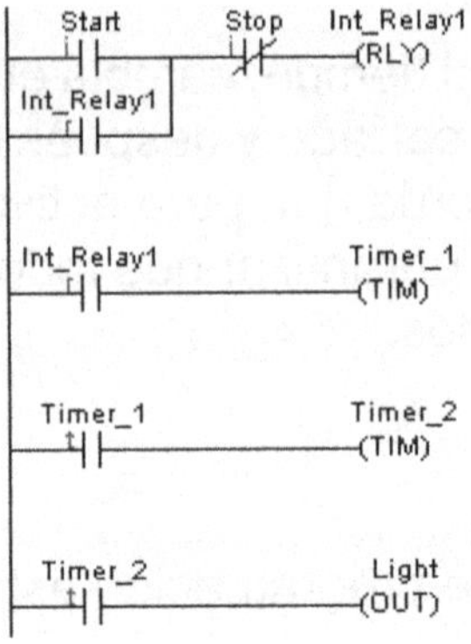

Puede usar tantos temporizadores como desee, y el tiempo total será la suma de los valores de ajuste individuales de cada temporizador.

Preguntas.

1. ¿Cuál es el tiempo máximo que se podría lograr arriba?
2. ¿Cuál es el tiempo total para establecer valores de 10 segundos y un minuto respectivamente?
3. Describe el funcionamiento de Light si cambiamos el contacto NA del Timer_2 a un contacto NC.
4. ¿Es posible poner en cascada dispositivos que no sean temporizadores?

Notas

Lección 15. Temporizadores. Generación de pulsos.

Esta lección lo ayudará a comprender cómo desarrollar un programa de Lógica Escalera que realice una activación temporal (pulso único) de una salida. Utilice 20 como valor establecido para cada temporizador.

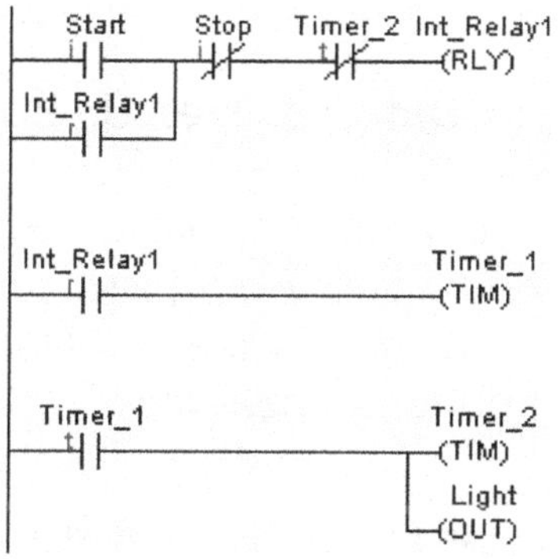

Este circuito le permite generar un "Pulso". Un Pulso es el cambio de un estado por tiempo limitado. En este caso la lámpara está APAGADA. Al presionar Start, la lámpara se encenderá por un tiempo y luego se apagará automáticamente.

No es necesario pulsar Stop para apagar la lámpara.

Cuando tiene pulsos continuos, se le llama “Tren de pulsos”.

Preguntas.

1. ¿Cuál es el tiempo mínimo que podemos lograr?
2. ¿Cuál es el propósito de Timer-1 y Timer-2?
3. ¿A qué hora comienza la temporización? ¿Cuándo pulsamos Start o cuando soltamos el pulsador?
4. ¿Cuáles son los tiempos de ENCENDIDO o APAGADO más largos que podemos tener?
5. ¿Dónde y cuándo se desactiva el pulso?

Notas

Lección 16. Temporizadores. Tren de pulsos.

Cuando necesite más de un pulso, puede usar lo que llamamos un tren de pulsos. Aquí practicará con el concepto DUTY CYCLE (Ciclo de Trabajo). Use 10 como valor establecido para cada temporizador.

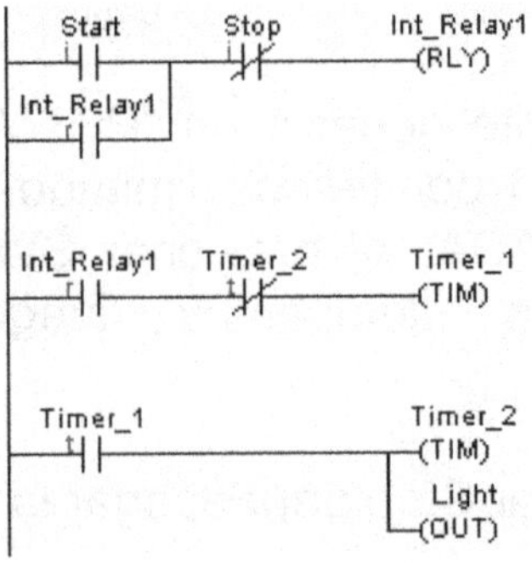

La salida Light se encenderá y apagará en un ciclo continuo hasta que presione Stop. Observe que hemos quitado el contacto NC del Timer_2 y lo ponemos en la línea de control del Timer_1. Como ambos temporizadores pueden tener Set Values diferentes, se puede modificar el "DUTY CYCLE", que es la relación entre los tiempos de ENCENDIDO y APAGADO, cambiando la operación.

Preguntas.

1. ¿Cuál es el ciclo de trabajo si el temporizador 1 y el temporizador 2 están configurados en 1 segundo?
2. ¿Qué sucede si los temporizadores se configuran con 10 y 20?
3. ¿Qué sucede si cambia la configuración a 20 y 10?
4. ¿Cuál es el efecto visible en la lámpara si cambiamos el ciclo de trabajo?
5. ¿Si utilizamos la bobina de un Relay, funcionará?
6. ¿Conoce otras formas de tener trenes de pulsos automáticos?

Notas

Lección 17. Contadores. Conteo ilimitado.

Esta lección presenta los aspectos básicos del uso de un contador.

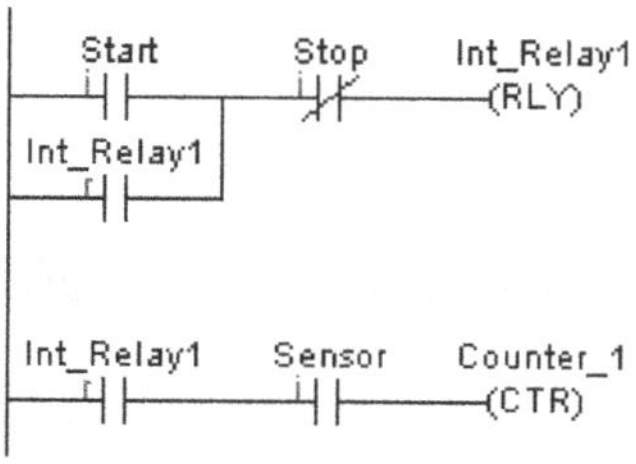

El sensor de entrada es un sensor físico que detecta cualquier objeto. Cuando el objeto es "detectado" o "visto" por el sensor, el contacto asociado se cierra, produciendo un pulso para el contador.

El contador se programa previamente con un número, que es el que queremos contar. Use 10 como valor establecido.

En este ejemplo, sólo estamos "contando" y la información de conteo no sirve de nada.

Preguntas.

1. ¿Podría dar cinco ejemplos en los que se requiere un contador?
2. ¿El sensor necesita un tiempo especial para detectar el objeto?
3. ¿Por qué se llama a este proceso un conteo “ilimitado”?
4. ¿Cómo se puede llevar el contador a cero?

Notas

Lección 18. Contadores. Contador cíclico.

Esta lección le ayudará a comprender cómo contar hasta cierto número (valor predeterminado). Use 20 como valor establecido para el contador.

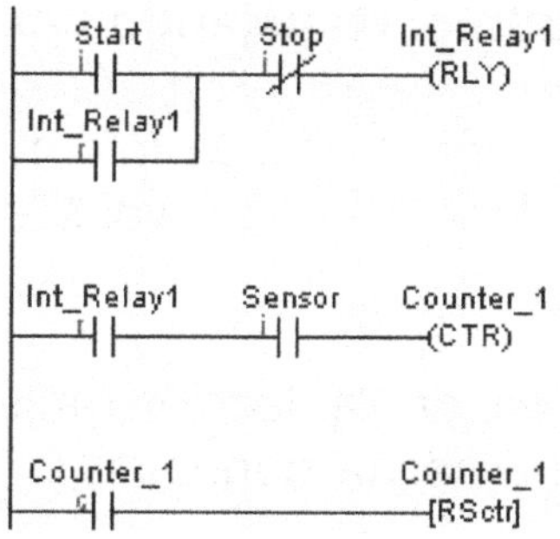

Observe que hemos agregado una última línea de control. Incorpora un contacto NA del contador que habilita la instrucción o comando de RESET del contador (RSctr).

Usando el simulador, verá que el contador en la simulación comienza desde el valor PRE-ESTABLECIDO hasta cero.

Preguntas.

1. Si el contador está programado para contar hasta 10, ¿qué sucede cuando llega al pulso número 11?
2. ¿Es lo mismo si usamos un contacto NC para el contador?
3. ¿Hay alguna acción relevante sobre el conteo?
4. ¿Qué tipo de información se podría usar del programa escalera anterior?

Notas

Lección 19. Contadores. Manejando una salida.

Esta lección enseña cómo usar la información derivada del proceso de conteo. Use 20 como valor establecido para el contador.

Según la información de la lección anterior, observe que hemos agregado una salida denominada Light en la última línea.

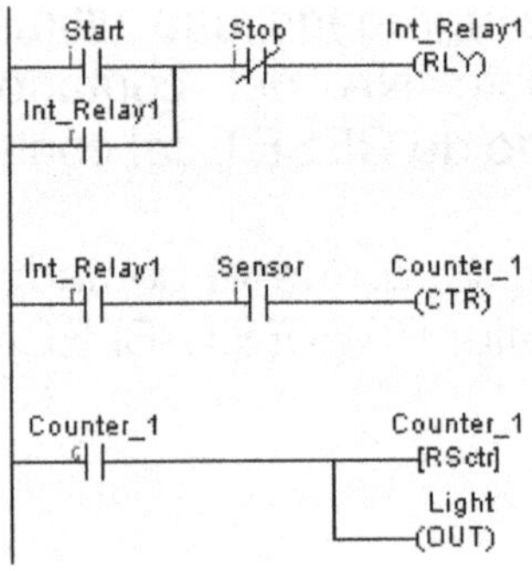

En este caso, el RESET del contador y la Light se encenderán, al mismo tiempo que el contador alcanza su valor PRESET.

Preguntas.

1. ¿Cuándo se enciende la lámpara?
2. ¿Qué sucede si el sensor no detecta muy rápido?
3. ¿Cómo podemos tener la lámpara encendida más tiempo?

Notas

Lección 20. Contadores. Puesta a cero independiente de un contador.

Esta lección muestra una forma diferente de restablecer un contador, además del restablecimiento automático. Use 20 como valor establecido para el contador.

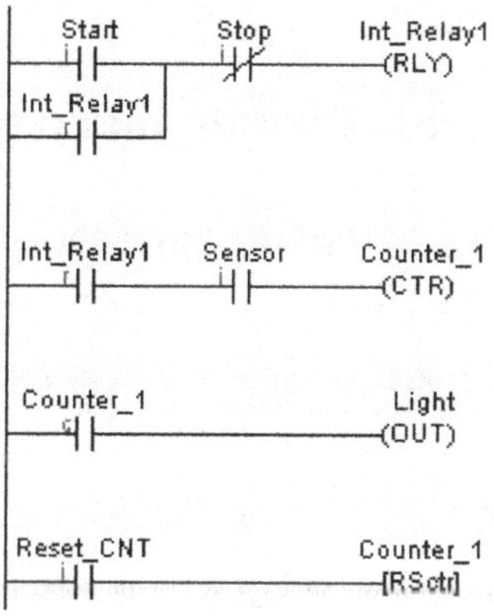

Al observar el programa escalera, nota que hay una entrada externa llamada Reset_CNT que nos permitirá restablecer el contador. No nos importa el conteo actual porque, después de presionar Reset_CNT, el contador se verá obligado a recargar su valor preestablecido.

Recuerde que el contador contará hasta cero.

Preguntas.

1. ¿Cuándo se necesita un reinicio manual de un contador?
2. ¿Qué sucede si primero presionamos el pulsador Reset_CNT, antes de presionar Start?
3. ¿Qué ocurre si mantenemos pulsado el pulsador Reset_CNT?
4. ¿Qué sucede cada vez que presionamos Reset_CNT?

Notas

Lección 21. Contadores. Usando bits o relojes internos.

Esta lección introducirá el uso de generadores automáticos de trenes de pulsos en los PLC.

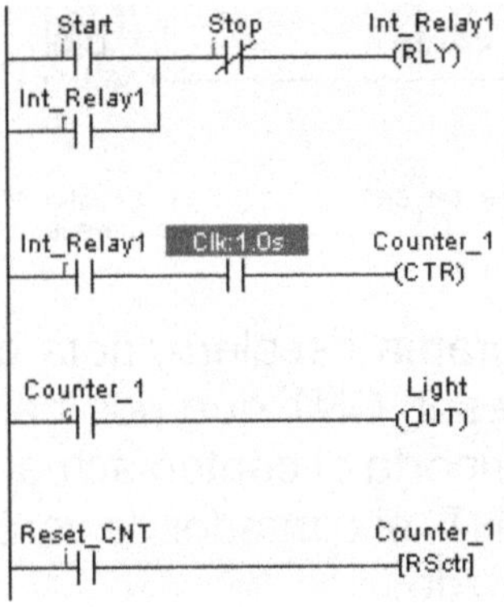

Hemos eliminado la entrada del sensor y, en su lugar, hemos añadido un reloj de 1 segundo. Esto significa que el contador recibirá los pulsos de la señal del reloj, siempre que el Int_Relay1 esté cerrado.

En otras palabras, para habilitar el contador sólo necesitamos presionar Start.

Preguntas.

1. ¿Podría proporcionar algún ejemplo para usar una señal interna anterior?

2. Si cambiamos el reloj a 0,5 segundos ¿cuánto tarda el contador en llegar a 10?
3. ¿Cuál es la precisión de este reloj/conteo interno?

Notas

Este ejemplo mostrará la forma en que se conectan dos contadores en cascada. Use 10 como valor de programación para los contadores.

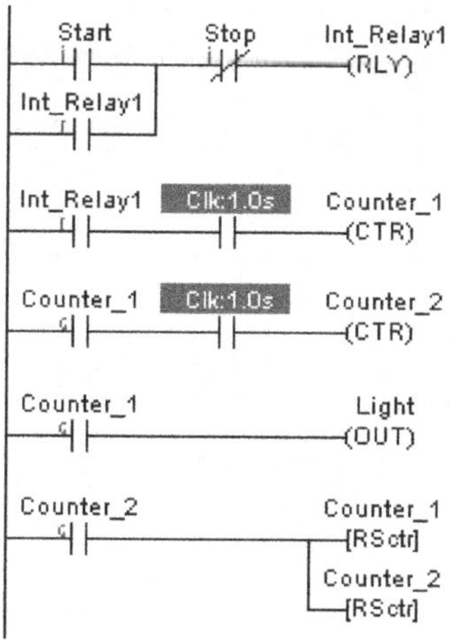

Esta es una conexión en cascada bastante básica. Una vez que Counter_1 alcance su valor PREESTABLECIDO, su contacto asociado Counter_1 se cerrará y habilitará el conteo para Counter_2.

Este último recibe los pulsos de la señal del reloj.

Observe que hay una línea de control que incluye un contacto NO del Contador_1 que activa la salida denominada Light.

Un contacto de Counter_2 está a cargo de proporcionar el comando de reinicio para ambos contadores como se muestra en la última línea de control.

Preguntas.

1. ¿Cuándo se enciende la lámpara?
2. ¿Este sistema en cascada vuelve a empezar una vez que se ha cargado el valor predeterminado?
3. Si quitamos el reloj antes del Contador _2 y le agregamos una salida de contador RESET en paralelo con el Contador_2. ¿Cuál es el nuevo conteo?
4. ¿Cuál es el conteo máximo que podemos lograr con el programa original?

Notes

Lección 23. Contadores en cascada. Manejando una salida.

Esta lección muestra una forma de combinar contadores. Use 10 y 20, como valor establecido para los contadores 1 y 2, respectivamente.

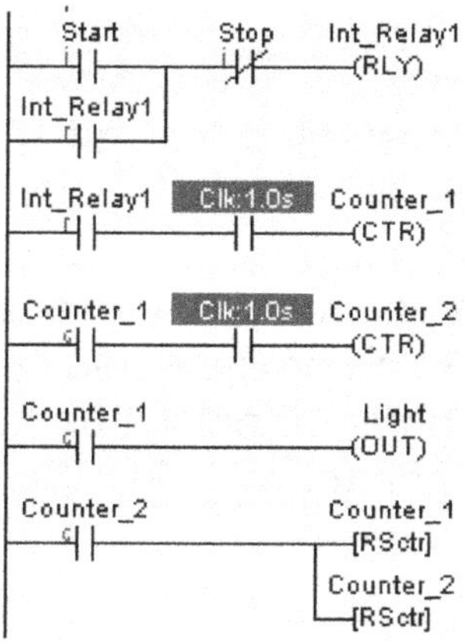

Este circuito, similar a la lección anterior, muestra dos contadores (Counter_1 y Counter_2) contando hasta cualquier valor predeterminado dado y conectados en cascada. Estamos usando un reloj automático de 1 segundo para reemplazar la señal proveniente de un sensor.

Una vez que se energiza el Relay interno, el conteo comenzará a contar una vez por segundo, cuando alcance su valor preestablecido, su contacto asociado se cerrará, proporcionando una señal de habilitación para el segundo contador. En otras palabras, Counter_2 sólo funcionará después de que Counter_1 haya terminado.

El estado ON de la Lámpara depende de la activación del contacto Counter_1.

El contacto asociado con el Contador-2 se usa para suministrar las señales de reinicio para ambos contadores y comenzará el proceso nuevamente.

Preguntas.

1. Si los valores preestablecidos son 10 y 5 para Counter_1 y Counter_2 respectivamente, ¿cuánto tiempo tarda en encenderse la lámpara?
2. Para los mismos valores de preselección de los contadores. ¿Cuánto tiempo tarda en apagarse la lámpara?
3. ¿Es lo mismo contar 10 pulsos de un segundo que cargar un temporizador con un valor PRESET de 10 segundos?

Notes

Lección 24. Temporizadores y Contadores.

Esta lección explica la forma en que podemos usar una combinación de temporizador y contador para obtener los mismos resultados.

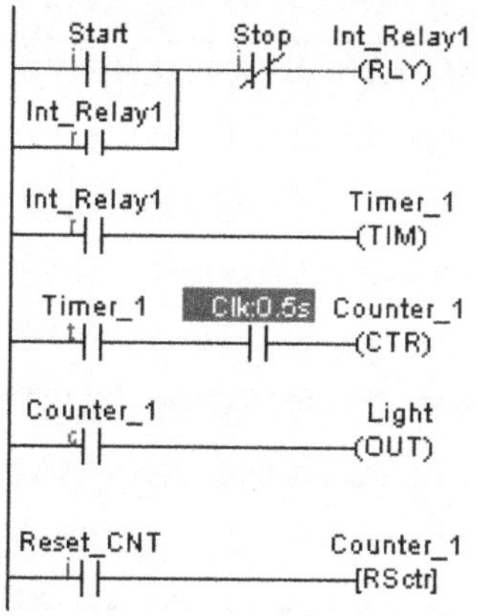

Podemos combinar temporizadores y contadores para obtener el mismo resultado que se obtiene con sólo dos contadores.

Cuando la entrada de un contador es una señal periódica (en este caso un reloj interno) podemos sustituir fácilmente el contador por un temporizador, haciendo los cálculos adecuados (Valor de preselección del contador multiplicado por la señal del Reloj).

En este ejemplo, Counter_1 se habilita una vez que ha expirado el tiempo de Timer_1.

Preguntas.

1. ¿Cuál es el tiempo total desde el momento en que se inicia el temporizador hasta el momento en que se enciende la lámpara si el temporizador está programado con 5 segundos? El contador está programado con 10.
2. ¿La lámpara se apaga automáticamente?
3. ¿Cómo puede hacer para que la lámpara parpadee una vez por segundo?

Notes

Lección 25. Temporizadores y Contadores.

Este ejemplo muestra cómo usar tanto temporizadores como contadores en una acción combinada para tener varios tiempos. Utilice 10 como valor de ajuste para los temporizadores y contadores.

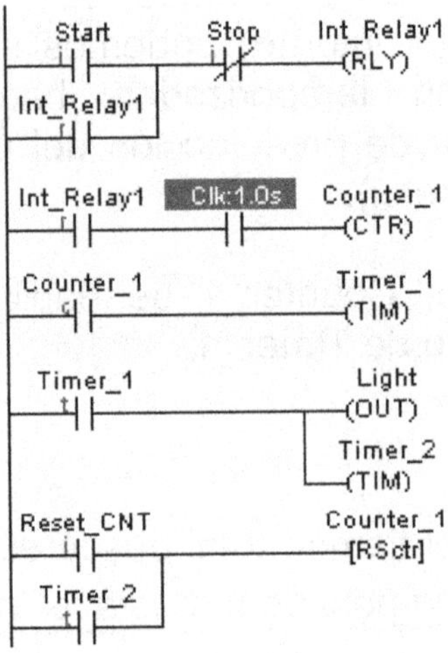

En este circuito estamos usando un contador y dos temporizadores diferentes. Counter_1 está habilitando el resto del proceso de tiempos.

Una vez que Counter_1 haya alcanzado su valor preestablecido y posteriormente haya transcurrido Timer_1, la salida Light se encenderá. Algún tiempo después, definido por el valor preestablecido de Timer_2, la salida Light se apagará y el proceso se reiniciará.

Preguntas.

1. ¿Cuál será el valor predeterminado para que un temporizador reemplace a Counter_1?
2. ¿Qué sucede cada vez que presiona el pulsador Reset_CNT?
3. ¿Podría modificar este programa para tener un pulso para la lámpara?

Notas

Lección 26. Secuenciadores.

El siguiente ejemplo explora el uso básico de un secuenciador en el control de cuatro salidas.

Usar un secuenciador es algo muy interesante. Tenga en cuenta que llamamos a la instrucción Sequencer usando el contador número 1. Es sólo por este software simulador, en particular.

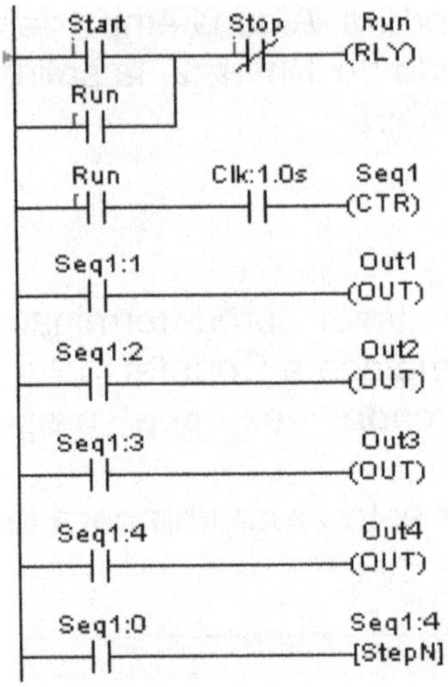

Otros fabricantes utilizan diferentes símbolos y dibujos.

El secuenciador se basa en un contador llamado Seq1 con un valor predeterminado de 4. Las salidas se encenderán sólo cuando el paso de secuencia respectivo esté encendido.

Preguntas.

1. Explique en qué orden se encenderán y apagarán las lámparas.
2. ¿Podríamos tener activada la salida 3, cuando el secuenciador está en los pasos 3 y 1?
3. ¿Qué elemento determina la velocidad de la secuencia?
4. ¿Cuándo usaría un secuenciador en lugar de Lógica Escalera?

Notes

Lección 27. Secuenciadores. Efectos visuales con varias salidas.

El uso de secuenciadores es algo muy aplicable en el mundo industrial.

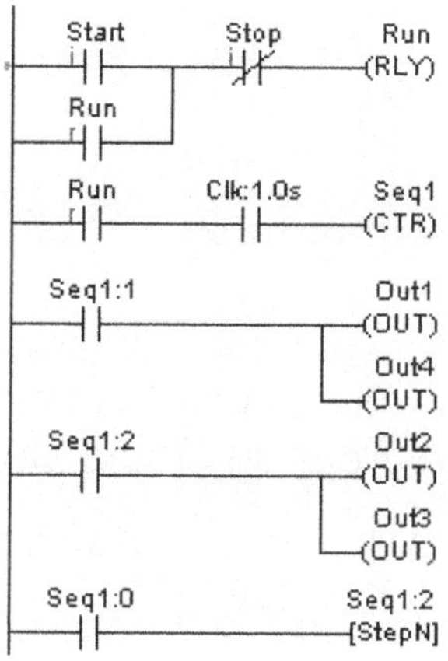

Programe el contador con un valor de 3. Con el secuenciador podemos activar varias salidas al mismo tiempo en cada paso de secuenciación. En este programa, Out1 y Out4 se activarán cuando el paso 1 esté activo, Out2 y Out3 harán lo mismo cuando el paso 2 esté activo.

Tenga en cuenta que aquí sólo tenemos tres pasos, por lo que una vez que el contador Seq1 llega a cero, cargamos el reinicio del posicionamiento del secuenciador en el Paso 2.

Preguntas.

1. En este programa las "luces" parecen moverse desde los extremos hacia el centro. ¿Cómo podemos hacer que se muevan del centro a los extremos?
3. ¿Cómo podemos añadir un efecto diferente?
4. ¿Cómo podemos Stop manualmente la secuencia en un paso específico?

Notes

Lección 28. Secuenciadores. Activación de salida aleatoria.

Este ejemplo muestra cómo usar los contactos de los pasos del secuenciador para crear un efecto aleatorio.

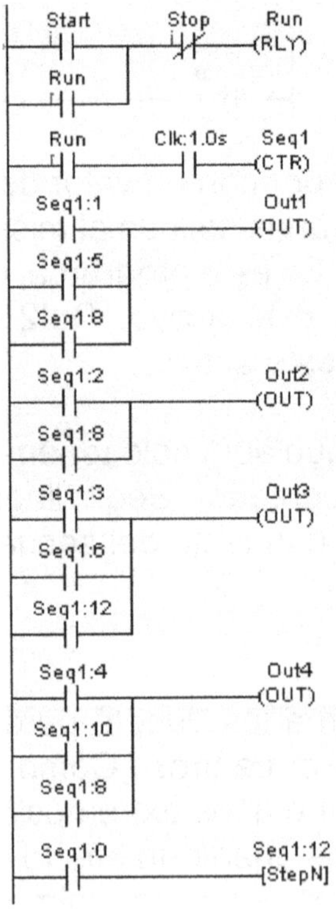

Este secuenciador puede tener muchos pasos, especialmente para este software de simulación. En este caso, nuestro secuenciador es capaz de manejar hasta 32 pasos, pero en este ejemplo sólo usamos 12.

Puede hacer combinaciones aleatorias de los contactos de paso del secuenciador, como se muestra aquí.

El efecto es que las salidas se activarán sin seguir ningún patrón específico.

Preguntas.

1. Intente agregar más pasos de contacto en el lado izquierdo de las líneas de control.
2. ¿Qué sucede durante el secuenciador que no se utiliza?
3. ¿Podría sugerir alguna aplicación?

Notas

Lección 29. Secuenciador. Contando los pasos y parando.

Este ejemplo muestra cómo controlar el número de pasos a ejecutar cuando se utilizan secuenciadores.

En este programa se tiene otro contador: ItemCount. Este contador estará contando el número de pasos que queremos que tenga el secuenciador, antes de detener el proceso.

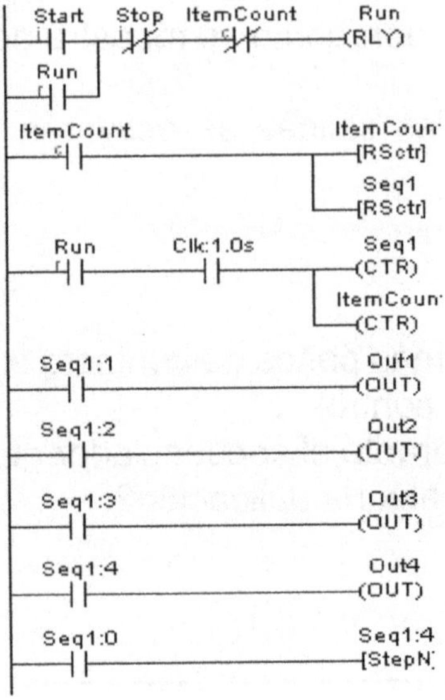

Observe que hay un contacto NC de este contador en serie con el pulsador Stop. También puede notar que el reinicio de los contadores ha sido trasladado a la segunda línea de control.

Preguntas.

1. Si tenemos 8 luces asociadas a las ocho salidas físicas, ¿cuál es la dirección del movimiento?
2. ¿Cuáles son las primeras salidas que se encienden?
3. Si el ItemCount está programado con 10, ¿cuáles son las salidas que se activarán antes de terminar todo el proceso?

Notas

Lección 30. Secuenciador. Deteniéndose con tiempo.

Este programa utiliza más salidas que las cuatro posibles en el PLC E10. Si desea ejecutar una simulación, seleccione la serie H, al iniciar el programa WinTrilogi ®.

Otro método es detener la secuencia con un temporizador. Este ejemplo explora este tipo de solución. Configure Timer_1 con 60.

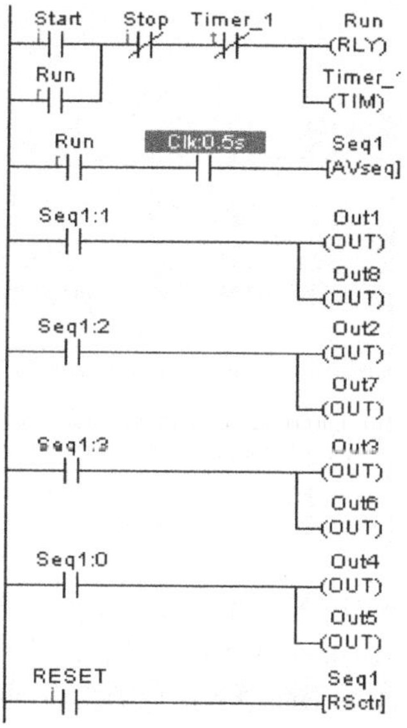

En el ejemplo, no contamos el número de pasos para proporcionar una señal de detenerse. Estamos usando un temporizador en lugar del contador, por lo que una vez que transcurre el tiempo, el proceso finaliza.

Preguntas.

1. ¿Cómo sincronizamos el valor preestablecido del temporizador para detenerse en cualquier paso dado?
2. ¿Cuál es el propósito del pulsador de reinicio?
3. ¿Cómo podemos "bloquear" todas las salidas al pulsar el pulsador de RESET, sin parar el secuenciador?

Notes

Lección 31. Usar una sola entrada para encender y apagar una salida.

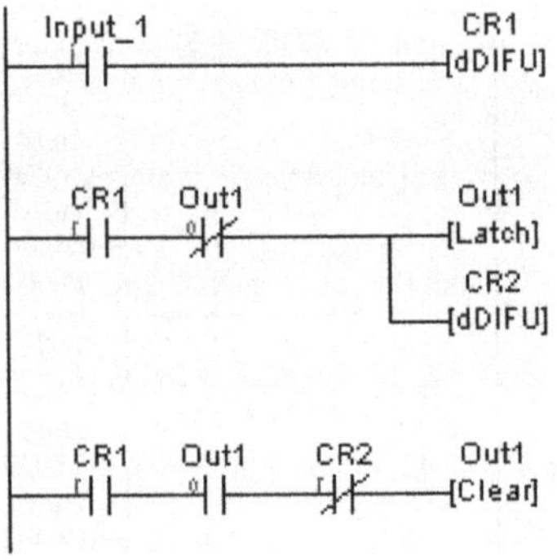

Esta lección enseña un truco de usar la misma entrada para activar o desactivar una salida. CR1 y CR2 son relés internos y Out1 es la salida que deseamos controlar.

En varias ocasiones nos quedamos sin entradas y sólo una está disponible, por lo que necesitamos usar la misma entrada para encender y apagar cualquier dispositivo. Aquí mostramos dos soluciones.

La primera utiliza dos conceptos importantes. Las acciones activadas por borde, que sólo se ejecutan cuando la entrada tiene una transición de no presionado a presionado y viceversa.

Los comandos Latch y Clear que encenderán o apagarán respectivamente la salida, tienen la ventaja de que la señal sólo necesita estar activa una vez (y la lógica habilitándolos) y luego ya no son necesarios. Con dos Relays internos CR1 y CR2 “memorizamos” el último estado para generar una función alternar estado (toggle).

Preguntas.

1. ¿Podemos usar un pulsador de parada NC conectado a la entrada?
2. ¿Es lo mismo para otros PLC?
3. ¿Cuál es el método utilizado más común?

Notas

Lección 32. Otra forma de que una sola entrada active o desactive una salida.

La otra solución se logra mediante el uso de un secuenciador asociado a un contador programado con un PRESET VALUE programado con 1.

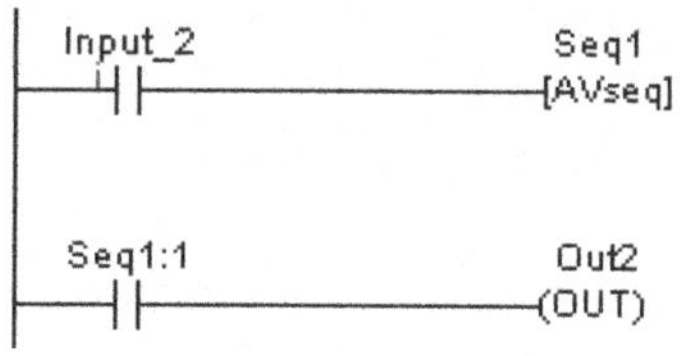

Cada vez que activamos la entrada, se aplica un pulso al contador. La salida siempre está ciclando de activación a no activación.

Preguntas.

1. ¿Por qué el contador tiene un valor SET de 1?
2. ¿Por qué sólo se usa un paso?
3. ¿Se podría usar este método con muchas entradas?

Notes

Lección 33. Temporizadores y Ciclo de Trabajo.

Este ejemplo considera la aplicación de temporizadores en el cálculo y determinación de Ciclos de Trabajo (Duty Cycles). Configure Timer_1 con 15, Timer_2 con 20 y Timer_3 con 2.

Usaremos dos temporizadores (Timer_1 y Timer_2) y un temporizador auxiliar (Timer_3) para comprender el ciclo de trabajo. El último temporizador no es realmente necesario, pero lo tendremos con fines ilustrativos.

Timer_1 maneja el tiempo que queremos tener la salida Light APAGADA.
Timer_2 está a cargo del tiempo que la salida Light estará encendida.
Timer_3 es el tiempo mínimo que podemos esperar para volver a iniciar el ciclo.
Si el valor preestablecido de Timer_3 es realmente pequeño o mínimo, podemos despreciar su efecto sobre el tiempo total.

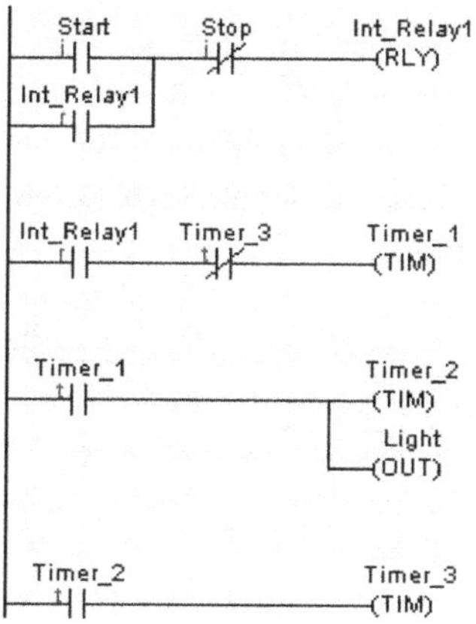

Preguntas.

1. ¿Cuál es el ciclo de trabajo cuando
   - Timer_1, Timer_2= 2,2 seg y Timer_3 = 0,1 seg.
   - Timer_1, Timer_2= 2,2 seg y Timer_3 = 1 seg.
   - Timer_1, Timer_2= 3 seg y Timer_3 = 1 seg.
2. ¿Qué sucede con el ciclo de trabajo si aumentamos el tiempo en Timer_3 a 1 segundo?

Notas

Lección 34. Secuenciador con temporizadores.

No todos los PLC incluyen secuenciadores, y tendríamos que usar elementos comunes para desarrollar secuencias. En este ejemplo, usaremos temporizadores para generar una secuencia de salidas.

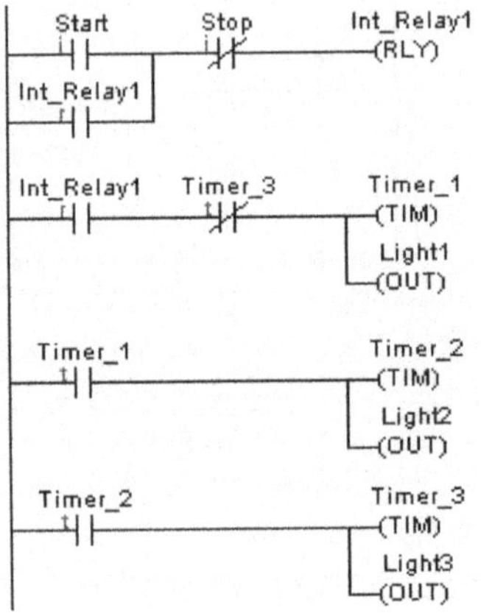

Cuando no podemos usar secuenciadores, por cualquier motivo, podemos implementar una acción secuencial con temporizadores.

Este programa escalera enciende tres luces secuencialmente. Primero se enciende Light1, luego después de un tiempo definido por Timer_1, Light2 se enciende. La tercera lámpara, indicada como Light3, se enciende después de que Timer_2 haya terminado.

Timer_3 tiene el único propósito de comenzar el ciclo nuevamente.

Preguntas.

1. ¿Necesitamos tener el mismo valor PRESET para todos los temporizadores?
2. ¿Cuál es el efecto visual en las salidas, si los valores preestablecidos de cada temporizador son más grandes que el otro?

3. Intente agregar una cuarta lámpara secuencial llamada "Light4".

Notas

Lección 35. Efectos con contadores en cascada.

Esta lección muestra cómo utilizar la salida de un contador, para habilitar un segundo contador, activando la salida Light en forma especial.
Programe todos los contadores para contar hasta 5.

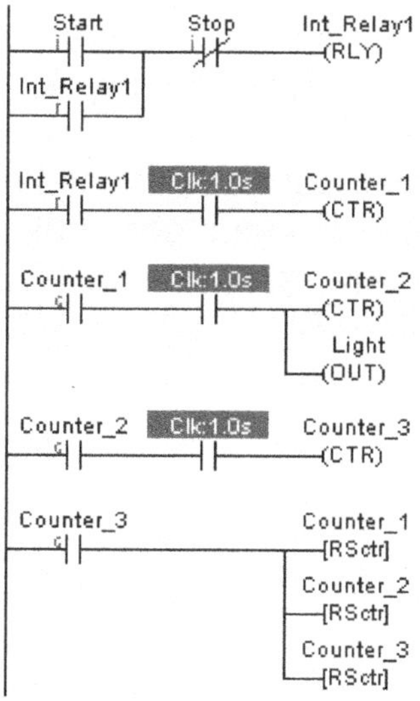

Este programa muestra un sistema que enciende una salida Light (en modo intermitente) durante un tiempo determinado.

Counter_1 cuenta el número de segundos de espera antes de que la lámpara comience a parpadear a una frecuencia de una vez por segundo.

El número de parpadeos se calcula sumando los valores preestablecidos de Counter_2 y Counter_3.

Ya sabemos que, si usamos una señal de reloj junto con un contador, se puede suponer que se trata de un temporizador o un "contador de tiempo".

Observe que estamos usando un reloj de un segundo como entrada a los contadores, por lo que estos últimos estarán contando segundos según el valor programado con que se hayan programado. La salida Light se encenderá por un tiempo determinado.

Preguntas

1. ¿Cuál es el propósito de Counter_3?
2. Si Counter_1, Counter_2 y Counter_3 se cargan con un PRESET Value de 1, 2 y 3 respectivamente, ¿cuál es el efecto en la salida?
3. ¿Qué puede hacer para que la salida Light se encienda por dos segundos y se apague por otros dos segundos?
4. ¿Cómo se puede retrasar la activación de la salida?

Notas

Lección 36. Conteo Ascendente/Descendente.

El propósito de esta lección es enseñar la implementación de contadores que cuentan hacia arriba o hacia abajo. Programe Counter_1 con 50.

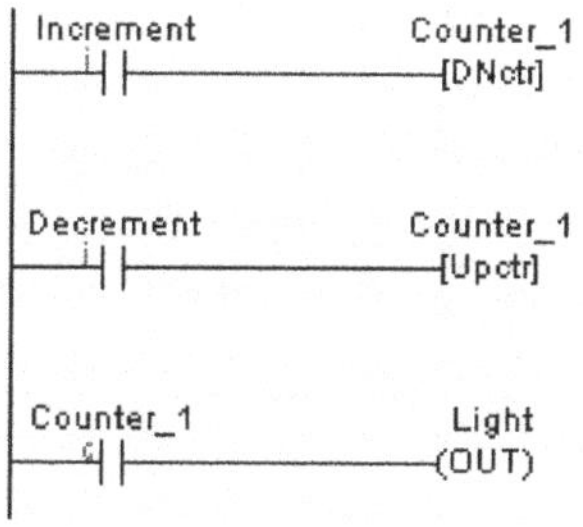

El programa escalera muestra un contador llamado Counter_1 que puede contar hacia arriba o hacia abajo, según el contacto de entrada que se presione (Incremento o Decremento) y la función que se le aplique (DNctr o UPctr).

Un contacto del Counter_1 se usa para controlar una salida llamada Light.

Cada vez que presiona la entrada Increment, primero el contador se carga con su valor SET y luego comenzará a disminuir hasta llegar a cero. En este momento el contacto asociado al contador se cerrará encendiendo la lámpara. Si activamos la señal de contar hacia abajo (Decrement), tendremos el efecto de conteo contrario.

Preguntas.

1. ¿Por qué el contacto Increment está activando la función de contador descendente (DNctr)?
2. ¿Qué pasa si comenzamos a decrementar el conteo?
3. ¿Qué podemos hacer para tener la salida Light encendida por más tiempo?

4. ¿Podríamos usar una instrucción ResetCtr? Agregue esta línea de control al programa.

Notas

Lección 37. Contadores ascendentes/descendentes

Esta lección le permitirá aumentar o disminuir el valor Presente de cualquier contador dado. Para su simulación, no puede usar la serie E10 sino la serie H en su lugar.

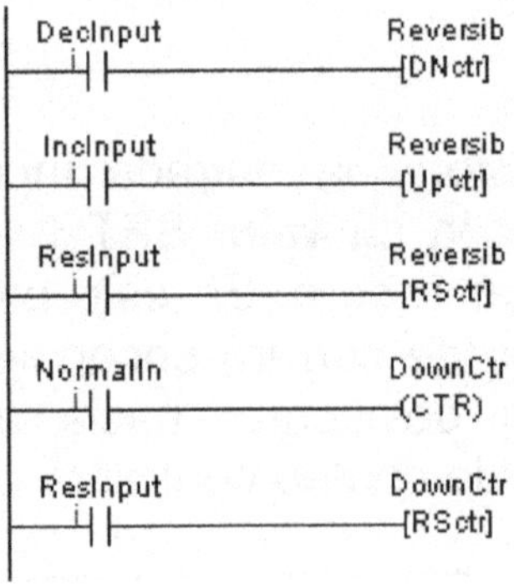

Puede estudiar este ejemplo para comprender las diferencias en el uso de contadores normales o reversibles.

Simplemente cree dos contadores: Reversib y DownCtr. La principal diferencia es que usa los comandos Upctr o DNctr para el contador que quiere que sea reversible y usa CTR para el contador que quiere que sea normal. Recuerde que este último contará hasta cero.

Preguntas.

1. ¿Cuántas de las entradas del PLC se utilizan en este ejemplo?
2. ¿Alguno de los contadores es más rápido que el otro?
3. ¿Qué parámetros debe tener en cuenta al implementar contadores más rápidos?
4. ¿Cuántos contadores podemos tener o utilizar como Reversibles?

Notas

Lección 38. Uso de la instrucción Latch.

Esta lección explica el uso de dos nuevas instrucciones.
Las instrucciones Latch y Clear también se conocen como SET y RESET.

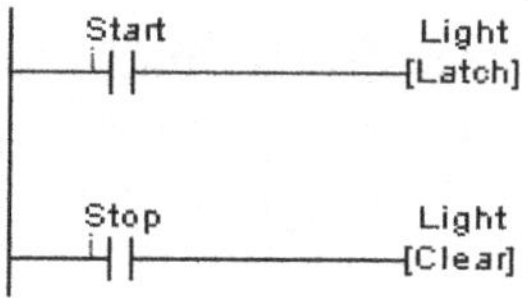

Dado que actúan sobre la misma salida, son una excepción a las reglas de la programación en escalera que especifican que las salidas sólo pueden aparecer una vez.

El diagrama anterior muestra que, utilizando dos entradas independientes, puede encender y apagar la Light.

Preguntas.

1. ¿Cuánto tiempo se debe presionar cualquiera de las entradas para activar o desactivar la salida?
2. ¿Cuál es la diferencia entre esta y la instrucción OUT normal ?
3. ¿Podríamos usar sólo una de las instrucciones (Latch o Clear)?

Notas

Lección 39. Uso de enclavamiento (Interlocking).

En esta lección aprenderemos a bloquear partes del programa, utilizando el concepto de enclavamiento.

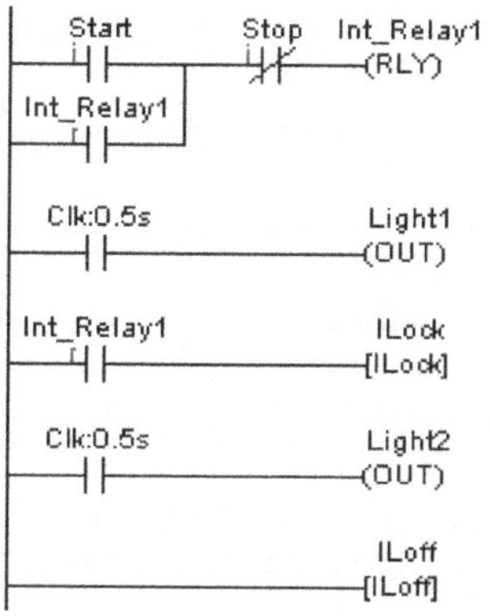

Esta instrucción no forma parte de las instrucciones básicas para la Lógica Escalera. Algunos fabricantes de PLC han agregado esta instrucción como una característica adicional para brindar un mejor control sobre la operación del PLC.

Puede observar que se utilizan dos instrucciones especiales: ILock e ILoff. Entre las dos líneas que incluyen las instrucciones, puede tener tantas líneas de control de escalera como desee y sólo operarán o se ejecutarán en la ejecución del programa, sólo si la entrada de contacto que habilita la instrucción ILock está activa.

Preguntas.

1. ¿Qué sucede si eliminamos el contacto Int_Relay1 que impulsa la instrucción ILock?
2. ¿Podría sugerir una aplicación de las instrucciones ILock e ILoff?
3. ¿Qué sucede si tenemos otra línea de control de escalera después de la instrucción ILoff?
4. ¿Podemos agregar otro contacto (de cualquier otro elemento del programa) en serie o en paralelo al contacto Int-Relay1 que habilita la instrucción ILock?

Notas

Lección 40. Eventos activados por borde.

El propósito de esta lección es comprender el concepto de disparo por borde.

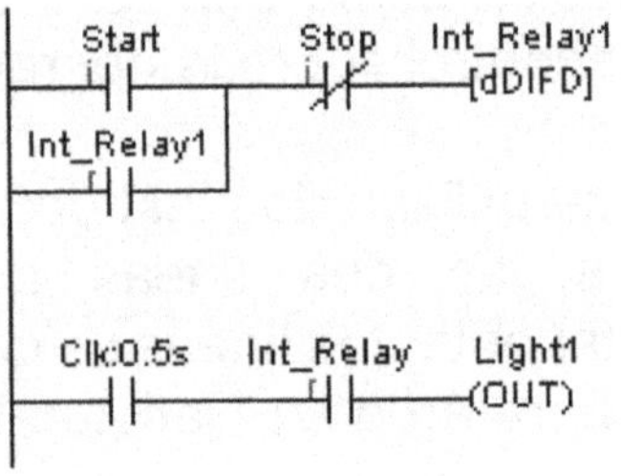

Como se menciona en la teoría, la representación de los contactos ascendentes o descendentes diferenciales varía de un fabricante a otro. En este caso estamos usando la instrucción dDIFD que se encuentra en el ícono de Outputs Coils.

Preguntas.

1. ¿Cómo funciona la instrucción diferencial Up?
2. ¿Cómo funciona la instrucción diferencial Abajo?
3. ¿Cómo podríamos tener esta diferenciación de borde en un contacto en lugar de una salida?
4. ¿Cuál es la importancia de esta instrucción?

Notas

[13. PROYECTOS CON LÓGICA DE ESCALERA.]

Este capítulo le ayudará a practicar con proyectos de aplicaciones reales. Puede leer, escribir, simular los programas en su computadora o descargar el programa a un PLC o entrenador de PLC, para una experiencia práctica real.

13. Proyectos con Lógica Escalera

Este es un enfoque más realista de la programación Lógica Escalera y su aplicación real en la automatización industrial. Le recomendamos atender los siguientes consejos para tener una buena comprensión de la programación de PLC:

1. Lea toda la descripción del proyecto.
2. Trate de comprender la operación y los requisitos de automatización.
3. Revise los elementos que se están utilizando.
4. Muy importante. Intente escribir su propio programa antes de ver la solución que le proponemos.
5. Simule su programa y vea si funciona correctamente.
6. Compare su solución con la que tenemos.
7. Escriba nuestro programa y simúlelo.
8. Guarde cada programa que haga con un nombre significativo.
9. Agregue sus propios comentarios a las líneas de control de acuerdo con su proceso de aprendizaje.
10. Escriba sobre sus experiencias con los proyectos.

Lista de proyectos.

1. Sistema de llenado de cajas.
2. Arranque y Paro secuenciales.
3. Sistema de alarma para el hogar.
4. Conteo de personas que ingresan a un lugar.
5. Sistema de Dispensador de Helado Automatizado.
6. Nivel en líquidos con turbulencia.
7. Control de Mínimos y Máximos en los niveles de agua.
8. Impresora
9. Cabeza de animatrónica.
10. Máquinas parlantes.

11. Control de un motor de corriente continua. Marcha Adelante Atrás.
12. Arranque de un motor AC trifásico con un PLC (conexión Estrella-Delta).
13. Control de un motor de CA trifásico. Marcha Adelante Atrás.
14. Control de un motor paso a paso a través de un Drive.

1. Sistema de llenado de cajas.

Se tiene una máquina que llena cajas con 5 piezas cada una. Las piezas se deslizan hacia abajo para caer primero en la caja izquierda y luego en la derecha. Un pistón neumático, acciona una lámina que direcciona las piezas hasta cada caja. Después de contar cinco piezas, la lámina vuelve a su posición original.

Escriba un programa que pueda funcionar después de una señal de Start y que pueda detenerse en cualquier momento, presionando el pulsador Stop.

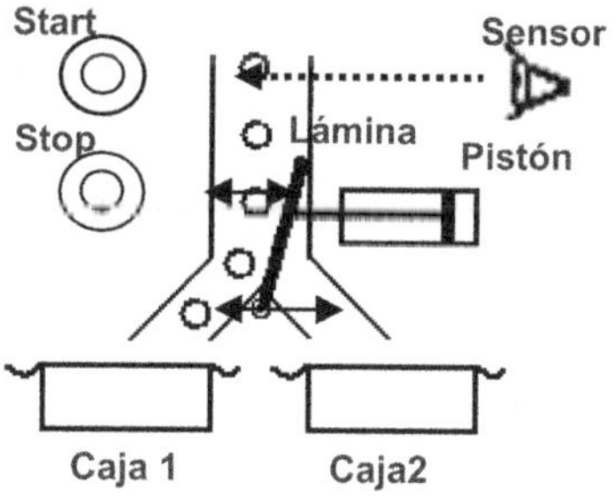

Elementos utilizados:

Entradas:

Start : Pulsador NO, para iniciar la operación

Stop : Pulsador NO, para parar la máquina en cualquier momento

Sensor : Puede ser cualquier tipo de sensor si detecta la pieza

Salidas:

BoxSelectP : acciona una válvula de dos posiciones, que acciona el conjunto de pistón y lámina.

Relés internos:

Relay : para retener la operación en ejecución una vez que se presiona Start.

AuxRelay1 : junto con AuxRelay2 ayuda a memorizar o retener el último estado.
AuxRelay2 : Junto con AuxRelay1 ayuda a memorizar o retener el último estado.

Temporizadores: Ninguno

Contadores:

PieceCount : Contador de piezas. Programado con 5.

Secuenciadores: Ninguno

Operación del programa.

Suponemos que las piezas pasan por delante del sensor con cierto grado de separación.

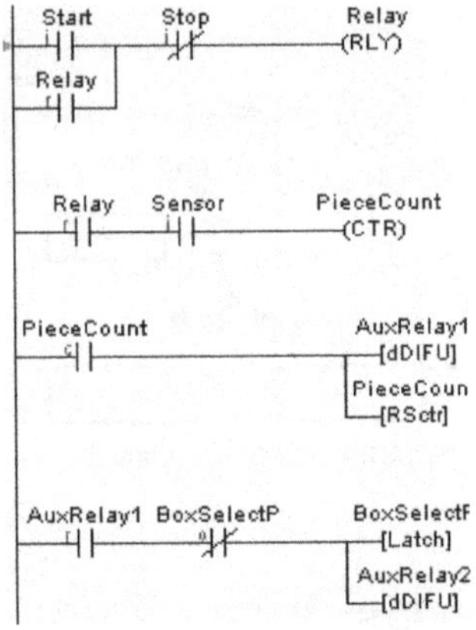

Después de presionar Start, el relé auxiliar llamado Relay habilitará la operación. El contacto del Sensor, ya habilitado por Relay, envía pulsos al contador.

Después de contar 5 piezas (valor establecido en el contador), el contacto PieceCount se cierra para energizar AuxRelay1 y restablecer el contador.

Recuerde que en el caso de este software la cuenta es desde Cinco hacia Cero.

Estamos utilizando los relés auxiliares 1 y 2, activados por acciones diferenciales, para recordar el último estado del Pistón de Selección de Caja (Salida BoxSelectP) y cambiarlo a la condición contraria: Si estaba ON el siguiente estado será OFF y viceversa.

Simulación.

Haga click en Start en su pantalla de simulación. Para parar en cualquier momento o reiniciar la máquina, simplemente haga click en Stop.

Haga click en Sensor para suministrar pulsos de conteo. Compruebe los valores del contador.

Puede seguir la operación directamente en la pantalla de control cuando está realizando monitorización en línea (Online Monitoring).

Notas

2. Arranque secuencial y Paro secuencial.

Se tienen tres motores acoplados a su respectiva cinta transportadora. Después de presionar el pulsador de Start, los motores deben energizarse cada 3 segundos, en el siguiente orden: Motor 1, Motor 2 y luego Motor 3.

Si se decide parar las cintas transportadoras en cualquier momento, los motores deben detenerse en la misma secuencia y con la misma separación de tiempo: Motor 1 se detiene, Motor 2 se detiene y luego Motor 3 se detiene.

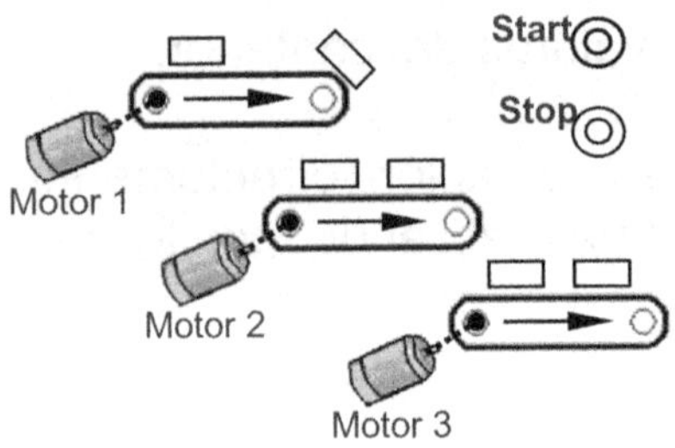

Elementos utilizados:

Entradas:

Start : Pulsador NO, para Start la operación
Stop : Pulsador NO, para parar la máquina en cualquier momento

Salidas:

Motor1 : Acciona el motor de la primera cinta transportadora.
Motor2 : Acciona el motor de la segunda cinta transportadora.
Motor3 : Acciona el motor de la tercera cinta transportadora.

Relés internos:

Relay1 : Habilita la operación una vez que se presiona Start.
Relay2 : permite Stop la operación una vez que se presiona Stop.

Temporizadores:

Delay1 : Tiempo para arrancar Motor2. Programar con valor = 30.

Delay2 : Tiempo para arrancar Motor3. Programar con valor = 30.

Delay3 : Tiempo para Stop Motor2. Programar con valor = 30.

Delay4 : Tiempo para Stop Motor3. Programar con r valor = 30.

Contadores:

Ninguno

Secuenciadores:

Ninguno

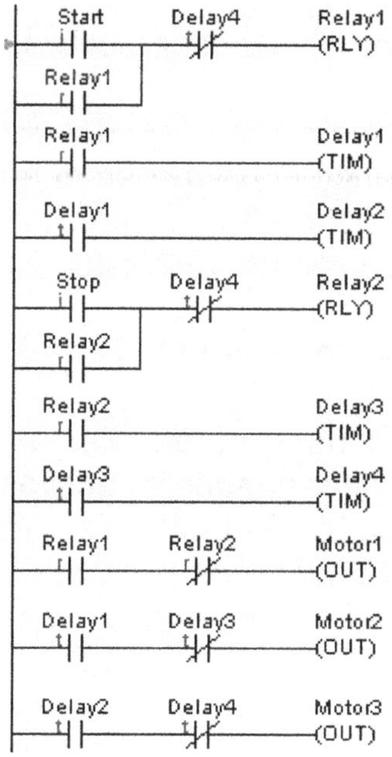

Operación del programa.

La idea de que los motores se detengan en el mismo orden en que arrancan, es porque evitará la acumulación de piezas en las cintas transportadoras.

Este programa se vuelve especial, porque este es uno de esos pocos casos donde los contactos de Start y Stop no están ubicados en la misma línea de control.

Note que Start y Stop son las únicas entradas que tenemos aquí. Podríamos considerar que ambos realizan la misma función al activar sus correspondientes relés auxiliares y temporizadores. De hecho, las líneas de control de control para cada pulsador son bastante similares.

Los contactos producen la secuencia requerida al arrancar o parar.

Para el Motor 1 no es necesario utilizar un temporizador.

El motor 2 obedece a una secuencia de eventos. Primero presiona Start, luego el Relay1 se energiza y luego habilita el temporizador llamado Delay1 que, una vez transcurridos los tres segundos, enciende el Motor2.

Lo mismo sucede con el arranque de Motor3.

Una observación muy importante es el hecho de que los temporizadores permanecen activos (y sus contactos relacionados también) una vez transcurrido el tiempo programado. Esta condición permite el funcionamiento de los temporizadores que tienen que ver con la secuencia de parada.

Observe que Delay4 es el encargado de desactivar ambos Relays auxiliares y, con el tiempo, los contactos de enclavamiento de los pulsadores.

Simulación.

Dado que los temporizadores y los relés auxiliares sólo son accesibles a través del software, puede usar la opción de

Monitorización en línea (Online Monitoring) para observar su valor mientras realizan su temporización.

Las salidas del PLC se activarán en secuencia: primero la Out1, en segundo lugar, la Out2 y finalmente la Out3, después de hacer click en Start.

Una vez que las tres salidas del PLC están encendidas, significando que los tres motores están funcionando, puede hacer click en el pulsador Stop y verificar que se detengan en la misma secuencia. Si es necesario, puede aumentar los valores ESTABLECIDOS para los temporizadores.

Notas

3. Sistema de alarma para el hogar

El sistema de alarma utiliza 5 sensores distribuidos entre las ventanas y puertas de la casa. La alarma sonará si alguna de las puertas o ventanas se abre durante más de tres segundos. Para evitar falsas activaciones por efectos del viento en cualquier ventana o puerta, existe un interruptor oculto que permite al propietario REINICIAR (RESET) la alarma una vez activada.

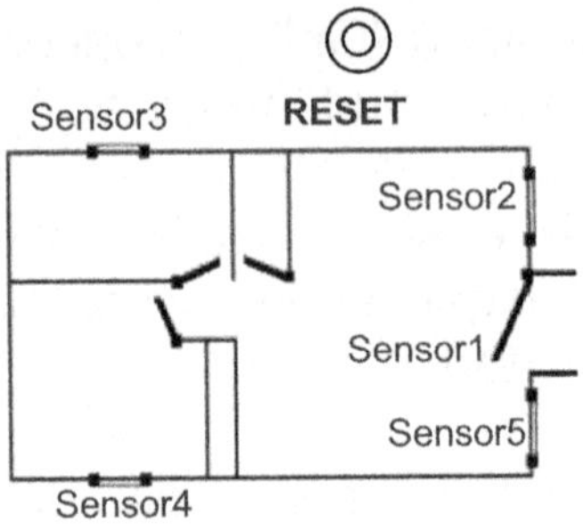

Elementos utilizados:

Entradas:
RESET : Pulsador NO, para reiniciar el sistema de alarma.
Sensor1 : Sensor NO, puerta principal.
Sensor2 : Sensor NO, ventana delantera.
Sensor3 : Sensor NO, ventana lateral.
Sensor4 : Sensor NO, ventana lateral.
Sensor5 : Sensor NO, ventana delantera.

Salidas:
Alarm : Sirena que suena cuando se activa uno de los sensores.

Relés internos:
Ninguno

Temporizadores:
Timer : Tiempo de espera antes de activar la alarma. 3 segundos.

Contadores:
Ninguno

Secuenciadores:
Ninguno

Según el tipo de sensor (NO o NC) puede escribir en diferentes programas de escalera.

Sensores con contacto normalmente cerrado.

Una vez que están montados, las puertas y ventanas están cerradas, no enviarán ninguna señal activa al PLC.

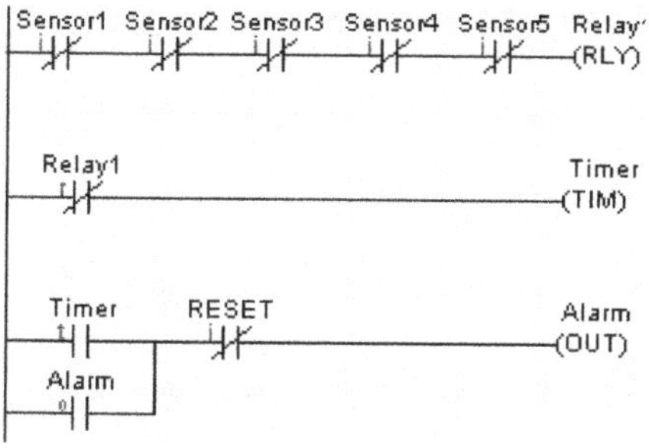

Operación del programa

Un interruptor para una puerta o una ventana, tiene el propósito de detectar cuando alguien está tratando de entrar a la casa. Estos interruptores pueden ser NA o NC, según el tipo de acción que ejecuten sobre la señal que envían al PLC.

Es por ésto por lo que podemos escribir dos programas diferentes.

Externamente, las entradas de un PLC dado se pueden conectar a un sensor que puede tener un contacto NA o NC. En el programa de PLC, sin importar el tipo de sensor que esté utilizando, puede asignar un contacto NC o NO. Esto puede ser un poco confuso al definir la Lógica Escalera requerida.

En el primer programa, la Lógica Escalera utiliza contactos NC. Esto significa que, una vez que las puertas y ventanas están cerradas, todos los sensores se desactivan, NO cierran su contacto y Relay se energiza. Cuando, digamos, se abre una ventana, Relay se desenergiza y habilita el temporizador.

Cuando transcurre este tiempo, la alarma se activa. La única manera de apagar la alarma es presionando RESET.

Notas

En el segundo caso:

Cuando sólo se abre uno de los sensores de puertas o ventanas, la entrada del PLC se activa y el temporizador se energiza.

Si la activación de la entrada es inferior a 3 segundos, la temporización nunca comienza. Pero si el sensor permanece activo por más tiempo, el Temporizador cierra su contacto activando la Alarma.

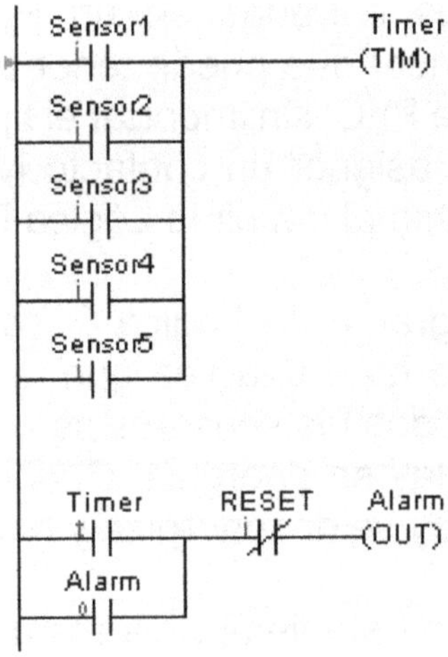

La alarma usa su propio contacto para retener su estado de activación y sólo puede liberarse si se presiona un pulsador RESET.

Simulación.

La pantalla de simulación mostrará todos los elementos disponibles utilizados. Hacer click en cualquiera de los Sensores no hará nada, excepto si esta acción toma más de 3 segundos.

Recuerde que debe hacer click en el sensor que desea probar, manteniendo presionado el pulsador del mouse durante más de tres segundos. También puede usar el pulsador derecho del ratón (mouse) y la entrada cambiará su estado después de cada click.

También puede intentar activar dos sensores simultáneamente y el efecto será el mismo ya que sólo se requiere un sensor para activar la alarma.

Para restablecer la alarma, simplemente haga click en la entrada RESET. Si no lo hace, la alarma se mantendrá activa.

Notas

4. Conteo de personas que ingresan a un lugar.

Un haz de luz, al ser interrumpido, detecta cuando una persona entra en un lugar. Por cada 10 personas, una alarma sonora debe sonar sólo por dos segundos para avisar que hay un grupo de diez personas adentro. La misma alarma sonará diferente si alguien bloquea la entrada, interrumpiendo el haz durante más de tres segundos.

Elementos utilizados:

Entradas:

Sensor : Sensor NO, detecta personas que cruzan la puerta

Salidas:

Alarm : Sirena que suena cuando han pasado 10 personas.

Relés internos:

Relay1 : Retiene la señal procedente del contador.

Temporizadores:

Timer : Tiempo de espera antes de activar la alarma.
2secTimer : Tiempo para hacer sonar la alarma cuando hayan pasado 10 personas.
3secTimer : Tiempo para obligar a una persona a moverse de la puerta cuando está interrumpiendo el haz del sensor.

Contadores:

N_ofPerson : Cuenta el número de personas (hasta diez)

Secuenciadores:

Ninguno

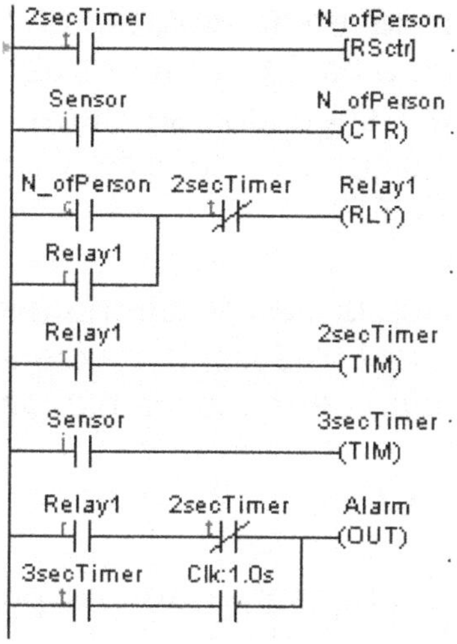

Operación del programa.

La única entrada es el Sensor, que detecta cuando la persona cruza la puerta. Puede notar que este contacto se usa para dos propósitos: entregar los pulsos al contador que cuenta el Número de Personas y energizar un temporizador de 3 segundos.

La primera línea de control es como el que tiene el pulsador de Start y Stop y el relé de enclavamiento, que es una conexión clásica. El pulsador de Start ha sido reemplazado por el sensor y puede notar que incluso cuando la persona ha cruzado la puerta, el contacto del Relay1 retiene su propia salida.

En la siguiente línea de control, un temporizador de 2 segundos comienza a cronometrar hasta que desactiva el Relay1 nuevamente. Este breve tiempo ayuda a evitar falsos disparos del contador.

Si por alguna razón el sensor permanece activo porque la persona está parada en la puerta, el temporizador de 3 segundos comienza a contar. Una vez transcurrido el tiempo, el temporizador de 3 segundos se cierra, lo que permite que el contacto automático (bit especial) Clk:1.0s mantenga un ciclo continuo (ON-OFF).

La acción final es que la alarma alternará entre activa durante medio segundo e inactiva durante medio segundo, durante el tiempo que la persona permanezca bloqueando el sensor.

Simulación.

Puede hacer click en Sensor, usando el pulsador izquierdo de su mouse. Si el funcionamiento es normal, el contador reflejará el efecto de Estos pulsos.

El contador comienza desde 10 y disminuye una vez cada vez que presiona el pulsador, que es lo mismo que tener una persona cruzando la puerta. Cuando llega a cero cierra su contacto y es retenido por un contacto del Relay1.

Puede verificar que, sobre la pantalla del Simulador, si logra hacer click varias veces en dos segundos, sólo funcionará el primer pulso.

La alarma sonará durante dos segundos: La salida permanecerá dos segundos en ON, cerrando su contacto relacionado.

Usando el pulsador derecho de su mouse o simplemente haciendo click en el izquierdo y dejándolo presionado por más de tres segundos se activará la Alarma (Alarm). El sonido es intermitente como se puede ver en la misma salida.

Notas

5. Dispensador automático de helados.

Una fábrica de conos tiene un dispensador de crema controlado por una válvula que se abre durante dos segundos cuando hay un Cono ubicado exactamente debajo de la salida del dispensador. Los conos son deslizados por una cinta transportadora. Después de presionar un pulsador de Start, las correas comienzan a moverse hasta que un sensor detecta un cono debajo del dispensador. Al presionar otro pulsador llamado Stop, se suspende todo el proceso.

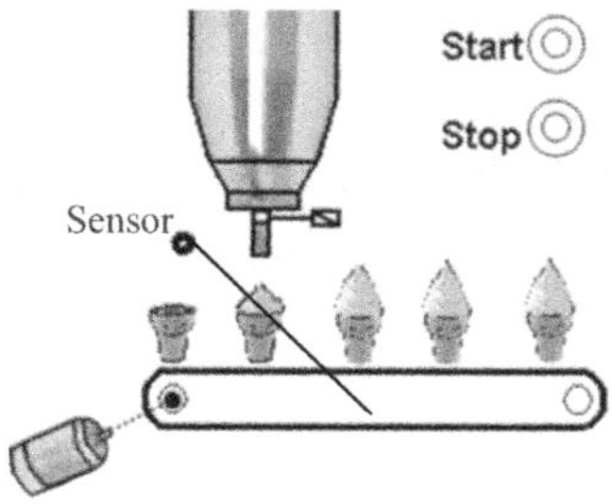

Elementos utilizados:

Entradas:

Start : Pulsador NO, para Start la operación

Stop : Pulsador NO, para parar la máquina en cualquier momento

Cone_Senso : Sensor NO, detecta cuando un cono está justo debajo del dispensador de crema.

Salidas:

Conveyor_M : Acciona el motor que está acoplado al transportador.

Cream_Valv : Acciona la válvula que dispensa la crema en el cono.

Relays internos:

Relay1 : Retiene la señal procedente del contador.

Temporizadores:

2secTimer : tiempo para dispensar la crema.

Contadores:

Ninguno

Secuenciadores:

Ninguno

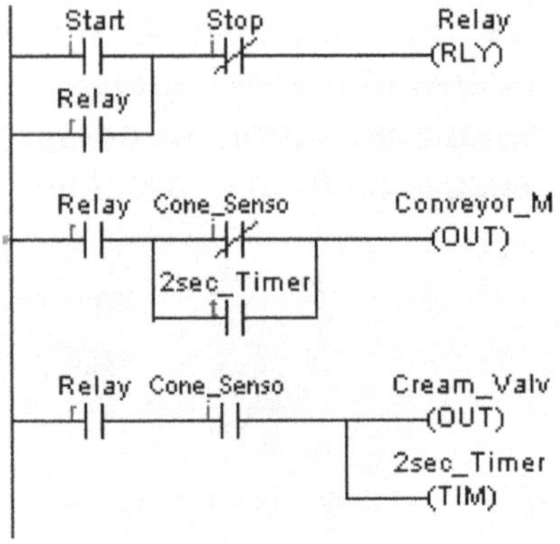

Operación del programa.

Aquí usamos la configuración típica con Start, Stop y Relé de enclavamiento para permitir el funcionamiento de la máquina. Puede notar que se ha utilizado un contacto de Relay en las siguientes dos líneas de control, Esto significa que toda la operación se deshabilita al forzar este contacto a su condición normal, que está abierto.

Una vez pulsado el pulsador de Start, este contacto se cerrará, y el funcionamiento de la máquina se soportará en el resto de los elementos de escalera, de las líneas de control número dos y tres.

Cone_Senso es el sensor utilizado para detectar el cono. Si no hay cono, el transportador se moverá hasta que se detecte un cono. Si no hay cono, entonces se habilita la salida que acciona el transportador (Conveyor_M) hasta que se detecta un cono.

Hay un contacto de 2sec_Timer que está en paralelo con el sensor. Se analizará a continuación.

En la última línea de control, si hay un cono, Cone_Senso se cerrará y energizará la salida que maneja la válvula dispensadora de crema (Cream_Valv). Al mismo tiempo, con el mismo contacto, se activa un temporizador de dos segundos. Este es el tiempo necesario para dosificar la crema en el cono.

El contacto de este temporizador está en paralelo con el contacto normalmente cerrado del sensor, en la segunda línea de control. Cuando hay un cono, este contacto debe estar abierto, por lo que el contacto del temporizador será el que habilite el tiempo suficiente para que el motor retire el cono frente al sensor. La banda se moverá hasta que se detecte un nuevo cono.

Simulación.

Al hacer click en Start, se habilitará el funcionamiento de esta máquina. Del mismo modo, al hacer click en Stop, la máquina volverá a las condiciones iniciales. Ambas acciones se basan en activar o desactivar el relé auxiliar denominado Relay.

Si encendió la máquina, verá en la pantalla de simulación que la salida Conveyor_M está encendida y la otra salida Cream_V está apagada. Las salidas indican que la cinta transportadora se está moviendo hasta que un cono se ubica justo debajo de la válvula dispensadora.

Pulsa, con el pulsador izquierdo de tu ratón, sobre Cone_Senso, simulando que ha llegado un cono.

Las salidas cambiarán, el motor se detiene y la válvula de crema se abre. Esto se puede hacer tantas veces como quiera.

No importa qué parte del proceso esté ejecutando la máquina, si presiona Stop, todas las salidas se apagarán y para operar la máquina tendrá que volver a iniciarla.

Notas

6. **Nivel en líquidos con turbulencia.**

Un sensor de nivel de agua, hecho de una bola flotante acoplada a una barra larga, está detectando el momento en que el tanque está perdiendo agua por debajo de cierto nivel y sonando una alarma cuando esta pérdida es permanente (más de 2 segundos).

Cuando se extrae algo de agua del depósito, abriendo manualmente una válvula, la turbulencia genera una falsa activación de la alarma.

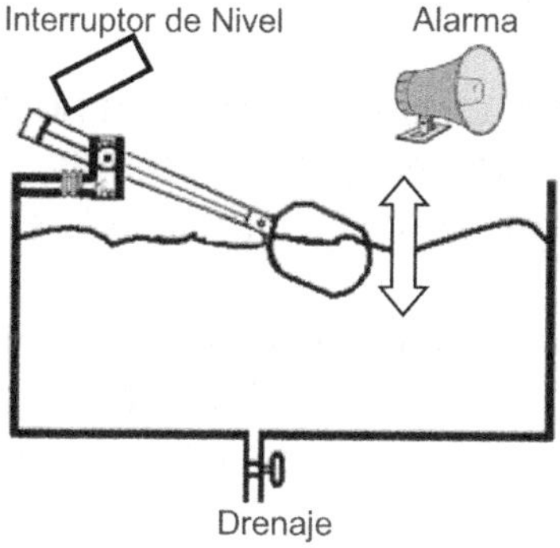

Elementos utilizados:

Entradas:

LevelSW : Sensor NO, para detectar el movimiento del brazo del flotador pivotante.

Salidas:

Alarm : Activa una alarma audible

Relés internos:

Ninguno

Temporizadores:

2sec_Delay : Tiempo de espera antes de activar la alarma.

Contadores:

Ninguno

Secuenciadores:

Ninguno

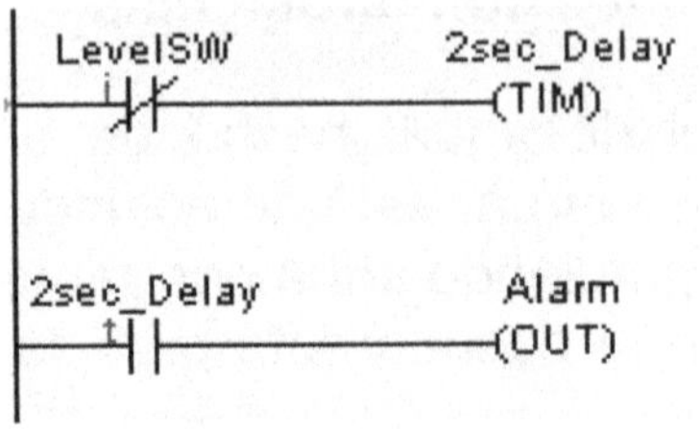

Funcionamiento del programa.

Este programa es una solución muy común para un sensor que no tiene una detección constante.

En condiciones normales, cuando el nivel es normal, el sensor llamado LevelSW detecta el brazo flotante. Su contacto asociado se abrirá porque es un contacto NC en el programa escalera.

Si el tanque comienza a perder el nivel del agua, la palanca girará un ángulo hasta que el sensor ya no pueda detectarlo. Si esta no detección persiste durante más de dos segundos, la temporización transcurrirá, cerrará su contacto y activará la alarma.

Si el sensor sólo deja de detectar el brazo por menos de dos segundos y vuelve a detectar, el temporizador se desactivará y tendrá que comenzar de nuevo.

Para un mejor funcionamiento, puede mover el sensor, cambiar la forma del área de detección del brazo o cambiar el valor preestablecido del temporizador.

Simulación.

Dado que el sensor de nivel es NC, la ventana de simulación mostrará que la alarma se activará después de dos segundos de entrar en el modo de simulación.

Hacer click en la entrada LevelSW y mantener presionado el pulsador durante menos de dos segundos ayudará a comprender lo siguiente:

> Si sus clicks son rápidos y continuos, la alarma no se activará, lo que significa que la turbulencia es suave.
>
> Si no hace click en absoluto, sonará la alarma, lo que significa que el nivel se ha perdido y es permanente.

Notas

7. Control de Mínimos y Máximos en los niveles de agua.

Un tanque de agua tiene dos sensores de nivel para detectar los niveles Máximo y Mínimo. Se tiene una válvula eléctrica para llenar el tanque con agua y una válvula manual, que se abre para alimentar otro proceso.

Se requiere un sistema automático para mantener el nivel del agua por debajo de los límites. Una vez alcanzado el nivel bajo, se debe llenar el depósito hasta el máximo.

Si después de un tiempo no se alcanza el nivel máximo, el sistema debe activar una alarma.

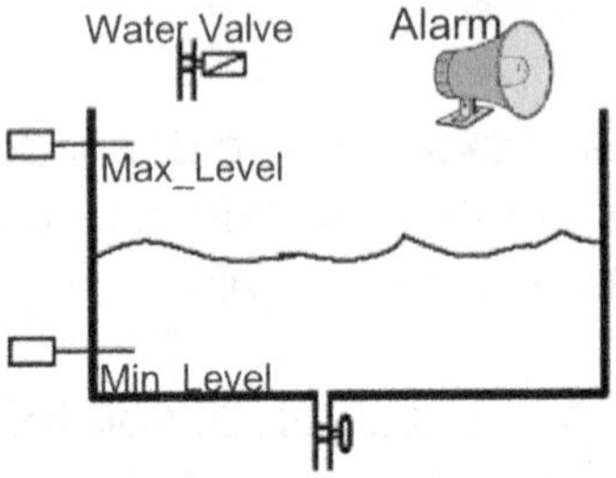

Elementos utilizados:

Entradas:

Max_Level : NO, detecta el máximo de agua.
Min_Level : NO, detecta el mínimo de agua.

Salidas:

WaterValve : NC, permite agregar agua al tanque.
Alarm : Alarma audible para notificar un problema de nivel de agua.

Relays internos:

Ninguno

Temporizadores:

Delay : Tiempo de espera antes de activar la Alarma.

Contadores:

Ninguno

Secuenciadores: Ninguno

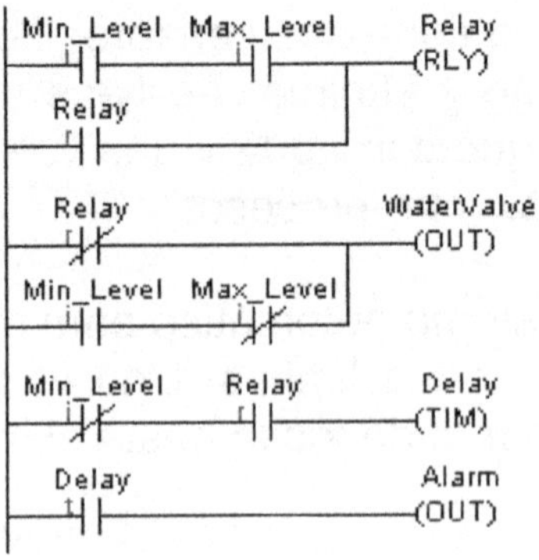

Operación del programa.

En este programa no es necesario utilizar ningún pulsador para Start o Stop el proceso. Este es un control continuo y no hay necesidad de aumentar la complejidad del programa escalera.

Cuando se inicia el programa, asumimos que el tanque debe llenarse con agua, por lo que la primera línea de control verifica cuándo ambos sensores de nivel (Min_Level y Max_Level) detectan agua al mismo tiempo. Esto significa que el tanque está listo para comenzar el proceso.

Puede notar que, si el relé auxiliar llamado Relay no está activo, en la segunda línea de control, uno de sus contactos NC energizará la salida WaterValve para asegurarse de que el agua esté ingresando al tanque para corregir los niveles.

Si la válvula de agua continúa suministrando agua al tanque, habrá un momento en el que ambos sensores de nivel cerrarán sus contactos, permitiendo que el relé auxiliar se energice. Si esto sucede, el contacto NA en paralelo, justo en la primera línea de control, se cerrará. Esta acción mantendrá Relay energizado.

El contacto NC en la segunda línea de control se abrirá finalizando el suministro de agua ya que WaterValve se desactivará.

Puede notar que la rama paralela formada por una serie de un contacto NO de Min_Level y un contacto NC de Max_Level, será el que determinará cuándo la válvula de agua se energizará nuevamente ya que el NC de Relay ahora está abierto.

Puede interpretar la lógica como diciendo: mientras el tanque tiene un nivel mínimo (Min_Level se cerrará) y no se ha alcanzado el nivel máximo (Max_Level normalmente está cerrado), la válvula de agua debe estar energizada.

La tercera línea de control se encarga de detectar el caso cuando el tanque está casi vacío y por debajo del nivel mínimo requerido.

Dado que el contacto de Min_Level es NC, entonces el temporizador Delay se activará y comenzará su temporización. Si no se alcanza el nivel mínimo en el tiempo definido por el valor establecido de retardo, se activará la salida llamada Alarm.

Tenga en cuenta que esto sólo funciona si el contacto de Relay está cerrado, y esto sólo sucede si el tanque se inicia con un nivel completo de agua.

Simulación.

Para esta simulación es más fácil usar la función de alternar (toggle) en la herramienta de simulación, a través del pulsador derecho del mouse.

Observe que la válvula de agua está energizada, lo que significa que el agua está ingresando al tanque.

Primero haga click con el pulsador derecho del mouse en el sensor Min_Level, lo que significa que se está suministrando agua al tanque y se ha alcanzado el nivel mínimo. El nivel de agua en el tanque aumentará hasta alcanzar el nivel máximo, cerrando el contacto Max_Level. Puede simular Esto haciendo click con el pulsador derecho en esta entrada.

Ahora, el sistema está listo para comenzar porque nota que WaterValve está apagado y ambos sensores, mínimo y máximo, están activos.

Si el agua se drena continuamente, la primera señal en la detección será Max_Level. Simplemente haga click con el pulsador derecho en él para desactivarlo.

El drenaje continuará hasta que se alcance Min_Level. Puedes simular que no está detectando con otro click derecho sobre él.

Espere más de dos segundos (el valor establecido del temporizador denominado Delay, lo que significa que no se ha alcanzado el nivel mínimo, la salida de Alarma se activará simulando su timbre.

Pruebe pulsando para simular que se ha alcanzado el nivel mínimo y vuelva a empezar todo el proceso. Si el tiempo del intervalo es menor que el retardo programado, la alarma nunca sonará.

Notas

8. Impresora

La máquina de impresión está formada por un brazo de impresión, que es accionado por un pistón neumático, encargado de estampar un logotipo en una hoja de papel. moviéndose en una cinta transportadora.

Se tiene un sensor para detectar que la hoja de papel está en su lugar, por lo que el motor se detiene mientras se realiza el proceso de impresión, y otro sensor para verificar que el brazo de la impresora esté arriba o abajo, para evitar que la correa se mueva mientras el brazo está estampando. El motor, acoplado a la correa, debe avanzar hasta que la hoja quede exactamente debajo del brazo de la impresora.

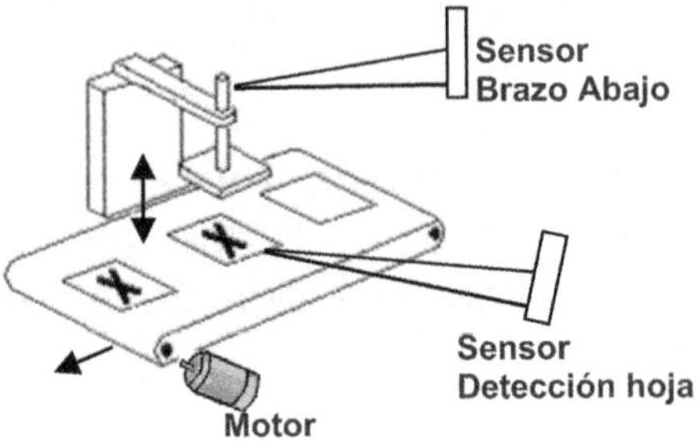

Elementos utilizados:

Entradas:

Start : Pulsador NO, para Start la operación.
Stop: Pulsador NO, para parar la máquina en cualquier momento.
SheetDetec : Puede ser cualquier tipo de sensor siempre que detecte la hoja.
ArmDown : Sensor NO, detecta cuando el brazo está imprimiendo.

Salidas:

Motor : Enciende el motor
PrinterArm : Activa una válvula que envía el brazo de la impresora hacia abajo.

Relés internos:

Relay1 : permite que el sistema funcione después de presionar Start.
Relay2 : Ayuda a generar un pulso para devolver el PrinterArm.

Temporizadores:

1SecDelay : Tiempo para liberar PrinterArm cuando finaliza la impresión.
2SecDelay : Tiempo para imprimir.

Contadores:

Ninguno
Secuenciadores:
Ninguno

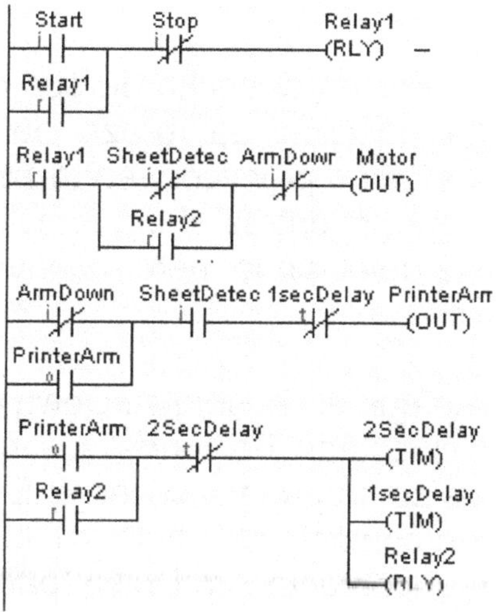

Operación del programa.

Después de presionar el pulsador Start, el relé auxiliar llamado Relay1 se energizará y cerrará su contacto justo debajo de Start. Esto lo mantendrá auto-energizado hasta que se presione Stop y se desconecte la alimentación.

En la segunda línea de control se cierra el contacto de Relay, habilitando el resto de los elementos de escalera.

La condición inicial de SheetDetect y ArmDown es normalmente cerrada entonces, el motor de salida se encenderá. Esto significa que el motor real impulsado por esta salida comenzará a funcionar y continuará así, hasta que el sensor conectado a la entrada SheetDetect detecte una hoja de papel.

Puede notar, en la tercera línea de control, que el único contacto que impide la activación de la salida llamada PrinterArm, es precisamente SheetDetec. Dado que este contacto está cerrado ahora, suponiendo que haya hojas en la cinta, el brazo de la impresora comenzará a bajar.

Preste especial atención al hecho de que el sensor utilizado para detectar la posición del brazo de la impresora se encuentra, para efectos prácticos, en la parte superior de la máquina, por lo que, mientras el brazo está arriba, el sensor de ArmDown está detectando, pero no envía ninguna señal a la entrada del plc.

En el momento en que el sensor ArmDown deje de detectar el Arm, cambiará el estado de todos sus contactos: los que estaban cerrados se abrirán y viceversa. Esta es la razón por la que usamos un contacto NO de la salida PrinterARm, justo en paralelo con el contacto ArmDown: para retener la salida PrinterArm el tiempo necesario para hacer el trabajo, que se supone que es un segundo.

En la tercera línea de control, el contacto de la salida PrinterArm enciende tres elementos a la derecha: dos temporizadores y un relé auxiliar. Este último permite que los dos temporizadores permanezcan energizados después del primer segundo, cuando la salida PrinterArm se apaga, obligando al brazo a subir nuevamente.

Simulación.

Este es un muy buen ejemplo en el que la simulación de software puede ser muy difícil de usar para comprender el programa. Algunas señales ocurren simultáneamente, por lo que es difícil visualizar la operación actual.

Haga click en Start. La salida debe encenderse, lo que significa que el motor de la banda comienza a funcionar. Seguirá funcionando hasta que se detecte una hoja. Puede simularlo con el pulsador derecho del mouse en SheetDetec. Esto Iniciará el proceso de impresión: Notará que PrinterArm se enciende durante un segundo y luego se apaga. Significa que el brazo de la impresora bajó y luego vuelve a su posición original.

Sincronizar PrinterArm con SheetDetec sería difícil, pero sabe que una conexión real de dispositivos funcionará bien.

Utiliza el sensor ArmDown para asegurarse de que el motor no esté funcionando cuando esté imprimiendo.

En cualquier momento, hace click en Stop, todas las salidas y los relés internos se apagan.

Notas

9. Cabeza animatrónica

Se tiene una cabeza robótica con animatrónica, que tiene movimiento de ojos y boca. Se puede utilizar en las tiendas para llamar la atención de los clientes. La cabeza parlante tiene los siguientes movimientos secuenciales:

Parpadea, mueve la boca dos veces, espera dos segundos, parpadea, espera 10 segundos y vuelve a iniciar el ciclo.

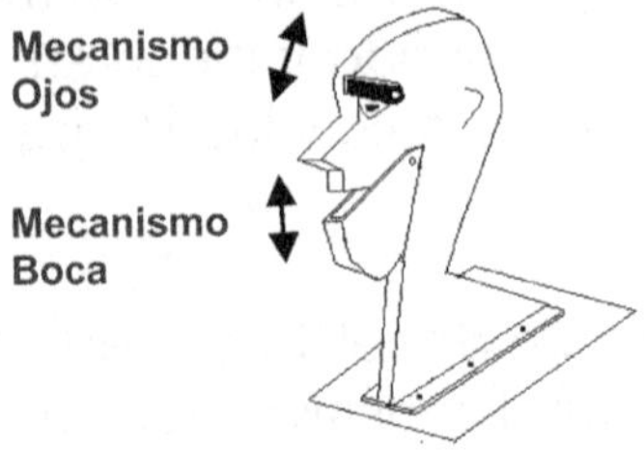

Para efectos prácticos, no tenemos que preocuparnos por los componentes de los mecanismos. Podemos suponer que sólo requieren una simple señal de activación o desactivación.

Elementos utilizados:

Entradas:
  Ninguno
Salidas:
  Eyes : Activa el mecanismo de Ojos.
  Mouth : Activa el mecanismo Boca.
Relés internos:
  Ninguno
Temporizadores:
  1secdelay : Tiempo para reiniciar el ciclo.
  2secdelay : Tiempo para la acción. O los ojos o la boca.
  10secdelay : Tiempo de espera antes de reiniciar el ciclo.
Contadores:
  Ninguno
Secuenciadores:
  Ninguno

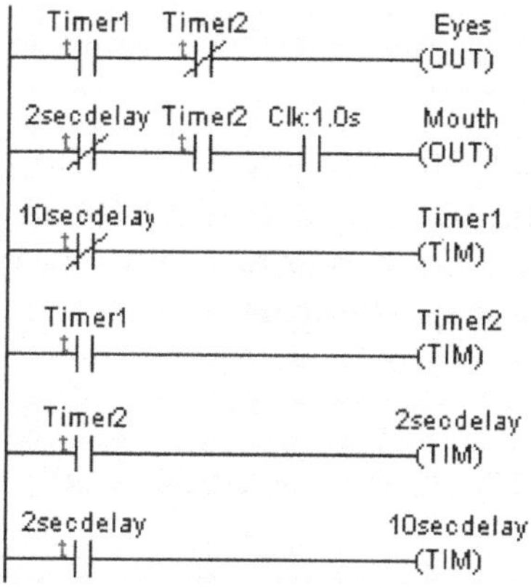

Operación del programa

Dado que se trata de una operación automática y continua, no es necesario utilizar entradas.

Las primeras dos líneas de control contienen la Lógica Escalera para controlar las únicas dos salidas que tenemos aquí: Ojos y Boca.

En las siguientes líneas de control, puede notar que todos los temporizadores están conectados en "cascada". Esto significa que cada temporizador, una vez transcurrido, habilitará el siguiente.

El último temporizador, 10secdelay, es el encargado de reiniciar el ciclo. Se utiliza un contacto normalmente cerrado para habilitar el Timer1 que es el que inicia el ciclo.

En la segunda línea de control, cuando ambos temporizadores tienen el contacto normalmente cerrado, la activación de la boca depende exclusivamente de Clk:1.0s. Este contacto, como ya sabe, se abre y cierra continuamente a una velocidad de una vez por segundo.

Simulación.

El ciclo se inicia automáticamente y la simulación no requiere ninguna acción de su parte, excepto habilitar la pantalla del simulador. No es necesario presionar ningún pulsador, de acuerdo con los requisitos de diseño.

Simplemente compruebe cómo funciona comprobando los tiempos y las salidas.
Después de un tiempo, definido por el valor establecido de Timer1, la salida 1 se activará y, por lo tanto, los ojos se moverán a una posición. Algún tiempo después, cuando transcurra el tiempo de Timer2, los ojos volverán a la posición original. Verá que la salida 1 se apaga.

La salida 2, la boca, empieza a cambiar de encendido a apagado y viceversa. Se espera que la boca se mueva dos veces durante dos segundos (una vez por segundo).

Se tiene un retardo de 10 segundos y luego, las salidas comienzan a activarse en la misma secuencia descrita anteriormente.

Notas

10. Máquinas parlantes (Primera solución)

La mayoría de las máquinas que conoce probablemente usan luces para notificar una falla o cualquier condición del proceso.

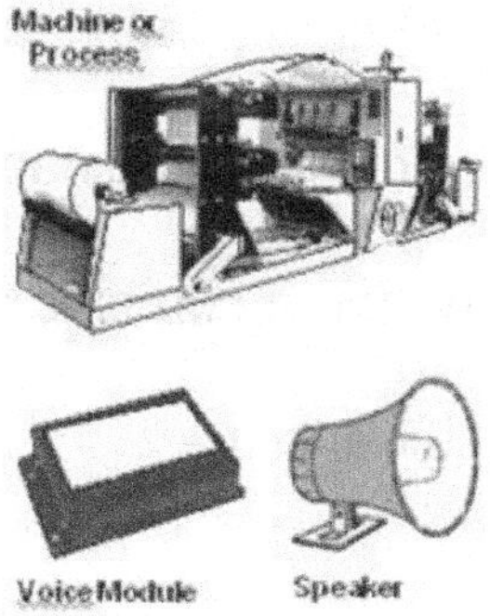

Usando el módulo de voz (http://www.lt-automation.com/VoiceModule.htm), puede agregar voz a cualquier máquina de una manera muy innovadora.

Previamente, programe el módulo con tres mensajes de alarma (Ej. "Alta temperatura en el horno", "La presión está por debajo de los límites" y "Por favor cierre la puerta antes de operar la máquina").

Escriba un programa para reproducir los tres mensajes secuencialmente. Cada mensaje tiene una duración de tres segundos (para fines de demostración). No hay necesidad de esperar entre mensajes.

Elementos utilizados:

Entradas:

- **Start** : Pulsador NO, para Start la operación.
- **Stop** : Pulsador NO, para parar la máquina en cualquier momento.

Salidas:

- **Out1** : reproducir el mensaje 1.
- **Out2** : reproducir el mensaje 2.
- **Out3** : reproducir el mensaje 3.

Relés internos:

Relay1 : para retener la operación en marcha una vez que se presiona Start.

Temporizadores:

Timer1 : Tiempo para poner la combinación de salidas para 1

Timer2 : Tiempo para poner la combinación de salidas para 2

Timer3 : Tiempo para poner la combinación de salidas para 3

Timer4 : Hora de reiniciar el ciclo.

Contadores:

Ninguno

Secuenciadores:

Ninguno

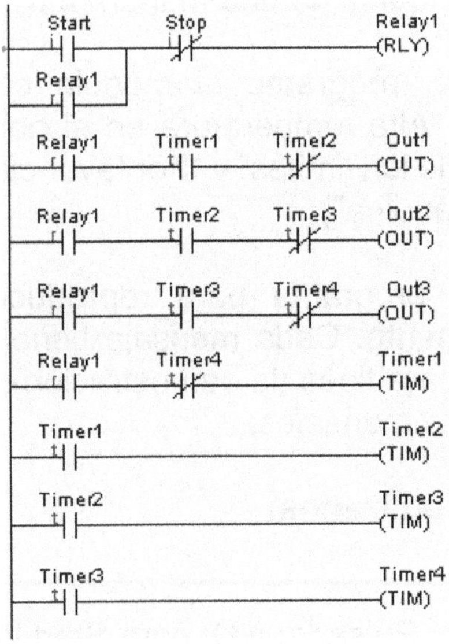

Operación del programa.

Puede notar que usamos Start, Stop y Relay1 para configurar una Lógica Escalera común que nos permite habilitar toda la operación.

La lógica está dirigida a crear una combinación de las salidas de tal manera que sólo una salida esté activa en un momento dado.

El módulo de voz tiene 8 entradas que se pueden programar para reproducir los mensajes de varias formas:

1. Directo: cada entrada reproduce un mensaje.
2. Binario: La combinación binaria de las entradas hace la selección del mensaje a reproducir.
3. Comunicación serial: Un código enviado al puerto de comunicación del módulo reproducirá un mensaje determinado.

El que usaremos para un programa es el primero: Directo.

Una vez que presiona Start, el Relay1 se activa y permanece energizado. Los contactos del Relay1 se utilizan en las líneas subsiguientes para habilitar la lógica.

Puede notar que Timer1 es el primero en activarse (línea de control número 5), y luego hay una cascada de activaciones para el resto de los temporizadores. Una vez transcurrido el Timer4, el ciclo se reinicia nuevamente.

Puede observar que sólo se utiliza un contacto del Timer4 para desenergizar el Timer1 y no el resto de los temporizadores.

El funcionamiento es automático y continuo y sólo se detiene en el momento en que se pulsa el pulsador Stop.

Simulación.

Después de ejecutar el modo de simulación, sólo necesita presionar el pulsador asignado a Start. Un tiempo después (especificado por Timer1) Out1 se encenderá y permanecerá encendido durante el tiempo que Timer2 esté programado. Lo mismo sucede con Out2 y Out3.

Dado que cada salida del PLC controlará un Relay, el contacto de cada uno de ellos se puede usar para suministrar la señal a las entradas del módulo de voz. Para realizar el cableado correcto, puede consultar el manual del módulo de voz.

En cualquier momento, si presiona el pulsador Stop, la secuencia de salidas se detendrá inmediatamente.

Notas

10. Máquinas parlantes (Segunda solución).

Esta es otra versión del programa. Utiliza algunas otras instrucciones como el control maestro (con ILock e ILoff) y un secuenciador de 4 pasos.

Elementos utilizados:

Entradas:

- **Start** : Pulsador NO, para Start la operación
- **Stop** : Pulsador NO, para parar la máquina en cualquier momento

Salidas:

- **Out1** : Reproducir mensaje1.
- **Out2** : Reproducir mensaje2.
- **Out3** : Reproducir mensaje3.

Relés internos:

Relay 1 : para retener la operación en marcha una vez que se presiona Start.

Relay2 : Para reiniciar el pulso de conteo (reloj)

Temporizadores:

Timer1 : maneja la duración del pulso para proporcionar el conteo (reloj).

Contadores:

Seq1 : Asociado con el Secuenciador

Secuenciadores:

Seq1 : Un secuenciador de 4 pasos para generar una combinación binaria con las salidas.

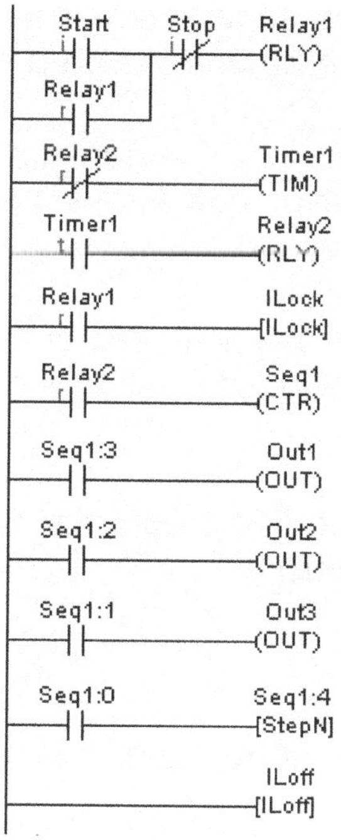

Operación del programa.

Al presionar Start se activará el Relay1. Este relé es auto-mantenido por su contacto en paralelo con el contacto de Start.

Relay1 permite que toda la lógica entre las instrucciones de ILock e ILoff pueda funcionar. Esto incluye la activación de las salidas requeridas para reproducir los mensajes en el módulo.

Aquí usamos un secuenciador de 4 pasos que está asociado a un Contador denotado precisamente como Seq1.

Se requiere una combinación de los contactos de paso del secuenciador, para activar la salida específica en un momento dado.

Dado que el contador del secuenciador requiere pulsos para contar y seguir los pasos de la secuencia, entonces usamos un contacto de Relay2 como entrada para el contador Seq1.

El Relay 2 y el temporizador 1 están conectados como un generador de tren de pulsos que abre y cierra el contacto del Relay 2.

Cuando el secuenciador llega a cero el contacto Seq1:0 se cierra y obliga al secuenciador a saltar al paso 4, mediante el comando StepN.

Es exactamente lo mismo que programar el valor de consigna del contador con el número 4.

Simulación.

La simulación es exactamente igual a la versión anterior del programa escalera.

Haciendo click en Start, las salidas del PLC se encenderán en secuencia desde Out1 hasta Out3.

La velocidad de esta secuencia está determinada por el valor establecido de Timer1.

Para detener el programa en cualquier momento, simplemente haga click en Stop.

Notas

11. Control de un motor de corriente continua. Adelante-Atrás (Forward-Reverse)

Un motor de CC debe controlarse mediante un programa escalera. Para que la aplicación sea realmente interesante, escriba un programa con funcionamiento Manual/Automático. Si se selecciona la operación manual, un selector de interruptor (Adelante/Atrás) determinará la dirección de rotación del motor.

Cuando se selecciona la operación automática, el motor gira hacia adelante por un tiempo fijo de 3 segundos y luego hacia atrás por un tiempo diferente de 5 segundos, de manera cíclica.

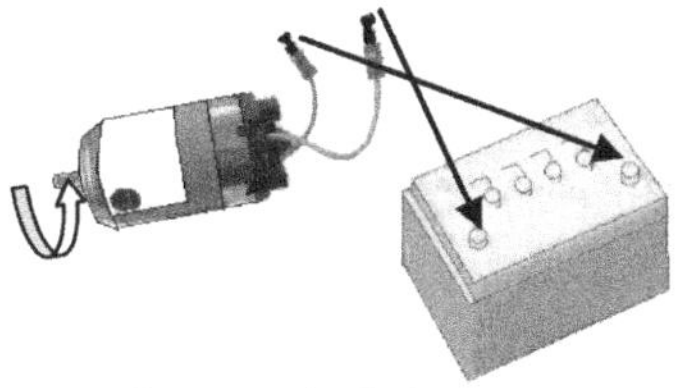

Counter clockwise

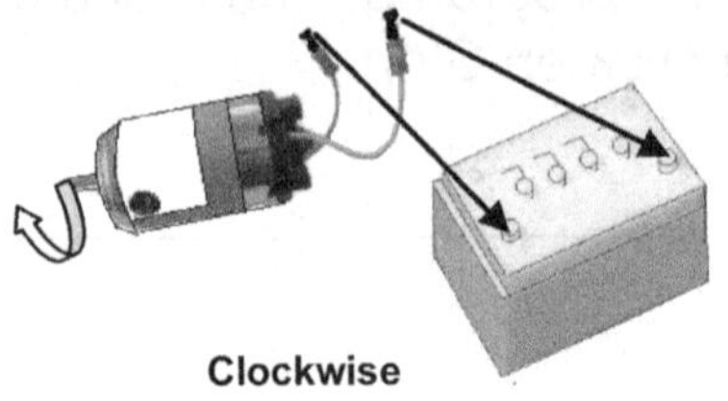

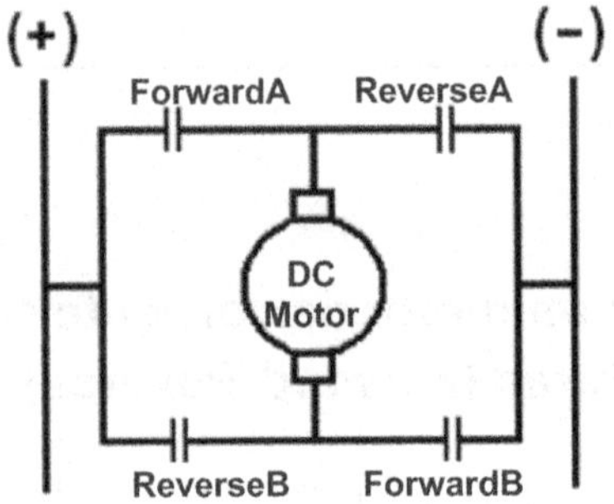

Elementos utilizados:

Entradas:

Start : Pulsador NO, para Start la operación

Stop: Pulsador NO, para parar la máquina en cualquier momento

Man_Auto : Interruptor selector. Una posición es para funcionamiento manual y la otra es para funcionamiento automático.

Forw_Rev : Interruptor selector. Una posición es para la rotación del motor hacia adelante y la otra es para la marcha atrás.

Salidas:

ForwardA : energiza la salida 1 que impulsa la dirección de avance.

ForwardB : energiza la salida 2 que impulsa la dirección de avance.

ReverseA : energiza la salida 3 que impulsa la dirección de avance.

ReverseB : energiza la salida 3 que impulsa la dirección de avance.

Relés internos:

Relay : para retener la operación en ejecución una vez que se presiona Start

Temporizadores:

3secTimer : Tiempo para la rotación hacia adelante del motor.

5secTimer : Tiempo de giro inverso del motor.

Contadores:

Ninguno

Secuenciadores:

Ninguno

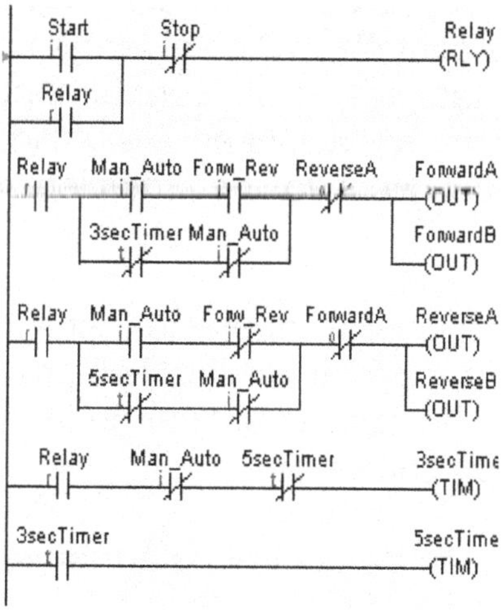

Operación del programa

En términos generales, para cambiar el sentido de giro de cualquier motor DC, es necesario cambiar la polaridad del voltaje aplicado a sus terminales. Para ello, hemos utilizado cuatro salidas: dos para giro hacia adelante y dos para giro hacia atrás.

De alguna manera, Esto es un desperdicio de salidas, ya que podría usar una sola salida que controle un Relé con dos contactos, para cada sentido de rotación. La razón por la que usamos cuatro salidas es porque no necesita usar dispositivos adicionales cuando usa un PLC real.

Cuando presione Start, el contacto interior de Relay se energizará, con enclavamiento. En las líneas de control posteriores hay un contacto de Relay, lo que significa que el resto del programa depende de la habilitación de este relé interior en particular.

Las siguientes dos líneas de control se ven similares, pero observe las diferencias. El contacto Forw_Rev aparece NO en la segunda línea de control y NC en el tercero, lo que significa que sólo una de las líneas de control funcionará en un momento dado: sólo se activarán las salidas específicas relacionadas con el sentido de rotación que se haya seleccionado.

Para “bloquear” una posible operación simultánea de tener salidas directa e inversa al mismo tiempo, se agrega un contacto de una de las salidas al final de la línea de control, que opera la rotación contraria.

Las dos últimas líneas de control están formando una señal de pulsos, que permite que el motor de CC gire 3 segundos en sentido directo y 5 segundos en sentido inverso.

Además de los pulsadores Start y Stop, existen dos selectores denominados Man_Auto, para permitir el funcionamiento Manual (un sentido de giro) y Automático (cambios continuos de sentido de giro) y el otro selector es Forw_Rev (Adelante o Reversa) que sólo funciona en funcionamiento manual .

El cambio de sentido de giro, cuando se selecciona el modo Automático, viene determinado por el cierre de los contactos del temporizador.

Simulación.

Directamente en la pantalla de simulación, haga click en Start para permitir que funcione el resto del programa. Ya sabes que al hacer click en Stop, se apagarán todas las salidas. Con el pulsador derecho del mouse, puede alternar la entrada para Man_Auto y Forw_Rev.

De acuerdo con su selección, notará que las dos primeras salidas Out1 y Out2, correspondientes a ForwardA y ForwardB, se encenderán. Puedes esperar todo el tiempo que quieras, y permanecerán activos siempre.

Si utiliza el simulador de software, notará que los temporizadores están funcionando siempre pero no afectan la operación, ya que se seleccionan con la opción manual.

Para cambiar a rotación inversa, haga click en la entrada Forw_Rev. Las salidas Out3 y Out4 se encenderán (ReverseA y ReverseB) mientras que las dos primeras se apagarán. Esto significa que el motor, en modo manual, gira en sentido contrario al anterior.

A través del sistema de monitorización en línea, puede darse cuenta de que ahora los temporizadores son los que determinan el sentido de rotación.

Notas

12. Arranque de un motor de CA trifásico con un PLC. (Conexión Estrella-Triángulo).

Los motores trifásicos tienen una corriente de arranque de alto amperaje que debe limitarse. Para reducir esta corriente inicial, se deben cambiar las conexiones de los devanados del motor, de la llamada conexión "estrella a triángulo" (también conocida como Y-Delta). Para hacer esto, necesita dos contactores y un temporizador de 3 segundos. Escriba un programa para hacer un arranque suave de cualquier motor trifásico a través de la conexión Y-Delta.

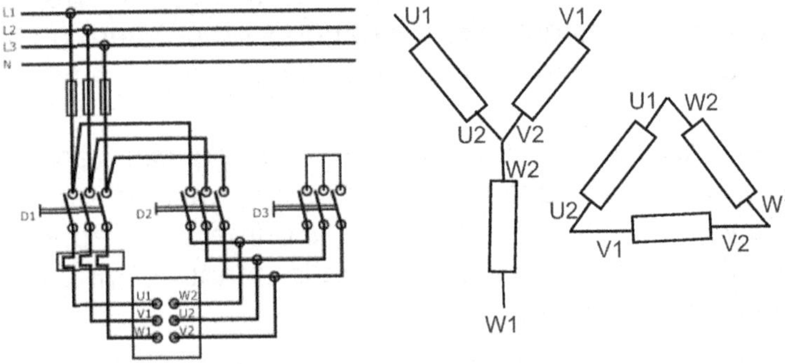

Elementos utilizados:

Entradas:

Start : Pulsador NO, para encender el motor

Stop : Pulsador NO, para parar el motor en cualquier momento

Salidas:

Y_Connecti : activa la salida 1 para conectar los devanados en Y.

Delta_Conn : energiza la salida 2 para conectar los devanados en Delta

Relés internos:

Relay : para retener la operación en ejecución una vez que se presiona Start.

Temporizadores:

Timer : tiempo de espera antes de cambiar de conexión Y a Delta.

Contadores:

Ninguno

Secuenciadores:

Ninguno

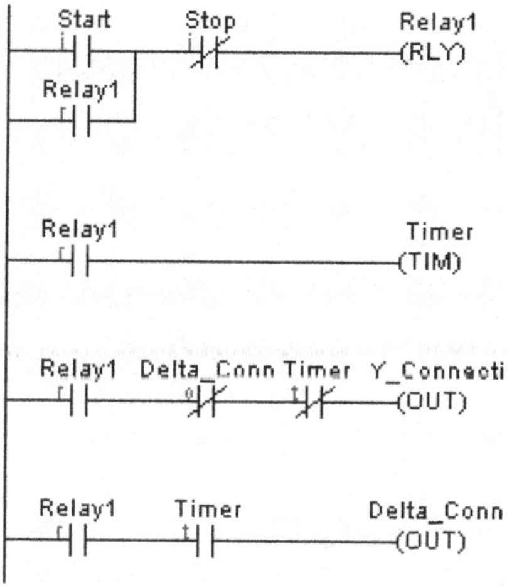

Operación del programa.

Start, Stop y Relay1 interactúan juntos permitiendo que el circuito eléctrico funcione.

Una vez que se energiza el Relay1, al presionar el pulsador Start, todos sus contactos se cierran permitiendo que las siguientes tres líneas de control funcionen.

El temporizador ahora está energizado y comienza a contar el tiempo en el segundo escalón.

La tercera línea de control hace la conexión E inmediatamente, activando la salida Y-Connecti. Este es un requisito normal, ya que cada motor debe arrancar en una conexión en Y. Cuando el temporizador haya contado tres segundos, cerrará su contacto en la última línea de control y, dado que el resto de los contactos ya están cerrados, Delta_Conn se activará.

Para evitar que ambas salidas estén activas al mismo tiempo, se coloca un contacto de la salida Delta_Conn en la tercera línea de control, lo que significa que la salida Y_Connecti no puede activarse mientras Delta_Conn está activado.

En cualquier momento, puede presionar Stop y ambas salidas se apagarán porque el Relay1 ya no estará activo y todos sus contactos relacionados se abrirán.

Simulación.

Tan pronto como haga click en la entrada asignada a Start, la Salida 1 se encenderá. Esto significa que se ha realizado la conexión Y.

Si hay un motor, comenzará a funcionar. Tres segundos después, la Salida 1 se apagará, mientras que la Salida 2 se encenderá, lo que significa que los devanados del motor están en conexión Delta.

La razón principal para cambiar de Y a Delta es tener el par máximo cuando el motor está arrancando, superando la inercia inicial. La corriente requerida para arrancar se reduce drásticamente.

La Salida 1 y la Salida 2, del PLC, se utilizan para controlar dos relés o contactores diferentes, con tres contactos de alta corriente que se conectan de acuerdo con el diagrama eléctrico que se muestra arriba.

Además del enclavamiento de Lógica Escalera que utilizamos, para evitar que sólo una salida esté activa a la vez, se realiza un enclavamiento físico a través de algunos contactos auxiliares que están disponibles en los contactores.

Notas

13. Control de un motor de CA trifásico. Adelante Atrás (Forward- Reverse)

La rotación hacia adelante y hacia atrás en un motor de CA trifásico requiere el uso de contactores para cambiar sólo dos de las líneas de voltaje de entrada.

Escriba un programa que realice esta operación automática teniendo el motor girando 10 segundos hacia adelante y 8 segundos en reversa, en forma continua.

Este es sólo un ejemplo porque en la vida real debe esperar hasta que el motor se detenga por completo, antes de cambiar su rotación.

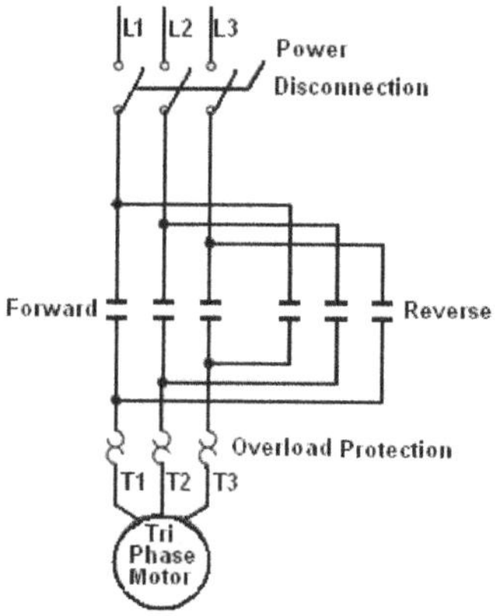

Elementos utilizados:

Entradas:

Start : Pulsador NO, para Start el funcionamiento del motor

Stop: Pulsador NO, para parar el motor en cualquier momento.

Salidas:

Forward : energiza la salida que impulsa la dirección de avance

Reverse : energiza la salida que impulsa la dirección inversa.

Relés internos:

Relay : para retener la operación en ejecución una vez que se presiona Start.

Temporizadores:

10secTimer : Tiempo para la rotación hacia adelante del motor.

8secTimer : Tiempo para la rotación inversa del motor.

Contadores:

Ninguno

Secuenciadores:

Ninguno

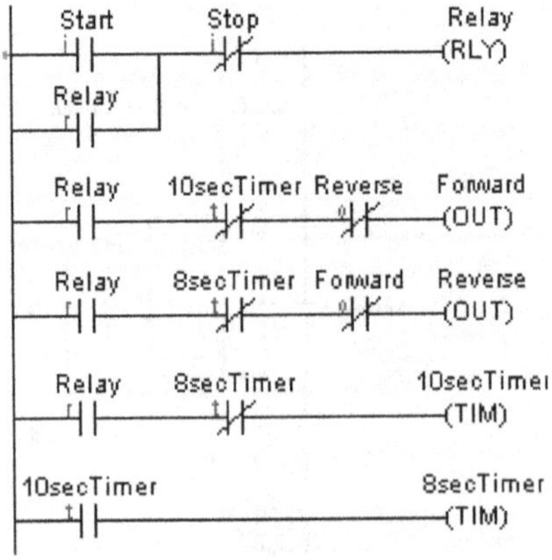

Operación del programa.

Cerrando el contacto de Start, Relay se energizará y se retendrá. El contacto en paralelo con Start lo mantendrá energizado incluso si el contacto Start ya no está cerrado.

En la segunda línea de control, todos los contactos están cerrados ya que Relay se cierra después de presionar Start, luego se activará la salida Forward. Esto significa que el motor se energiza a través de cualquier dispositivo físico de alta corriente (un contactor o relé), que aplica energía a sus tres terminales.

El contacto NC de 10secTimer será el encargado de para el avance del motor. Este contacto depende de la lógica en la línea de control número 4, ya que el temporizador de 10 segundos se iniciará justo después de que presione Start y el contacto de Relay se cierre.

Mientras el motor está en marcha adelante o la salida en Forward está activa, el contacto en la línea de control 3, que es un contacto NC, estará abierto. Esto evita que ambas salidas o contactores estén activos al mismo tiempo.

Cuando el motor deja de funcionar en dirección de Adelante, después de que se hayan agotado los 10 segundos del temporizador de 10 segundos, el contacto NC de avance se cierra, energizando la salida de retroceso. Al mismo tiempo, debido a que ha transcurrido el 10secTimer, se cierra su contacto y se habilita el 8secTimer de la última línea de control.

Una vez que el 8secTimer deja de contar su tiempo, simultáneamente desactiva la salida Reverse y habilita la salida Forward y el 10secTimer.

Si en cualquier momento se abre el contacto de Stop, finaliza toda la operación y se apagan todas las salidas. Será necesario que presione Start para reiniciar el proceso nuevamente.

Simulación.

Cuando haga click en Start, la salida 1 se encenderá, lo que significa que el motor comenzará a funcionar en la dirección de Forward. El contacto entre R1A y R1B del PLC, estará accionando el contactor a cargo de la dirección de avance hacia adelante.

Después de 10 segundos, la Salida 1 se apagará y luego la Salida 2 se encenderá. El contacto entre R2A y R2B activará el contactor que conduce la dirección inversa.

Puede notar que la conexión física es casi la misma con la única diferencia de que se han intercambiado dos de las líneas de entrada de energía.

La salida 2 estará activa durante 8 segundos y luego se apagará. El ciclo comenzará al encender de nuevo la Salida 1.

Pulsando Stop en cualquier momento, sin importar en qué parte del ciclo esté el control, terminará todo el proceso.

En términos prácticos, es mucho mejor esperar un tiempo hasta que el motor haya perdido la mayor parte de su movimiento de inercia, antes de hacerlo funcionar en la dirección opuesta.

Notas

14. Control de un motor paso a paso a través de un Drive de Motor de Paso.

Una aplicación muy común está relacionada con el uso de PLC para comandar motores paso a paso, a través de un programa de PLC de Lógica Escalera simple.

Escriba un programa que envíe 50 pulsos en una dirección y 30 pulsos en la otra. Suponga que tiene un Controlador de motor paso a paso con dos entradas principales: dirección y pulsos.

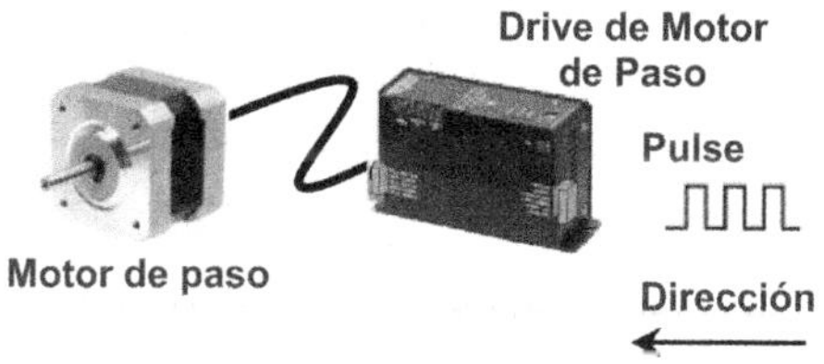

Elementos utilizados:

Entradas:

Start: Pulsador NO, para iniciar el funcionamiento del motor.

Stop : Pulsador NO, para parar el motor en cualquier momento.

Salidas:

Direction : cambia cuando se completa cada conteo. Si estaba encendido, luego se apaga y viceversa.

Pulses : Salida que proporciona los pulsos al variador

Relés internos:

Relay : para retener la operación en ejecución una vez que se presiona Start

RelayAux1 y RelayAux2 : ayuda con la lógica para conocer el último estado de la Dirección de salida.

Temporizadores:

Ninguno

Contadores:

30_pulses : cuenta la generación de 30 pulsos.

50_pulses : cuenta la generación de 50 pulsos.

Secuenciadores:

Ninguno

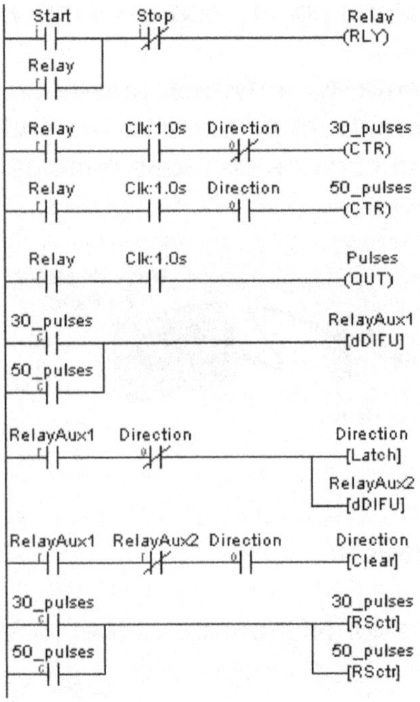

Operación del programa.

Start, Stop y Relay interactúan juntos para crear una forma de permitir que el sistema funcione. Cuando el contacto de Start se cierra, el relé auxiliar llamado Relay se energizará y cerrará sus contactos. El contacto debajo de Start lo ayudará a permanecer energizado hasta que el contacto de Stop abra el circuito.

La segunda línea de control, en serie con un contacto de Relay, muestra un reloj automático de 1 segundo llamado Clk:1.0s. Este bit especial abre y cierra continuamente a una frecuencia de una vez por segundo. Esta señal de reloj se utiliza para dos fines: enviar los pulsos de conteo a los contadores de 30 y 50 pulsos y controlar la activación de la Salida 1 (Pulses), que envía el pulso externo al controlador.

La tercera línea de control usa el contacto de salida de los contadores (30 y 50) en paralelo para energizar un relé auxiliar, llamado RelayAux1, a través de un comando especial dDIFU.

Este comando activa la salida sólo en la transición, de abierto a cerrado, en la lógica anterior a la salida.

Las líneas de control número 4 y 5 se encargan de “recordar” el último estado de la salida denominada Direction (Dirección) y cambiarlo al estado contrario cada vez que un contador alcanza su conteo máximo (valor de programación del contador). El resultado es que la salida Direction alterna entre activación o desactivación. Esta salida determina el sentido de rotación que tomará el Stepper.

El comando Latch se usa para encender (y dejar encendido) la dirección de salida y el otro comando (Clear) apagará la misma salida.

La última línea de control reinicia los contadores cada vez que alcanzan el valor establecido y los deja listos para la siguiente acción de conteo.

El proceso se puede reiniciar en cualquier momento presionando Stop.

Simulación.

Entra en el modo de simulación hasta que aparezca la pantalla de simulación.

Al hacer click en Start se Iniciará la operación. La salida 2 comenzará a alternar continuamente entre encendido y apagado, proporcionando los pulsos al accionamiento del motor paso a paso. Después de 30 pulsos en la salida 2, la dirección de salida se encenderá y permanecerá encendida durante 50 pulsos.

En términos generales, verá la salida Direction apagada durante 30 pulsos y encendida durante 50 pulsos. Los pulsos están representados por la conexión y desconexión de la Salida1.

La conexión del variador al PLC consiste en utilizar los dos contactos disponibles en el conector de salida.

Puede notar que los contactos de estas salidas están incluidos en la lógica de los dos últimos línea de control.

Notas

[14. CABLEADO DE UN PLC Y UN ENTRENADOR DE PLC]

Cómo realizar conexiones a las entradas y salidas de los PLCs. Si tienes un entrenador de PLC puedes practicar con dispositivos reales.

14. Cableado de dispositivos a las Entradas de un PLC.

De los capítulos anteriores ha aprendido que las entradas del PLC se pueden clasificar en dos:

CC (DC en inglés) o CA (AC en inglés)

14.1 Entradas de CC (o DC).

Las entradas DC se consideran como entradas de "baja tensión" que también se pueden subdividir en otras dos:

NPN o PNP.

Esta clasificación se basa en el tipo de transistor utilizado para la entrada de la señal electrónica.

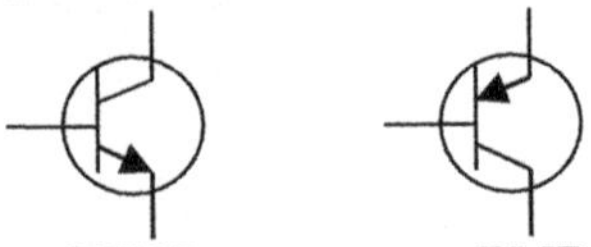
NPN Transistor   PNP Transistor

La flecha pequeña muestra el sentido de la corriente. Debe tener mucho cuidado y conocer el tipo de entrada del PLC antes de realizar cualquier conexión.

Para conectar las entradas se debe hacer lo siguiente:

Entradas NPN

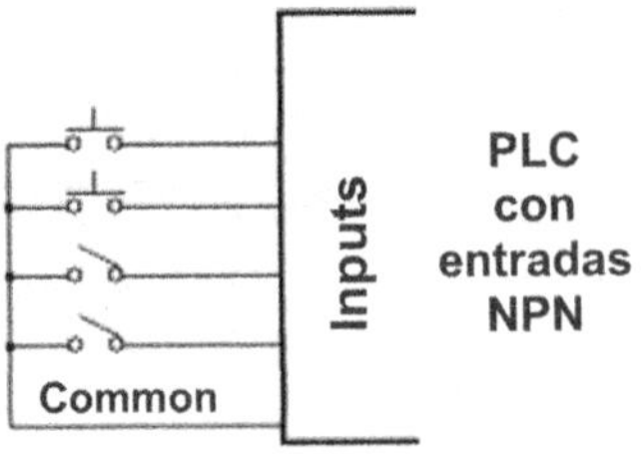

Note que el "común" se conecta a la tierra o un común.

Entradas PNP

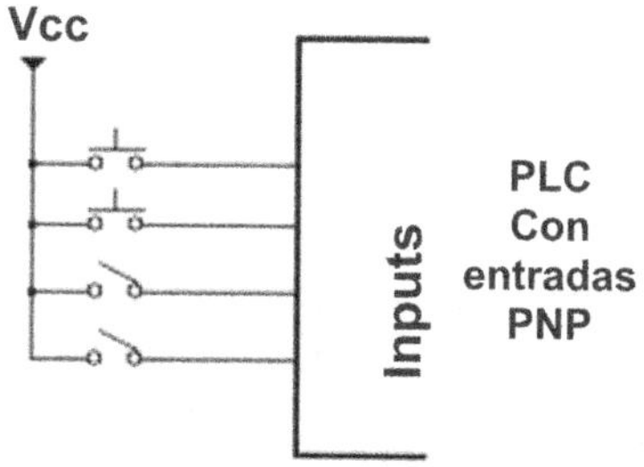

Note que el "común" de las entradas se conecta a la Fuente (V+) o Positivo

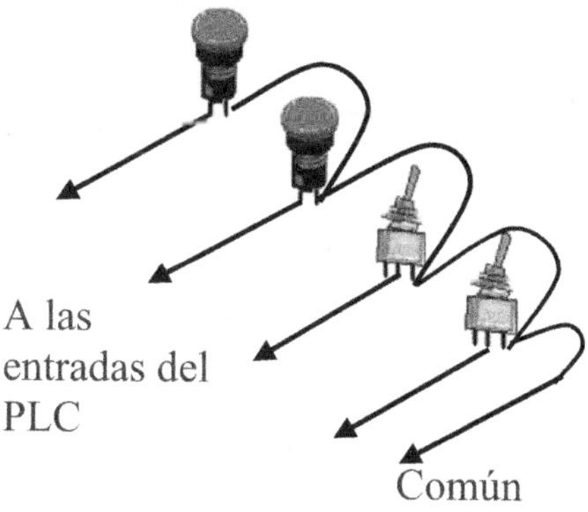

En el gráfico se puede ver que, si queremos conectar pulsadores e interruptores, sólo a modo explicativo, conectamos una línea común a un extremo de cada uno de

Estos dispositivos (que normalmente son dos dispositivos terminales) y el otro extremo va directamente a la entrada del PLC.

El común debe conectarse a Vcc o V+ , en el caso de PLC con entradas PNP o a 0V (Negativo o tierra), si el PLC recibe entradas NPN.

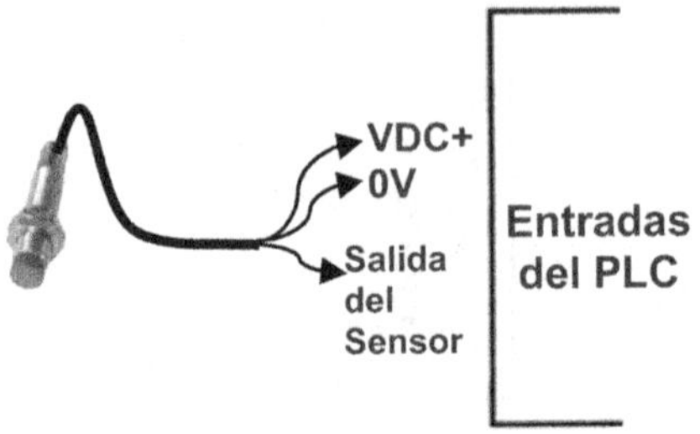

Los sensores de tipo inductivo o capacitivo se pueden conectar de muchas maneras. Estos sensores electrónicos (inductivos y capacitivos) son alimentados por CC y no requieren un cable común, ya que ya están conectados a la fuente de alimentación, que en la mayoría de los casos es la misma que la del PLC.

Los sensores inductivos y capacitivos están especificados por varios parámetros como el tamaño, la distancia de detección, la conexión, etc.

Es importante saber el tipo de salida que tienen: NPN o PNP.

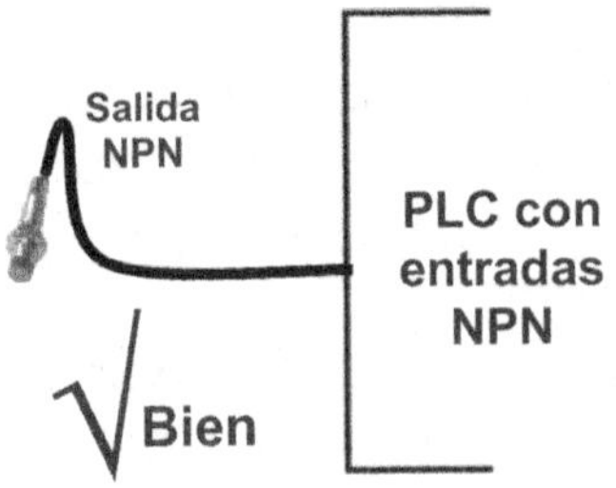

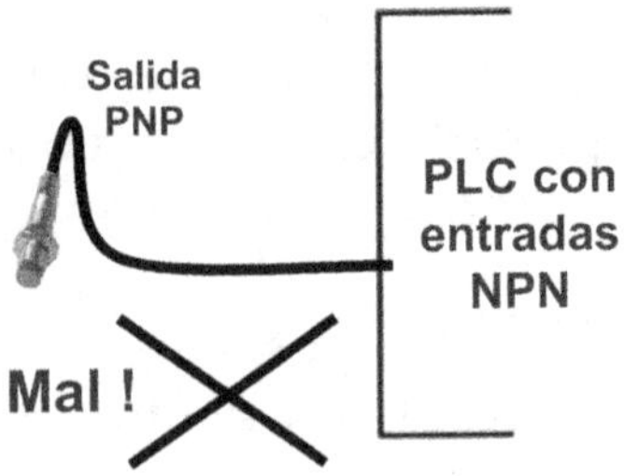

La salida del sensor y la entrada del PLC deben ser iguales.

14.1.2 Entradas de CA (AC en Inglés).

De manera similar a las entradas DC, los PLC con entradas AC tienen una forma particular de conectarse.

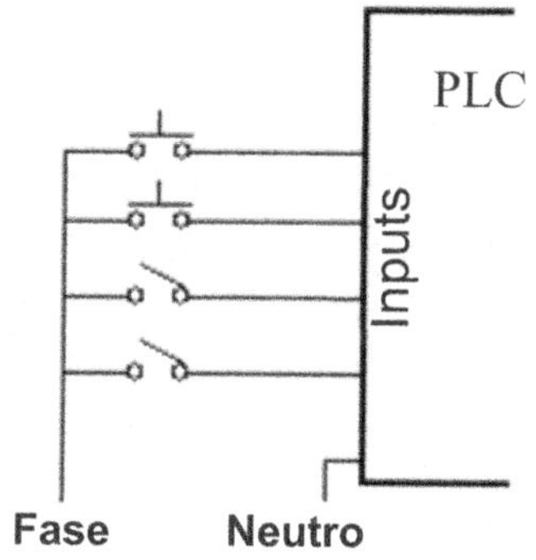

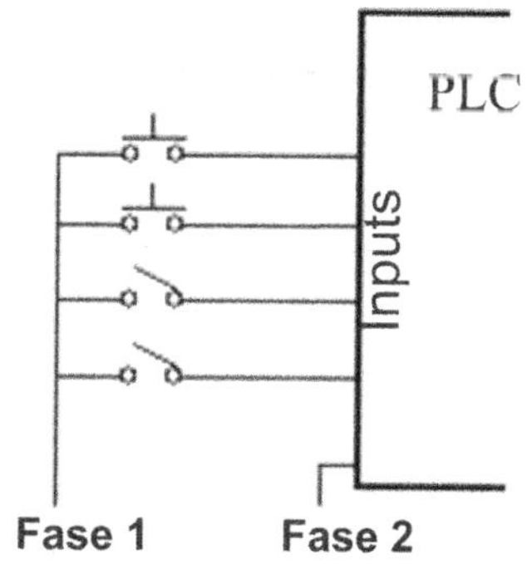

En general, los voltajes de trabajo pueden ser de 110 ACV o 220 ACV.

Este cableado requiere una conexión y cuidado adecuados.

Las figuras anteriores muestran la forma en que necesita conectar los dispositivos. Los PLCs con entradas AC disponen de un borne de conexión para las líneas de potencia.

14.2 Dispositivos de cableado a las salidas.

Dado que hay tres salidas diferentes en los PLC, hay varias formas de conectar las salidas a las cargas.

14.2.1 Salidas CC (DC).

Una salida de CC, en la mayoría de los PLC, tiene una capacidad de corriente baja y debido a Esto, no siempre es posible conectarlos directamente para controlar dispositivos de alta tensión o alta corriente.

Podemos tener los siguientes casos:

1. **Salida de PLC a entrada de PLC.**

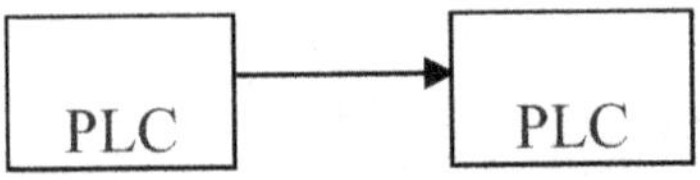

Un PLC puede enviar una señal a otro PLC si la salida del PLC y la entrada del PLC son compatibles. Esto significa, el mismo tipo.

Ejemplo: salida PNP a entrada PNP.

2. **PLC a dispositivo electrónico.**

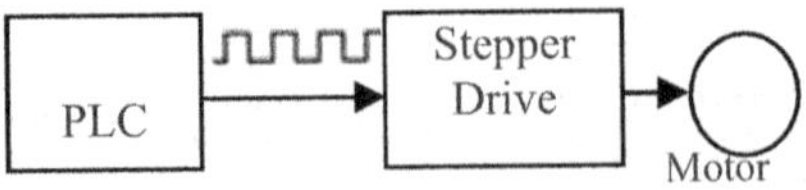

El PLC puede enviar señales de control a un dispositivo electrónico, que a su vez impulsará un motor. El dispositivo electrónico debe recibir una señal compatible tanto en tipo como en nivel.

Algunas salidas de PLC pueden generar salidas de alta velocidad con control de ciclo de trabajo.

3. PLC accionando un optoacoplador.

Para proteger el PLC de los efectos de los dispositivos de alta corriente, es muy común que la salida del PLC controle un LED o un optoacoplador.

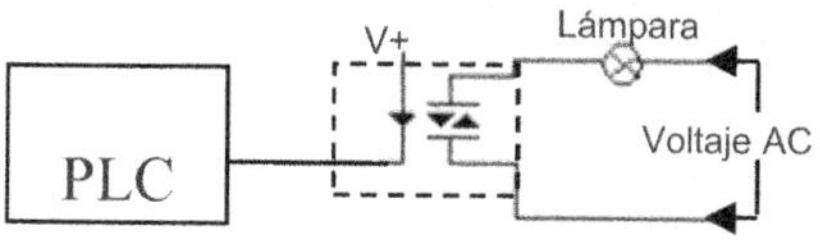

Puede notar que los dos circuitos: el lado del PLC y el lado de la carga están aislados por el optoacoplador.

Esto significa que el PLC enciende el LED y luego envía Light como comando para cerrar la otra parte del semiconductor que actúa como un interruptor.

4. Conexión PLC y transistor externo.

Cuando existe la necesidad de manejar una señal de corriente más alta, se puede usar un transistor externo con una capacidad de corriente más alta. En este caso, el PLC se conecta al terminal del transistor (denominado Base). El transistor actuará como un interruptor, conectando o desconectando la carga.

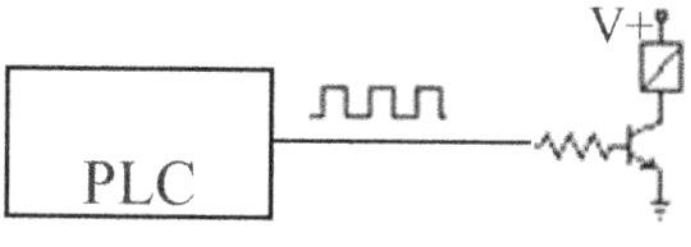

Algunos PLC pueden producir salidas moduladas por ancho de pulso, cuando se aplican a un transistor que acciona una bobina de válvula, entonces es posible controlar proporcionalmente la apertura de la válvula mecánica.

5. PLC que controla un Relé externo.

Esta es la aplicación más común del uso de una salida de PLC de CC. Esto se debe a dos hechos importantes:

a. Si la salida requiere conectar o desconectar una carga de corriente superior de CC o CA, entonces debe usar un Relé externo.

   Este relé puede ser de tipo electromecánico o de estado sólido.

b. Si la conexión o desconexión va a ser constante, entonces la vida de los contactos del Relé se verá afectada con el tiempo y en algún momento de su proceso fallarán.

   La sustitución de un nuevo relé es mucho más fácil cuando se conectan externamente. Estos relés pueden ser **Relés de interfaz** o **Relés de múltiples contactos**, para trabajo pesado.

Según la salida del PLC, si esta es NPN o PNP, se tiene una forma de cablear el relé externo.

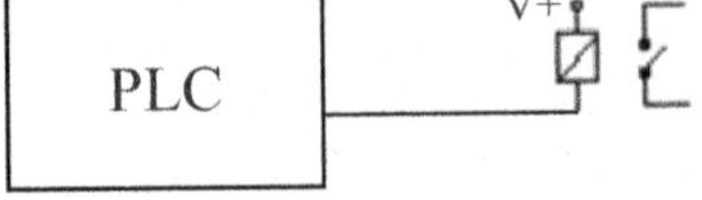

La conexión de **sumidero** (Sinking) se muestra arriba.

El PLC tiene una salida NPN y proporciona la ruta a tierra para la bobina del relé.

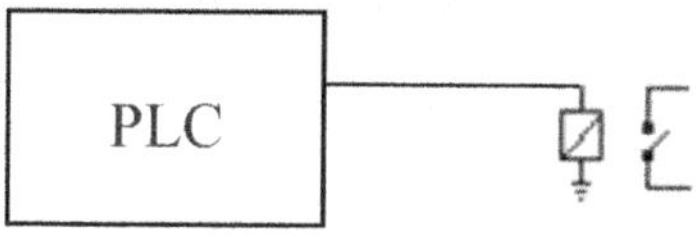

La conexión de **suministro** (Sourcing) se muestra arriba.

El PLC tiene una salida PNP y proporciona la conexión de alimentación o el V+ a la bobina del Relay.

14.2.2 Salidas de CA (AC en inglés).

Las salidas del PLC de CA se comportan igual sin importar si son de 110 o 220 V CA.

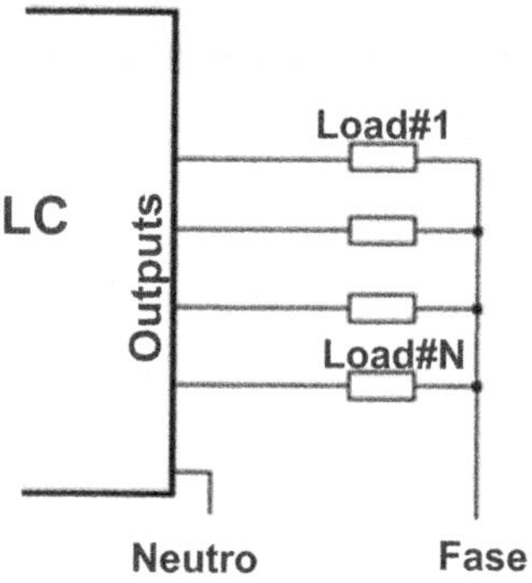

Cableado 110 VAC

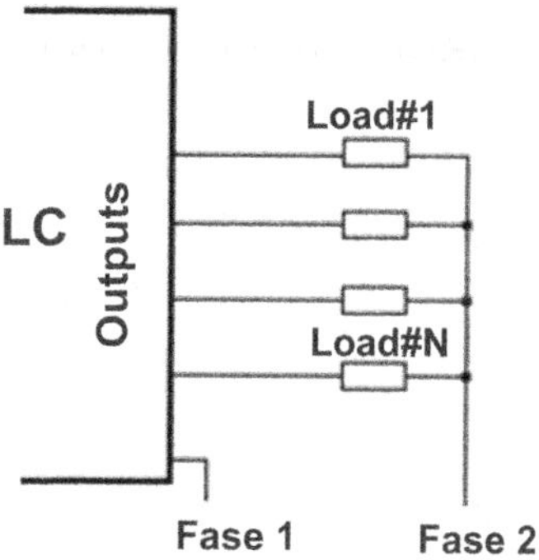

Cableado 220 VAC

En la mayoría de los casos, las salidas de CA se utilizan para accionar bobinas de contactores o relés como cargas (loads), por lo que las salidas tienen suficiente capacidad de corriente para accionar éstas. Por lo general, es de unos 80 miliamperios.

Dado que las cargas son dispositivos de dos terminales, tenemos que hacer una conexión común para cada dispositivo, conectando uno de los terminales a un cable de

Fase (también conocido como Hot o Phase). El otro terminal de cada dispositivo debe estar conectado a una salida específica en el PLC.

Trabajar con AC es algo arriesgado. Debe prestar atención al manejar las líneas de CA y asegurarse de que está cableando correctamente el sistema.

14.2.3 Salidas de Relé.

Como probablemente ya sabe, estamos hablando de los relés físicos y electromagnéticos, que están soldados en el interior de la placa del PLC. Se encuentran en PLCs de arquitectura fija o en el módulo de relés cuando el PLC es modular o expandible.

Aunque los fabricantes han desarrollado relés más pequeños pero potentes, sus contactos tienen algunas restricciones en el amperaje que pueden manejar y el tamaño que ocupan.

Nuevamente, si la salida del relé se va a conectar y desconectar constantemente, durante la operación del PLC, es mucho mejor usar un relé externo para que pueda reemplazarlo fácilmente.

La gran ventaja de usar salidas de relé es que se pueden conectar como un interruptor en circuitos de CC o CA. Las desventajas son la velocidad del dispositivo y la cantidad de activaciones que, en términos de daños, los hacen difíciles de reparar y sólo es posible reemplazarlos.

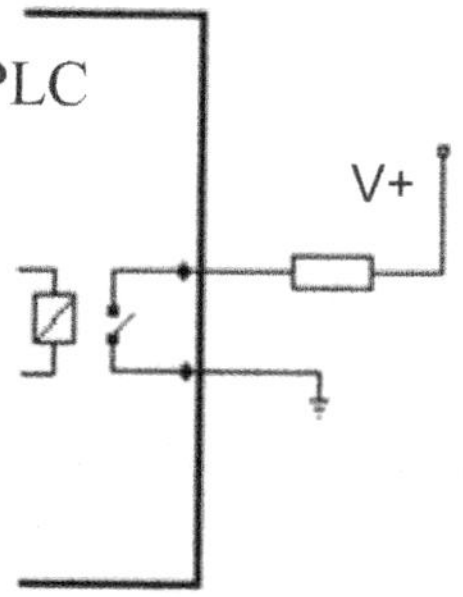

Salida de relé conectada a una carga de CC

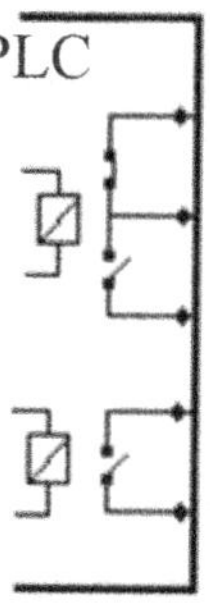

Dos tipos de salida de relé. Aquí usted puede ver un punto común para contactos NO y NC o simplemente un sólo contacto NO.

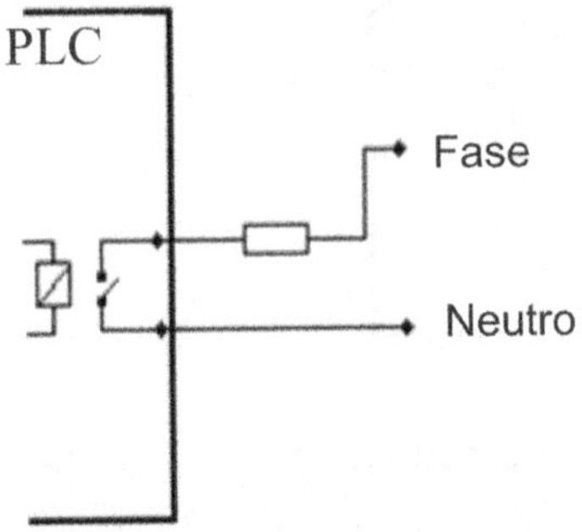

Conexión de un relé a una carga de 110V

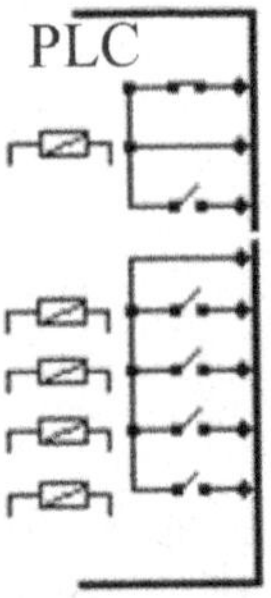

Algunos fabricantes de PLCs proporcionan una combinación de contactos que comparten un terminal común. Sin embargo, cada contacto es asignado a usa salida de PLC diferente.

Debe tener mucho cuidado al usar los terminales del relé y sus contactos. Si excede la especificación de amperaje, puede dañar la salida del PLC o el propio PLC.

14.3 Conexión de dispositivos al Entrenador de PLC.

Esta parte sólo es aplicable si tiene un entrenador de PLC. De todos modos, lea la información, aunque no tenga ninguno, pues le dará una buena comprensión de cómo conectar un dispositivo a su PLC, en un pánel de control.

14.3.1 Entradas en el entrenador de PLC.

Puede realizar conexiones de sensores y dispositivos reales al entrenador de PLC. Tiene etiquetas In1, In2; in3, ... In6 en los puntos de conexión.

Una vez que haya identificado el conector de entrada digital, estará listo para conectar sus dispositivos.

Una observación muy importante: las entradas digitales disponibles en el conector también se conectan a los pulsadores y los interruptores del entrenador de PLC. Esto significa que debe tener mucho cuidado al conectar dispositivos externos debido a la posibilidad de un cortocircuito.

Un cortocircuito puede producir daños en el dispositivo y en el entrenador del PLC, y ocurre porque es posible que el dispositivo que piensas conectar esté enviando una tensión V+ al entrenador del PLC, mientras que cualquiera de los pulsadores o interruptores enviará un Tierra o cero voltios, cuando están activados.

Para evitar cualquier cortocircuito, asegúrese de que las entradas In3 a In6 estén apagadas (los LED verdes del PLC están apagados). Esto no es necesario para la Entrada 1 y la Entrada 2, que siempre están apagadas (a menos que presione los pulsadores)

La siguiente figura muestra el conector del entrenador de PLC para entradas de CC. Puede notar que la primera y las dos últimas posiciones están reservadas para la fuente de alimentación. Estas son SALIDAS y no entradas, Esto significa que proporcionan una salida de voltaje, que provienen de la fuente de alimentación principal (o adaptador de pared).

La capacidad actual de estas salidas no es tan alta y sólo funcionará con
algunos sensores comunes que sólo requieren pequeñas corrientes.

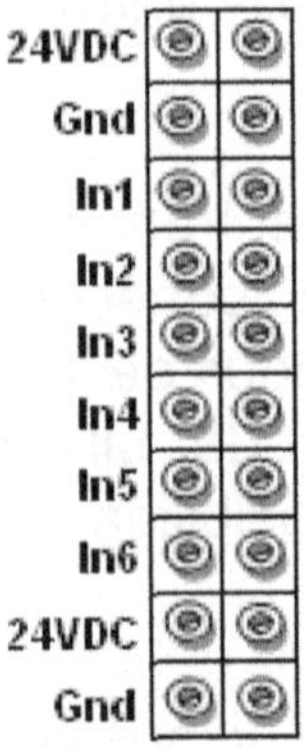

Recuerde que solo dispositivos con salidas NPN pueden ser conectadas al entrenador o PLC.

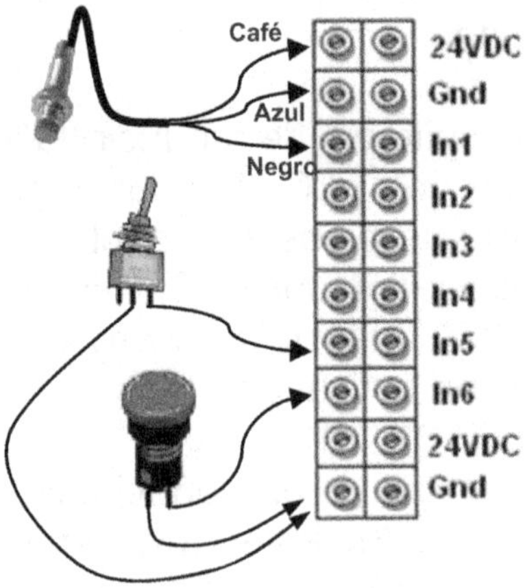

La figura muestra cómo se pueden hacer conexiones físicas. Hemos movido las etiquetas a la derecha para mostrar todo más claramente.

Los sensores de CC siguen un código de color para las salidas, por lo que:

El café o marrón es positivo, el azul es negativo y el negro es el color de la salida.

Cualquier otro dispositivo que no requiera alimentación, como un interruptor o pulsador, puede conectarse como se muestra en la figura. Un terminal a GND o Cero voltios y el otro a la entrada.

14.3.2 Salidas en el Entrenador de PLC.

Si está utilizando el entrenador de PLC, el conector del lado derecho le permitirá conectar dispositivos externos a las salidas.

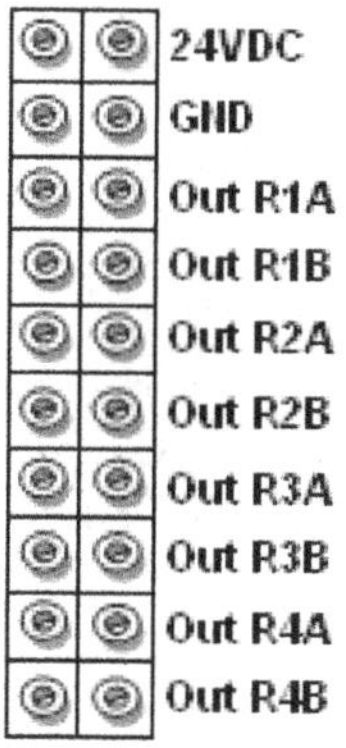

El entrenador de PLC tiene relés externos ubicados en la pequeña placa de circuito impreso, ubicada en el lado derecho del PLC. Los relés de la placa reciben la señal de activación de las salidas del PLC.

Los contactos de cada Relay se han cableado al conector lateral como se describe en la siguiente figura:

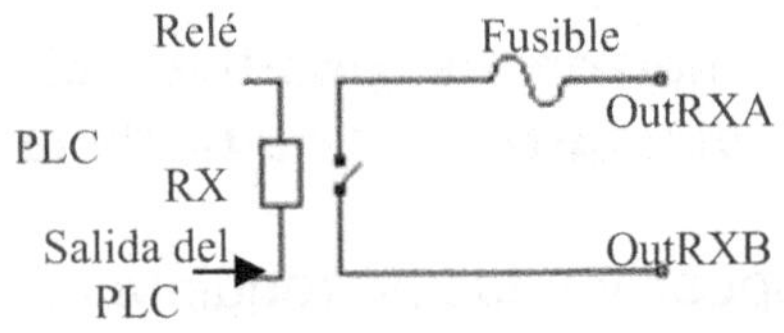

X es un número de relé (1,2,3 y 4)

Observe que los terminales de contacto se indican con RXA y RXB para diferenciarlos de los otros contactos de relé. Por ejemplo, OutR3A y Out R3B corresponden al Relay n.º 3 y están controlados por la salida n.º 3 del PLC.

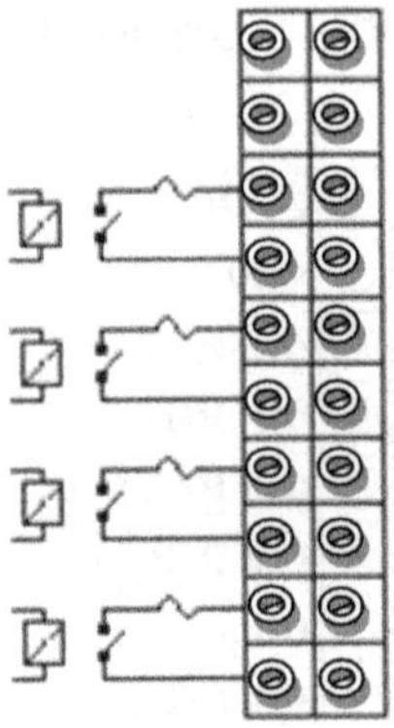

Note que se ha agregado un Fusible para prevenir daños por corrientes más altas que las permitidas en el contacto

Para conectar cualquier carga de CA o CC, puede implementar cualquiera de los siguientes circuitos. Como puede ver, ambos tipos de cargas se pueden conectar a cualquiera de los relés.

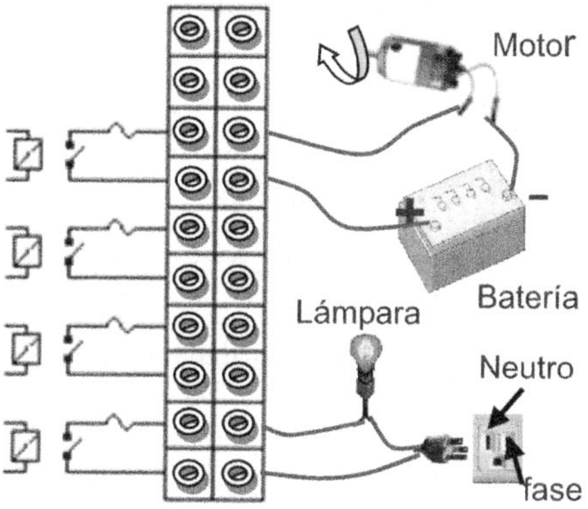

Puede usar las salidas de fuente de alimentación de CC disponibles en el conector, pero sólo cuando su carga requiera niveles de corriente bajos. Es mejor que utilice una fuente de alimentación de CC externa como la batería de la figura.

14.4 Conexiones de CA seguras.

Una forma segura de conectar cargas o dispositivos de CA al entrenador de PLC se puede implementar de la siguiente manera:

1. Consiga un cable de extensión.

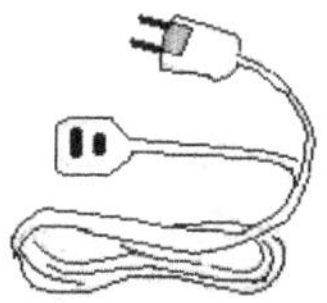

2. Aproximadamente a 10 pulgadas del tomacorriente de CA, corte uno de los cables.

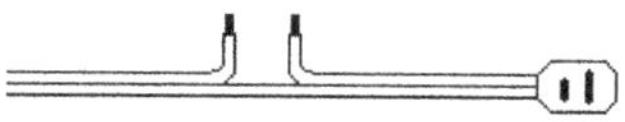

3. Conecte los cables de extensión, debidamente pelado en cada extremo.

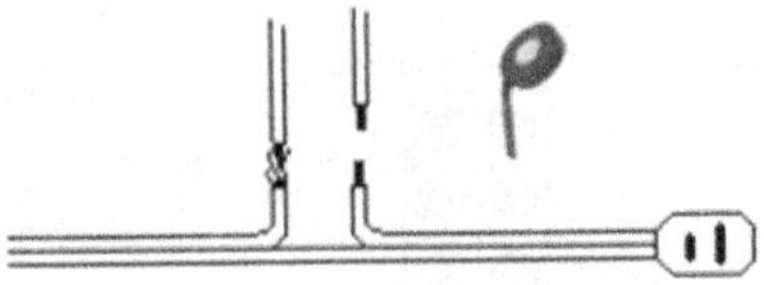

4. Y cubra la unión con cinta aislante.

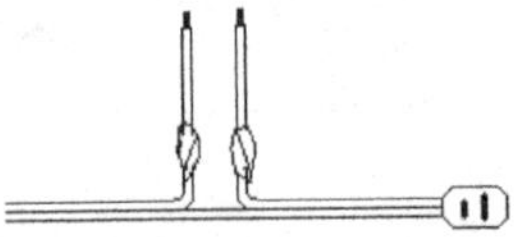

5. Ahora tiene un elemento fácil y seguro para conectar cualquier dispositivo de CA al entrenador de PLC y hacer sus aplicaciones con una sensación más realista.

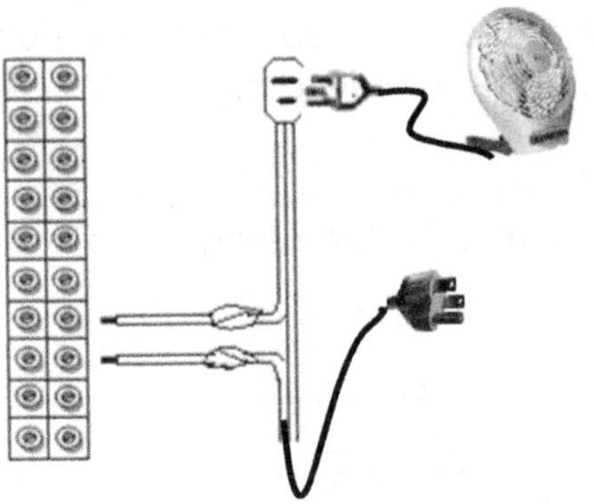

[GLOSARIO]

A

Activo
Para salidas o dispositivos. Quiere decir conectado o trabajando.

Adelante (Forward)
Rotación en un sentido que tú defines.

Alarma
Aviso o señal para avisar de una mala operación.

Amperio
Unidad de Corriente. Es el resultado de dividir Voltaje por Resistencia.

Amperaje
Término relacionado con la cantidad de corriente que circula por un circuito.

Animatrónica
La tecnología de la automatización y la robótica aplicada a marionetas que parecen tener vida.

Apagado (Off)
Inactivo. Sin poder Su fuente de alimentación ha sido eliminada.

Automatización
Las técnicas y equipos utilizados para obtener una mejor, más eficiente y más segura operación del proceso.

Automatización de edificios.
Tecnología de automatización especializada en edificios, viviendas, puntos de venta. También conocida como Domótica.

B

Basic
Lenguaje de programación caracterizado por un conjunto de instrucciones simple y potente.

Bobina
En los PLC es una salida que puede ser interna o externna.
En los aparatos eléctricos es un dispositivo de múltiples hilos que gira alrededor de un núcleo.

Bobina (Coil)
En los PLC, la parte final de un escalón. Puede ser externa para controlar dispositivos o interna para definir operaciones (también conocidas como marcas)

C

C.A.
Corriente alterna. Sistema de potencia donde el flujo de corriente cambia de polaridad a una frecuencia dada.

Camino
Ruta alternativa. En términos eléctricos, otra forma posible de enviar corriente a un dispositivo o salida.

Cascada
En electrónica se relaciona con un dispositivo que actúa sobre otro. La ubicación refleja la importancia o prioridad.

Chasís
Caja externa para contener un sólo tablero o un grupo de tableros.

CI
Circuito integrado. A menudo conocido como Chip.

Circuito
Una combinación de diferentes elementos como fuente de alimentación, interruptores y cargas, que tiene un propósito operativo.

Ciclo
Para señales electrónicas periódicas, la duración del encendido y apagado
tiempos o la duración de toda la señal que se repite periódicamente.

Ciclo de trabajo
La relación entre el tiempo de encendido y la duración total (Ton +Toff) de una señal.

Click
Acción de oprimir uno de los botones del ratón (mouse) de un PC.

Codificador (Encoder)
Dispositivo que cambia la rotación o la posición en un conjunto de pulsos. Un valor de corriente, voltaje o un dato.

Contador
Elemento software que permite el conteo de objetos.

Controlador
Dispositivo que, una vez programado, tiene capacidades autónomas para realizar una tarea de control.

Comunicación
Capacidad de los dispositivos electrónicos para enviar o recibir datos, generalmente a través de un puerto de comunicación.

Corriente
Flujo de electrones producido por una fuente de voltaje aplicada a una carga.

Cortocircuito
Situación que se presenta cuando se aplica una fuente de voltaje a una carga con resistencia cero. Es equivalente a conectar ambos terminales de la fuente de alimentación, pero también aplicable para conectar entre sí los terminales de un dispositivo determinado.

D

Diagrama de flujo secuencial
Metodología de programa utilizada por la norma IEC6113, que propone un estándar para la forma en que un programador de PLC debe desarrollar un programa, utilizando los símbolos y la estrategia típicos del software.

Devanado
Conductor eléctrico revestido que forma varias vueltas alrededor de un núcleo que puede ser aire, hierro o cualquier otro material ferromagnético.
Datos
Información digital manejada por el procesador principal.

Desenergizado
Sin energía. Inactivo.

Delta
Tipo de conexión de tres cargas, donde la imagen se parece a un símbolo Delta o un triángulo.

Descargar
Acción de enviar el programa de un equipo a otro. Por ejemplo, el programa de control se descarga desde la PC al PLC.

Detección
El estado obtenido cuando el PLC detecta un objeto o evento.

Diferencial
En los PLC es una acción que se realiza en uno de los bordes de la transición de conexión a desconexión y viceversa.

Dirección
Número asignado a un dispositivo cuando tiene más de uno (también conocido como red)

Drive
Un dispositivo con el propósito específico de controlar un motor.

Domótica
Es la automatización y robótica aplicada a los equipos de casa.

E

El 6113-3
Un estándar de programación originado y ampliamente utilizado en Europa. Con una aceptación creciente en el resto del mundo, es la parte de la norma relacionada con promover el estándar de lenguajes de programación para PLCs.

Elemento de control final
El elemento al final de un control de acción que produce el movimiento, el desplazamiento, la rotación, etc.

Enclavamiento (Interlock)
Un contacto utilizado en varias partes de un circuito eléctrico o programa de control para habilitar o deshabilitar la operación de ramas o línea de control específicos.

Entrenador de PLC
Equipo listo para ser utilizado en el estudio de PLCs o desarrollo de prototipos de automatización, que incluye todas las prestaciones necesarias como fuente de alimentación, precableado, pulsadores, relé, fusibles, etc.

Editar
En la programación de PLC, el modo de operación en el que puede escribir o realizar cambios en un programa.

EEPROM
Memoria de sólo lectura programable y borrable eléctricamente. Una tecnología moderna en la memoria de datos que permite escribir en la memoria por medios eléctricos. La EEPROM se usa generalmente para almacenar el programa de control.

Electricidad
Todo tipo de dispositivos y circuitos que involucren flujo de electrones o en general cargas eléctricas.

Electromagnético
El campo resultante producido por la corriente eléctrica que fluye a través de un alambre.

Electroválvula
Válvula que se controla energizando una bobina electromagnética.

Emergencia
Situación de peligro que requiere atención inmediata.

Energizado
En los PLC, cuando se activa un dispositivo o salida.
En electricidad, cuando la fuente de alimentación se aplica a una carga y hay un flujo de corriente.

Encendido (On)
Energizado. Activado. Eso tiene poder aplicado.

En línea (Online)
En PLCs, cuando tienes el PLC funcionando mientras estás conectado a través de un software de programación y simulación.

Ethernet
La forma en que se transmite la información digital en las redes de área local (LAN).

Entrada universal
Entrada que puede aceptar cualquier tipo de señal como cualquier tipo de termopar, cualquier rango de voltaje de CC o cualquier corriente entre 0-20mA.

Entrenador
Persona que desarrolla una formación sobre un determinado campo de conocimiento.

Estado sólido
Dispositivo construido con semiconductores. Es lo opuesto a los dispositivos gaseosos que fueron reemplazados por la llegada de los transistores.

Estrella
Tipo de conexión de tres cargas, donde la imagen se asemeja a una Estrella de tres picos o una letra "Y".

F

Fuente
Elemento de un circuito eléctrico que suministra tensión o corriente al resto de elementos.

Fuente de alimentación conmutada
Fuente de alimentación que utiliza un transformador de ferrita que se conecta y desconecta a una determinada frecuencia. Es más eficiente que la fuente de alimentación lineal.

Fuente de alimentación
Elemento que suministra la Tensión al circuito con los niveles adecuados.

Fuerza
De acuerdo con la ley de Ohm, es el producto de multiplicar el voltaje y la corriente.

Función
Conjunto de instrucciones para realizar una tarea compleja que puede ser
se ejecuta cada vez que la función es "llamada" o habilitada.

G

H

Habilitar (Enable)
Señal que permite la operación de un dispositivo, un circuito, una línea de control, etc.

Haz de luz
Light enviada desde un emisor óptico y dirigida a un objeto, un espejo o un receptor óptico. Se utiliza para cubrir áreas.

Hidráulico
Sistema que utiliza agua o aceite como fluido.

I

Inalámbrico
Que no tiene conexión física con cables. La información se envía a través de Light o señal de radio.

Interruptor
Dispositivo que rompe la continuidad de un circuito, bloqueando o permitiendo que fluya la corriente.

Interruptor de palanca
Interruptor mecánico que cambia manualmente de un estado a otro.

Interfaz
Dispositivo entre dos dispositivos que actúa como puente de comunicación. También es aplicable a páneles de operador.

IHM
Interfaz hombre-máquina. Dispositivo entre la máquina y el operador para facilitar la operación y comando.

IMM
Interfaz Hombre-Máquina. Igual que el pánel del operador.

J

K

Kilo
1000 unidades El símbolo es la letra K, que sumada a cualquier unidad se multiplica por 1000.
Ejemplo Kohm: 1000 ohmios
12KV: 12 Kilovoltios = 12000 voltios

L

LAN
Red de área local. Un estándar de comunicación que permite que múltiples dispositivos (muy a menudo computadoras) compartan información a alta velocidad.

LED
Diodo emisor de Light. Un dispositivo de estado sólido muy popular utilizado para actuar como una lámpara, con muy bajo consumo de energía y una larga duración.

Ley de Ohm
Ley que muestra la relación entre Voltaje, Corriente y Resistencia.

Lógica Escalera
Una metodología para programar PLCs. La lógica de control se realiza sobre línea de control que se asemejan a las líneas de control de una escalera.

M

Maestro
Aplicado a aparatos o equipos que tienen control sobre el resto.

Memoria.
Parte del PLC donde se almacena el programa de control o los datos del proceso. Puede ser volátil o no volátil según el hecho de retener la información después de la pérdida de energía.

Memoria Flash compacta
Dispositivo de memoria electrónica para almacenar datos que pueden ser removidos del equipo.

Memoria RAM
Memoria de acceso aleatorio. Esta es una memoria donde el PLC almacena temporalmente los datos recopilados para la operación interna o del proceso. Una vez que se quita la energía, los datos se pierden.

Mili
La unidad dividida por 1000. El símbolo es la letra m. Ejemplo 20 mA : 20 Miliamperios.

Módem
Dispositivo para transmitir y recibir datos en largas distancias.

Motor
Dispositivo que convierte la energía eléctrica en energía mecánica a través del movimiento de rotación.

Motor paso a paso
Motor eléctrico de CC que divide la rotación completa por un número fijo de pasos. Para operar requiere estar conectado a un variador (Stepper Drive)

N

NO

Normalmente abierto. Contacto que en condiciones normales (sin ninguna activación) está abierto.

NC
Normalmente cerrado. Contacto que en condiciones normales (sin ninguna activación) está cerrado.

Neumático
Que utiliza aire como fluido para generar trabajo.

O

Ohm
Unidad de resistencia o impedancia. Esto está asociado con las cargas.

Operador
Persona encargada de hacer funcionar una máquina que no necesariamente está automatizada.

Óptico
Que utiliza la Light como medio de transporte de información.

P

Pantalla táctil
Pánel del operador que tiene una pantalla con capacidades táctiles.

PAC
Controlador de automatización programable. Nueva tecnología que combina un PLC y un PC en un mismo equipo.

Pánel del operador
Pantalla para que el operador envíe comandos para operar la máquina o visualizar parámetros de operación.

PC
Computadora personal

Paso
En los PLC, una de las transiciones de un secuenciador. Durante el paso, el programador elige qué salidas deben estar activas.

Potencia.
En electricidad, la capacidad de entregar o consumir energía.

Puente
Grupo de Diodos utilizados para rectificar el voltaje AC y convertirlo en DC.
Conexión entre dos dispositivos electrónicos con diferente protocolo de comunicación.

Puerto
En los PLC, el punto de conexión donde el PLC recibe la información del entorno o proceso externo.

Pulsador
Pulsador que actúa como entrada de un PLC.

Paralelo
Cuando cada terminal de un dispositivo está conectado a los mismos terminales en otro dispositivo.

PLC
Controlador lógico programable, autómata, CLP

Pistón
La parte móvil dentro de un cilindro neumático. El eje adjunto realiza el mismo desplazamiento.

Puerto.
En los PLC, conexión especial utilizada para fines de comunicación. El puerto siempre está asociado a un protocolo.

Proceso
Un grupo de operaciones eléctricas, químicas y mecánicas sobre materiales específicos para producir o fabricar un producto.

Protocolo
Conjunto de caracteres que deben ser enviados de una forma determinada para ser entendidos por otro dispositivo. Cuando el protocolo es común a muchos dispositivos se le conoce como estándar.

Pulso
Transición de Apagado a Encendido y luego a APAGADO nuevamente. La duración del estado ON es muy corta.

Pulsador (Pushbutton)
Interruptor eléctrico que normalmente se acciona presionando con el dedo. Sus contactos internos cambian de estado al ser presionados.

Pulsador retentivo
Interruptor que una vez pulsado permanece en el nuevo estado hasta que se vuelve a pulsar. Acción alternante.

Q

R

Rack
Armazón de metal o plástico que alberga placas electrónicas, también conocidas como módulos.

Receptor
Dispositivo que recibe la señal de un Emisor y genera una salida.

Relé maestro
Cierta conexión típica de un Relay y sus contactos que activan o desactivan parte de un circuito. También se utiliza en la automatización con fines de seguridad.

Ruido electrónico
En electrónica, señal no deseada que afecta el funcionamiento de los equipos electrónicos.

Relé o Relevador
Un dispositivo de interfaz que cierra o abre contactos después de recibir un voltaje aplicado a su bobina.

Rama
En un circuito eléctrico, otro camino posible.

Retardo
Tiempo de espera antes de realizar una acción de control.

Resistencia (Resistor)
Componente eléctrico que se opone al flujo de corriente.

Reversar
Movimiento en sentido contrario al seleccionado como Adelante.

S

SCADA
Control de supervisión y Adquisición de Datos. Software que contiene todas las herramientas para generar información gráfica de procesos industriales. Desde manejo de datos y protocolo de comunicación hasta bases de datos de datos de diferentes fabricantes de PLC.

Secuenciador
En los PLC, un secuenciador es un dispositivo de software que no requiere un programa de Lógica Escalera, sino que define un cierto número de pasos. Realiza la conexión o desconexión de salidas según el paso. Para saltar de un paso al siguiente, se puede usar una señal de una entrada, un temporizador, un contador.

Sensor
Un dispositivo que detecta o percibe una señal del entorno externo y la convierte en una señal compatible con equipos electrónicos.

Serie
Tipo de conexión donde el segundo terminal de un elemento se conecta al primer terminal del siguiente.

Servomotor
Motor eléctrico que utiliza dispositivos de detección para proporcionar retroalimentación de la posición y la velocidad. Las ventajas están relacionadas con la alta velocidad y los movimientos más precisos que se pueden lograr.

Señal análoga
Se refiere a señales que pueden tomar cualquier valor en el tiempo. Opuesto a Digital.

Solenoide
Elemento que producirá la acción final como cambio de posición, apertura o cierre de válvulas, etc.

Simulación
Imitación de una condición cuando la operación real no está disponible o no es práctica en absoluto. Las herramientas perfectas para las simulaciones son las computadoras.

Señal estándar
Rango de valores de señal que se consideran universales, por lo que el sensor que suministra señales estándar se puede conectar a cualquier PLC a través del módulo apropiado.

T

Termopar
Sensor para medir la temperatura basado en la unión de dos metales diferentes y el pequeño voltaje que se genera cuando la unión se somete a una temperatura.

Temporizador
Elemento de software que cuenta el tiempo según una base de tiempo interna.

Tren de Pulsos
Una secuencia continua de pulsos.

Transductor
Dispositivo que convierte cualquier variable física o química en una señal que puede ser analizada o medida.

Transceptor
Equipo de comunicación que puede actuar como transmisor y receptor.

Transformador
Dispositivo electromagnético que cambia un nivel de voltaje a otro, a través de bobinas de alambre envueltas alrededor de un núcleo.

Transición
Cambio de estado. Por ejemplo, de APAGADO a ENCENDIDO.

Transmisor
Dispositivo que cambia la variable del transductor a una señal estándar.

Tarjeta
Placa de fibra de vidrio o baquelita que contiene componentes electrónicos.

Técnico de aplicaciones
Persona con formación técnica que desarrolla proyectos de automatización.

Toque (Touch)
Que sea sensible al contacto, normalmente se toca con un dedo.

Tierra
La tierra es el punto de referencia de un circuito eléctrico. En CC, es el camino para descargar la estática y proteger el circuito. En CA, es la referencia para el transformador.

Transformador de ferrita
Transformador fabricado con un núcleo de un compuesto ferromagnético.

U

UPS
Fuente de poder ininterrumpible. Fuente de alimentación que utiliza internamente un banco de baterías y un circuito para convertir CC en CA, cuando se va la alimentación principal.

V

Valor de ajuste (Set value)
Punto de referencia para una tarea de control específica. Valor programado para un elemento que cuenta pulsos o tiempo.

Valor presente
En los PLCs, para los temporizadores y contadores el valor presente es el valor que tienen en un instante dado cuando los elementos (temporizadores y contadores) están activos contando.

Válvula
Dispositivo utilizado para controlar el flujo de aire, líquidos, aceites o lodos. Puede ser accionado por mano (válvulas manuales), por bobina (electroválvula), por motor (válvulas motorizadas) o por aire (válvulas accionadas por aire), etc.

Vatio (Watt)
Unidades de poder. Según la ley de Ohm es el resultado de multiplicar el Voltaje por la Corriente.

Voltaje
Número de voltios que tiene una fuente. Existen fuentes de voltaje AC y DC.

Voltios
Unidad de Voltaje. Según la ley de Ohm es el resultado de multiplicar la Corriente por la Resistencia.

W

X

Y

Y (conexión Y)
También conocida como conexión en estrella. Al conectar tres cargas, la conexión se ve como una Estrella de tres picos o una letra “Y”.

Z

Zumbador
Una especie de alarma con un sonido característico producido por una vibración.

[A1. LADDER LOGIC DE FABRICANTES FAMOSOS DE PLC]

Siemens

1. Información de la empresa:

Siemens es una empresa alemana global con oficinas regionales en todo el mundo. La división Industria, Automatización y Tecnologías de Accionamiento tiene tres ramas: Automatización de Fábrica, Automatización de Procesos y Equipos Eléctricos para Edificios. La empresa gasta más del 6,6 % de su beneficio anual en proyectos de investigación y desarrollo.

2. Software:

Step 5, Step 7 y MicroWin.

3. Familias de PLC:

Logo, S7-1200, S7-1500-

4. Contactos:

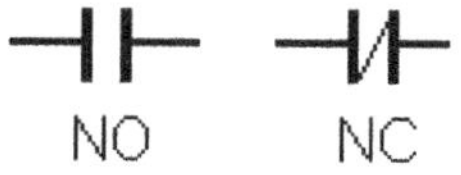

5. Entradas

En Siemens PLC, las entradas se nombran con el siguiente formato.

IY.X

Dónde

Y es un número: 0. 1, 2, etc.
X es un número que va desde
0-7,10-17 (numeración octal)

Ejemplo:

I0.1 Entrada #1
I0.7 Entrada #7
I1.10 Entrada #8
I1.15 Entrada #13

6. Bobinas- Coils

6.1 Relays internos

Las bobinas internas o Relays internos se denotan con la letra "C" de acuerdo con la siguiente numeración:

6.2 Salidas

OY.X

Dónde

Y es un número: 0. 1, 2, etc

X es un número que va de 0-7,10-17 (numeración octal)

Ejemplo:

O 0.1 Salida #1
O 0.7 Salida #7
O 1.10 Salida #8
O 1.15 Salida #13

7. Temporizadores

Los PLC de Siemens tienen tres tipos diferentes de temporizadores:

TON, TONR y TOF.

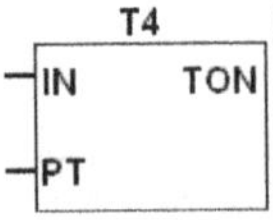

El temporizador TON inicia contando tiempo cuando es habilitado.

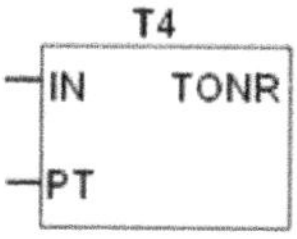

El temporizador TONR cuenta el tiempo sin perderlo, al momento que la habilitación desaparece.

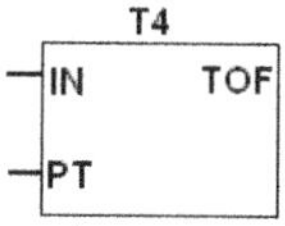

El temporizador TOF cuenta el tiempo al momento que es deshabilitado.

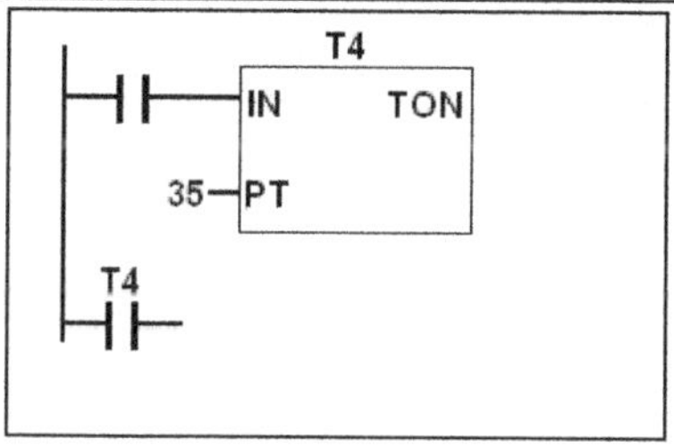

Ejemplo de conexión de la instrucción de temporización.

La entrada IN se utiliza para habilitar o energizar los temporizadores. En la entrada PT, el usuario puede definir el valor Preset.

La base de tiempo depende del número de temporizador seleccionado y debe consultarse en el manual del PLC utilizado. Por ejemplo, T0 tiene 1 ms, T1 tiene 10 ms y T5 tiene 100 ms de precisión.

8. Contadores

En algunos PLC como el S7-200 hay 256 contadores que se pueden nombrar de C0 a C255. Una vez que haya seleccionado un contador, debe usar un número diferente para cualquier otro tipo de contador que planee usar en el resto de su programa.

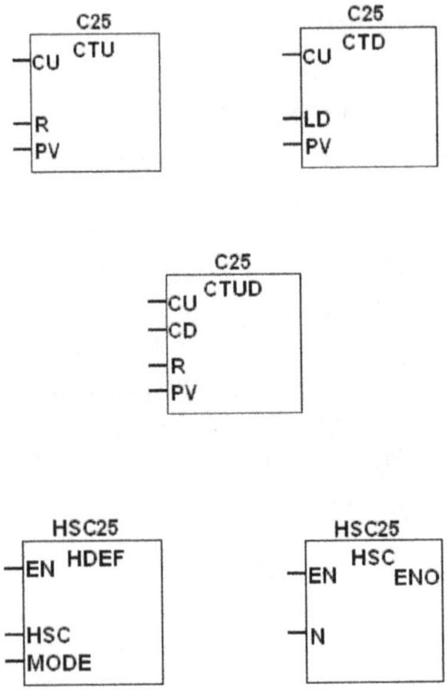

Dependiendo de la CPU, puede tener hasta 6 contadores de alta velocidad que van desde HSC0 hasta HSC5.

Allen Bradley

1. Información de la empresa:

Allen Bradley es parte del poderoso conglomerado Rockwell Automation. Tiene una fuerte presencia en USA y Europa. La empresa es uno de los fabricantes de automatización más importantes del mundo.

2. Software:

Dos versiones anteriores, RSLogix5 y RSlogix 500, funcionan en 16 bits. La última versión es RS5000 para controladores capaces de procesar información en 32 bits.

3. Familias de autómatas

Micrologix, SLC

4. contactos:

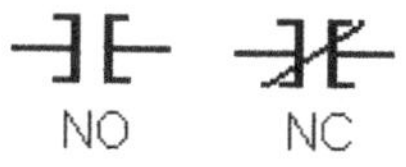

5. Entradas

Todos los PLC de Allen Bradley en nomenclatura antigua nombran las entradas de acuerdo con el siguiente formato:

I1:X/Y

Dónde

X es un número: 0. 1, 2, etc

Y es un número que va de 0 a 16 (Bit)

En el nuevo software, puede usar etiquetas, por lo que no necesita preocuparse por la nomenclatura.

Ejemplo: I1:1 Entrada #1
I1:7 Entrada #7
I1:8 Entrada #8
I1:13 Entrada #13

6. Bobinas- Coils

X#:Y/Z

6.1 Relays internos

Las bobinas Internas o Relays internos en Allen Bradley se denominan "Marcas" Utilizan las letras B3 de acuerdo con lo siguiente:

B3:X

Dónde
X es un número: 0. 1, 2, etc.

Ejemplos:

B3:1	Marca 1
B3:3	Marca 3

7. Salidas

Las Salidas siempre comienzan con la letra "O" seguida del número "0"

O0: X

Dónde
Y es un número: 0. 1, 2, etc.

Algunas versiones más nuevas le permiten usar sólo la letra O.

Ejemplo:

O 0.1 u O:1	Salida #1
O 0.7 u O:7	Salida #7
O 0:10 u O:10	Salida #10
O 0:15 u O:15	Salida #15

8. Temporizadores

Los PLC de Allen Bradley tienen tres tipos diferentes de temporizadores: retardo de encendido (TON), retardo de apagado (TOF) y temporizador retentivo (RTO).

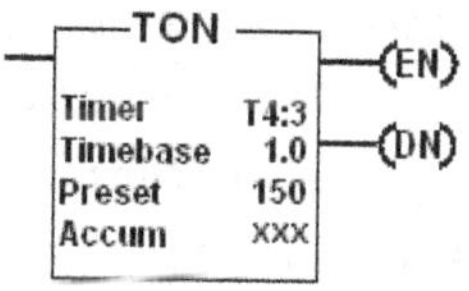

El temporizador TON inicia contando el tiempo cuando es habilitado.

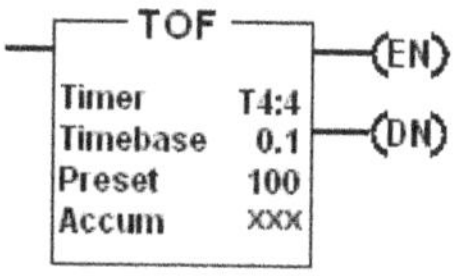

El temporizador TOF cuenta el tiempo sólo cuando es deshabilitado.

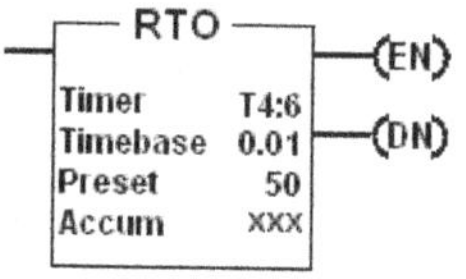

El temporizador RTO cuenta el tiempo sólo cuando es habilitado, sin perder el valor cuando pierde la señal.

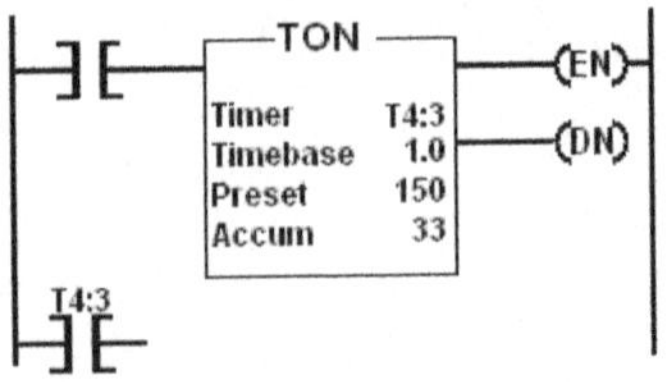

9. Contadores

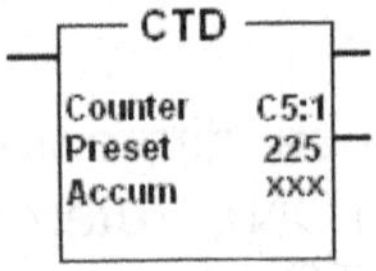

En algunos PLC, como Micrologix, hay 256 contadores que se pueden nombrar de C0 a C255. Una vez que haya seleccionado un contador, debe usar un número diferente para cualquier otro tipo de contador que planee usar en el resto de su programa.

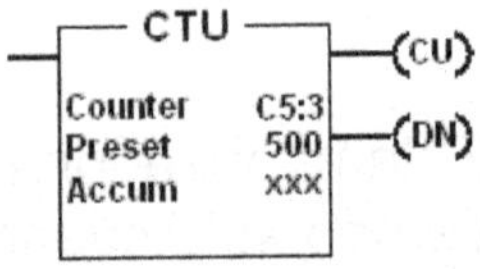

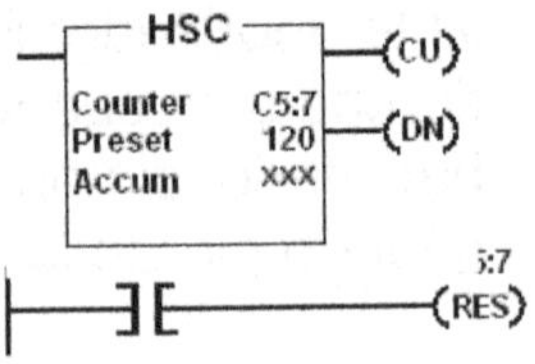

X puede ser cualquiera de los siguientes:

1) Un contacto NA de una Entrada, para reiniciar el contador manualmente

2) Un bit correspondiente al número del contador, como los siguientes:

C5:#/13 Listo. Este bit se activa cuando el contador alcanza el valor preestablecido. También puede utilizar la siguiente notación C5:#/DN

Algunos otros bits pueden ser útiles cuando se trabaja con contadores, aquí encontrará algunos de ellos:

C5:#/10 Bit de acumulador de actualización. Este bit se activa cuando se ha actualizado el acumulador del contador. (También C5:#/UA)

C5:#/11 Bit de subdesbordamiento. Este bit está activado mientras el acumulador del contador está por debajo del valor pre-establecido. (También C5:#/ONU)

C5:#/12 Bit de desbordamiento. Este bit está activado mientras el acumulador del contador está por encima del valor pre-establecido. (También C5:#/OV)

10. Los registros de memoria (entero).

Los registros de memoria de enteros utilizan las letras N7.

El formato será:

N7:X

Donde X es un número: 0. 1, 2, etc.

General Electric GE

1. Información de la empresa:

General Electric (GE) y GE Fanuc son empresas estadounidenses que trabajan en el campo de la automatización industrial.

2. Software:

Micro

3. Familias de PLC:

4. Contactos:

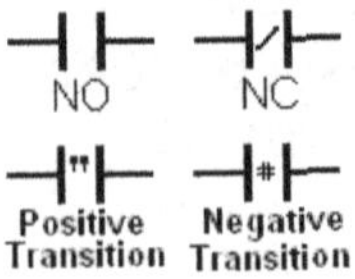

5. Entradas

En los PLC de GE, las entradas se nombran con el siguiente formato

IXXX

Dónde

X es un número: 0. 1, 2, etc.

Ejemplo:

I0001 Entrada #1
I0007 Entrada #7
I0008 Entrada #8
I0013 Entrada #13

6. Bobinas- Coils

6.1 Relés internos

Las bobinas internas o relés internos se denotan con la letra "C" de acuerdo con la siguiente numeración:

C XXXX

Donde **X** es un número: 0. 1, 2, etc.

6.2 Salidas

Las bobinas externas o salidas se denotan con la letra "O" según la siguiente numeración

O XXXX

Donde **X** es un número: 0. 1, 2, etc.

Ejemplo:

O0001 Salida #1
O0007 Salida #7
O0008 Salida #8
O0013 Salida #13

Entre las bobinas, hay algunos comandos que deben usarse en pares. Esto significa que si usa uno, entonces el otro también debe usarse más adelante en el programa.

SET y RST (Set y Reset). Para activar una salida y dejarla activada.

MCR y END. Relay de control maestro. Toda la lógica entre estas dos instrucciones sólo se considera si el comando MCR está activo.

JUMP y END. Salta las líneas de control hasta que el programa encuentra END.

7. Temporizadores

Los PLC de GE tienen dos tipos de temporizadores: ONTimer y OFFTimer.

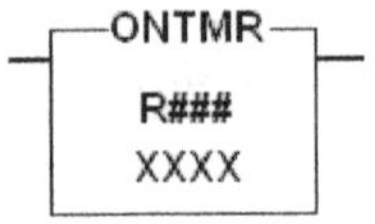

El temporizador ONTMR cuenta el tiempo al momento que es energizado.

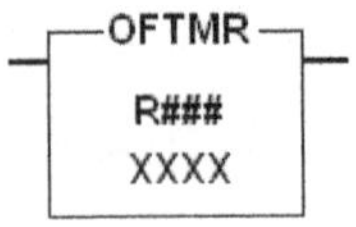

El temporizador OFTMR cuenta el tiempo a partir de cuando es deshabilitado

La base de tiempos es de 1ms de precisión.

8. Contadores

Contadores que se pueden nombrar de C0 a C255. Una vez que haya seleccionado un contador, debe usar un número diferente para cualquier otro tipo de contador que planee usar en el resto de su programa.

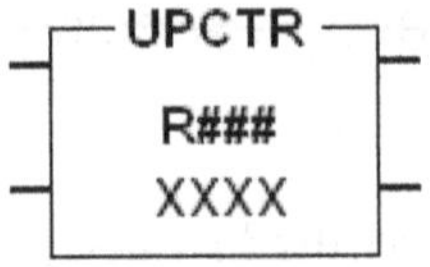

The contador ascendente cuenta desde cero hasta un valor dado, definido por XXXX. El valor actual es almacenado en un registro de entrada R ###.

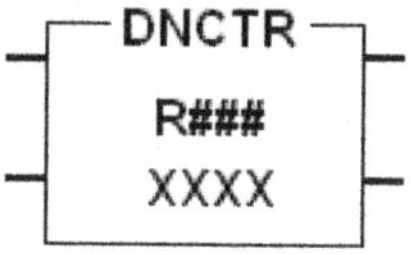

El contador descendente cuenta desde el valor XXXX hasta cero. El valor actual es almacenado en el registro de entrada R ###.

XXX también puede ser un registro. Los Registros se pueden seleccionar desde R1 hasta R500.

AutomationDirect

1. Información de la empresa

Comenzó como Controles Direct, como una empresa que podía vender PLC sin los costos generales de las grandes empresas. Todos esos ahorros se tradujeron en los productos que permitieron vender PLC de muy bajo costo, pero potentes. Actualmente, la empresa vende todo tipo de productos de automatización a través de la empresa en línea y los revendedores de valor agregado (VAR).

2. Software:

Click, Directsoft5.3

3. Familias de PLC:

Click, DL05/06, DL130, DL205, DL305, DL405

4. contactos:

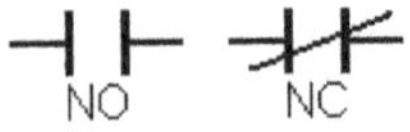

5. Entradas

En los PLC de AutomatiionDirect directa, las entradas se nombran con el siguiente formato

XY

Dónde

Y es un número que va desde

0-7,10-17 (numeración octal)

Ejemplo:

X0 Entrada #1

X7 Entrada #8

Entrada X10 #9

X14 Entrada #13

6. Bobinas

6.1 Relés internos

Las bobinas internas o relés internos se denotan con la letra “C” de acuerdo con la siguiente numeración

CY

Dónde

Y es un número que va desde 0-7,10-17 (numeración octal)

6.2 Salidas

Las salidas se identifican con una “Y” y utilizan el siguiente formato:

YX

Dónde

X es un número que va desde 0-7,10-17 (numeración octal)

Ejemplo:

Y **0** Salida #1
Y **6** Salida #7

Y **7** Salida #8
Y **14** Salida #13

7. Temporizadores

Los PLC de Automation Direct tienen cuatro tipos diferentes de temporizadores: TMR, TMRF, TMRA, TMRAF

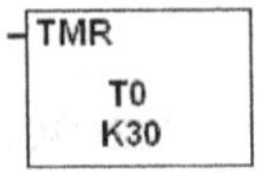

El temporizador TMR inicia a contar cuando se habilita. La base de tiempo es 0.1seg. O sea que el valor programado de 30 le permite temporizar por 3 segundos.

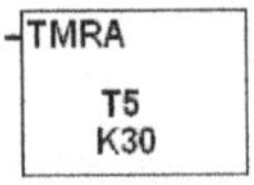

El temporizador TMRA es acumulativo. Inicia con la habilitación y no pierde su información cuando pierde la señal. La base de tiempo es 0.1seg. Si el valor programado es 30 la temporización dura 3 segundos.

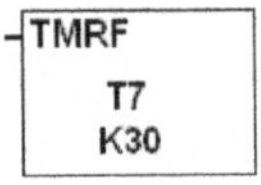

El temporizador TMRF inicia a contar cuando se habilita. La base de tiempo es 0.01seg. O sea que el valor programado de 30 le permite temporizar por 0,3 segundos

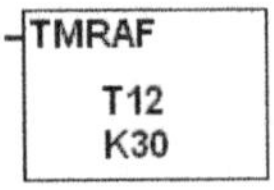

El temporizador TMRAF es acumulativo. Inicia con la habilitación y no pierde su información cuando pierde la señal. La base de tiempo es 0.1seg. Si el valor programado es 30 la temporización dura 0,3 segundos.

El valor Preset en los ejemplos de la izquierda es una constante pero puede ser reemplazado por un registro de memoria que permite programar este valor desde otro dispositivo como un pánel de operador.

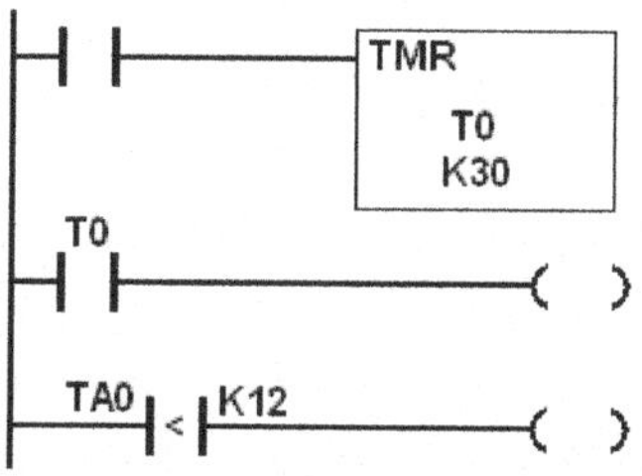

Se puede acceder al valor actual de un temporizador determinado solicitando el TAX, donde X es el número del temporizador. Por ejemplo, un temporizador de 10 segundos llamado T3, tendrá la temporización en tiempo real almacenada en el registro TA3.

8. Contadores

Los contadores en los PLC de Automation Direct se definen como CTX. Donde X es un número con numeración octal (0-7, 10-17, 20-27, etc). Una vez que haya seleccionado un contador, debe usar un número diferente para cualquier otro tipo de contador que planee usar en el resto de su programa. Hay dos tipos de contadores. Los normales y el contador arriba/abajo.

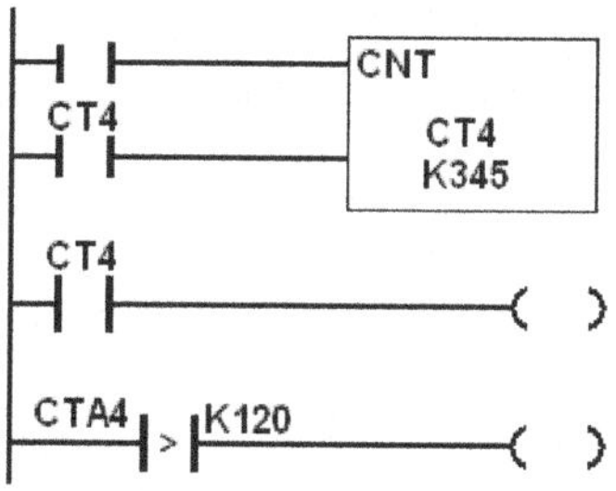

En este caso un contacto del mismo Contador es usado para reiniciar el Contador y activar una salida en la siguiente línea de control. Usted puede preguntar por el valor del Contador en cualquier momento y tomar decisiones como se muestra en la última línea.

Registros de memoria:

Los registros de memoria se denotan con la letra V y, dependiendo del rango de PLC de V1400 a V1777 en octal. Si usa una posición de memoria para cualquiera de los elementos del PLC, en algún lugar del programa necesita usar alguna instrucción para almacenar un valor en ese registro de memoria específico.

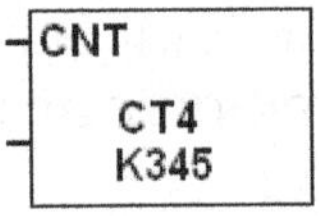

El contador CT4 cuenta desde 0 hasta el valor programado, que en este caso es 345. El Contador tiene dos entradas, la superior es la señal de pulso de conteo y la inferior es la de reinicio.

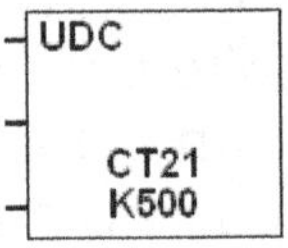

El contador Ascendente/Descendente CT21 es reversible. Tiene tres entradas, las de pulsos ascendente y descendente y la de reinicio.

Triangle Research Ltd.

1. Información de la empresa:

Esta empresa comenzó en 1993 en Singapur. Han diseñado equipos PLC muy potentes pero de bajo costo. Dos ventajas principales, sus PLC están orientados a OEM y cuentan con un arsenal de características que son muy difíciles y costosas de encontrar en el mercado de fabricantes de PLC.

2. Software:

Wintrilogi®, Trilogi®

3. Familias de PLC:

Las series F y M se pueden programar en Ladder + Basic.
Las series H y E10 se pueden programar en escalera pura.

4. contactos:

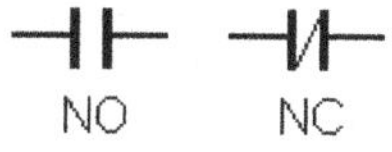

5. Entradas

En Estos PLCs, las entradas se nombran sin un formato particular, pueden usar la etiqueta o el nombre directamente, previa definición en la tabla I/O en la tabla Entradas.

La tabla tiene numeración, por lo que las Entradas deben asignarse primero antes de usarlas.

La numeración es consecutiva desde 0-255.

Ejemplo:

Start en la Entrada #1
EStop en la Entrada #7
Max_level en Entrada #8
Reiniciar en Entrada #13

6. Bobinas- Coils

6.1 Relés internos

Las bobinas internas o relés internos tienen su propia instrucción. Varían en número, según la serie del PLC. Hay una tabla para relés internos en la tabla de E/S. Pueden tener nombres significativos.

6.2 Salidas.

Las salidas deben crearse primero en la tabla Salida de la tabla E/S. Pueden tener un nombre de 8 caracteres de largo para hacerlo más comprensible. El número de salidas depende del modelo de PLC.

Ejemplos:

Motor en Salida #1
Lámpara en Salida #7
Alarma en Salida #8
Eyector en Salida #13.

7. Temporizadores

Dado que Triangle Research tiene diferentes series de PLC, la cantidad de temporizadores depende de la familia y se puede definir en la tabla Temporizadores en la tabla IO.

La base de tiempo es de 0,1 segundos para todos los temporizadores. Dado que las series M y F se pueden programar en lenguaje BÁSICO, existe una manera fácil de acceder al valor establecido y al valor actual de cualquier temporizador utilizado en la Lógica Escalera. Tiene algunas instrucciones que permiten realizar la manipulación de datos con los parámetros de temporización.

El temporizador se puede usar como una instrucción de escalera normal (series E10 y H) o se puede usar dentro de una función de cliente que está escrita en lenguaje básico (series M y F)

SetTimerSV:
Para programar el SET VALUE de un temporizador dado en cualquier momento.

GetTimerSV:
Para pedir el VALOR ESTABLECIDO de un temporizador dado en cualquier momento de la ejecución del programa.

TemporizadorPV[n]:
Para solicitar el VALOR ACTUAL de un temporizador determinado en cualquier momento.

DELAY:
Para generar un pequeño retardo al ejecutar un pequeño programa en lenguaje BASIC en una función de usuario.

Ejemplos:

SetTimerSV 1,2000.
Programa el temporizador 1 durante 200 segundos.

SetSVTemporizador 2, GetSVTemporizador(1)+10.
Configura el temporizador 2 con el valor de otro temporizador (el número 1) y agrega el valor de 10 (1 seg).

8. Contadores

Los contadores se crean en la tabla Contadores en las tablas IO. Las series E10 y H tienen menos contadores que las series más sofisticadas como M y F.

El Contador se puede usar como una instrucción de escalera normal (series E10 y H) o dentro de una función CusFn, que está escrita en lenguaje básico (series M y F).

SetCtrSV:	Para programar el SETVALUE de un contador dado en cualquier momento
GetCtrSV( )	Para solicitar el SETVALUE de un contador dado en cualquier momento de la ejecución del programa.
CtrPV[n]	Para solicitar el VALOR ACTUAL de un contador dado en cualquier momento.

Ejemplos:

SetCtrSV 3,2489.
Configura el Contador 3 para contar hasta 2489.

SetCtrSV 4, GetCtrSV(1)+15.
Establece el Contador 4 con el valor de otro contador (el número 1) y suma el valor de 15.

Envíelo a:
sales@latin-tech.net

¡Apreciamos su ayuda!

Marca del PLC__________

1. **Información de la empresa:**

2. **Software:**

3. **Familias de PLC:**

4. **Contactos:**

5. **Entradas**

En Estos PLC, las entradas se nombran.

Ejemplo:

6. **Bobinas**

   6.1 Relés internos

   6.2 Salidas

7. **Temporizadores**

8. **Contadores**

Los contadores son

Ejemplos:

[A2. FUNDAMENTOS DE ELECTRICIDAD]

Si no sabe mucho de electricidad, este es un buen comienzo. Aprenderá el lenguaje básico del mundo eléctrico.

Apéndice

Fundamentos de Electricidad

En el mundo de las señales eléctricas se pueden considerar dos sistemas principales:

Corriente Directa (DC) y Corriente Alterna (AC).

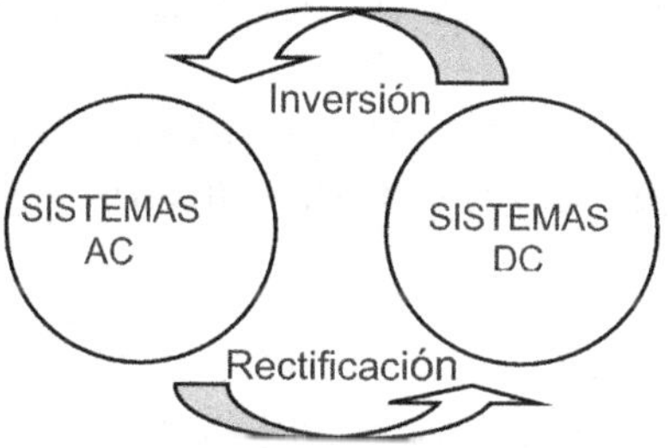

Conversión de señal.

El proceso de generar Corriente Alterna (AC en Inglés) a partir de Corriente Continua, que también es conocida como Corriente Directa (DC en inglés), se llama **Inversión** y los dispositivos que hacen este trabajo se llaman **Inversores**.

Por el contrario, para generar CC a partir de CA, se utiliza un dispositivo llamado **Rectificador** y el proceso se llama **Rectificación**.

Supongamos que podemos hacer un gráfico de cualquier señal eléctrica a través del tiempo para comprender mejor los sistemas de CA y CC.

Estos dos mundos tienen un capítulo en la historia llamado "La Guerra de las Corrientes", sucedida entre Thomas Alva Edison (Promotor de la Corriente Alterna) y Nicola Tesla (Promotor de la Corriente Continua o Directa). En ese entonces, la batalla la ganó con muy merecidas razones, Nicola Tesla. Hoy en día, el crecimiento de los sistemas de DC, con las granjas de páneles solares, pareciera dejar esa batalla en un empate.

La señal de **CC** se caracteriza por tener **una misma polaridad** en todo el tiempo. Debe ser negativa o positiva en todo momento. Cuando cambia de polaridad, se convierte en una señal de CA. Entonces, por definición: una señal de **CA** es una señal que **cambia de polaridad** periódicamente. La velocidad de estos cambios de polaridad se llama frecuencia.

Puede dibujar dos ejes representados por flechas (positiva y negativa) para mostrar una señal a través del tiempo.

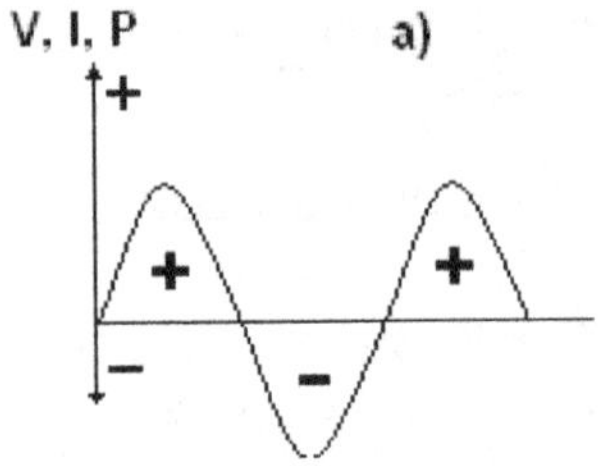

Señal de AC

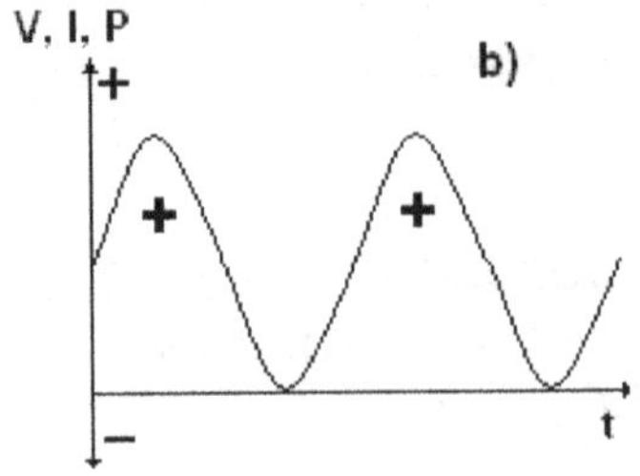

Señal de DC

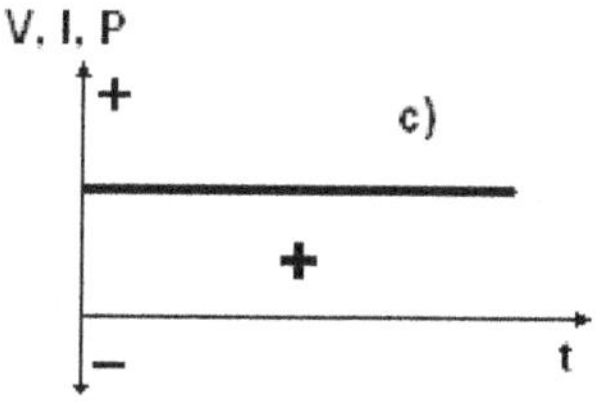

Señal de DC

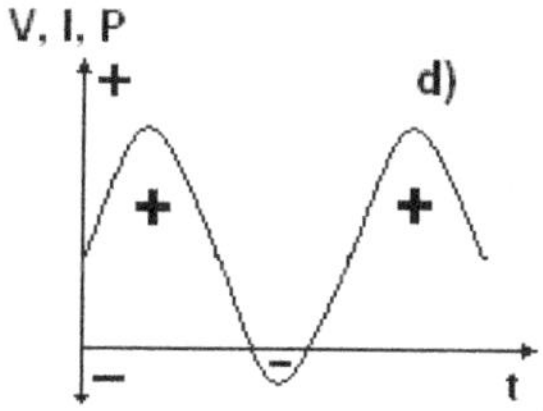

Señal de AC

De los diagramas que se muestran arriba, puede concluir que a) y d) son señales de CA y que b) y c) son señales de CC.

Estar bajo la línea del tiempo es una señal negativa. Estar por encima de la línea del tiempo es una señal Positiva.

Los equipos con capacidades de proporcionar energía a través de señales de CA o CC se denominan Fuente. Los dispositivos que reciben la energía de las fuentes se denominan Cargas.

Circuito eléctrico básico

Fuentes de AC:

Tomas AC
Inversores
UPSs

Fuentes DC:

Baterías 9 Voltios
Baterías12 Voltios
Páneles solares

Símbolos de Fuentes de alimentación:

El circuito eléctrico es un sistema formado por la conexión de una **Fuente** a una **Carga**, para el intercambio de energía.

La Fuente proporciona la energía y la Carga la convierte en trabajo, movimiento, calor, etc.

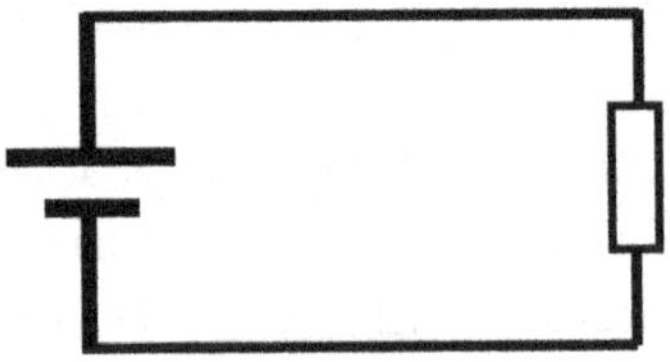

Fuente de DC con carga

Fuente de AC con carga

Todos los circuitos eléctricos se rigen por la Ley de Ohm

> "**Si una fuente está conectada a una carga, el resultado es un flujo de electrones llamado corriente que fluye a través del circuito**".

Esta corriente se puede calcular mediante la siguiente fórmula:

I= Corriente del circuito en Amperios
V= fuente de tensión en voltios
R= Resistencia de carga en Ohmios

$$I = \frac{V}{R}$$

Ley de Ohm

Una muy buena manera de aprender y recordar la ley de Ohm es usar el siguiente triángulo:

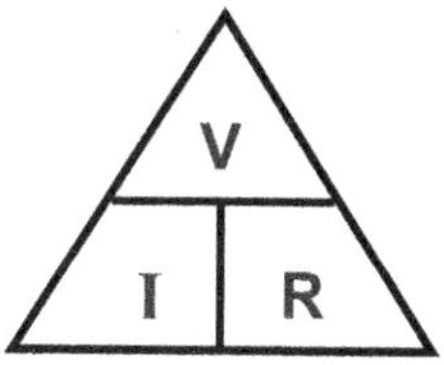

$$I = \frac{V}{R}$$

La idea es que pueda calcular cualquier parámetro dado en función de los dos restantes.

$$V = I \times R \qquad R = \frac{V}{I}$$

Si necesita saber el valor de algún parámetro específico, simplemente use su dedo para cubrirlo en el triángulo. Los otros dos parámetros descubiertos son una fórmula que usa los parámetros en la forma exacta en que están ubicados:

Un parámetro dividido por el otro o Corriente por Resistencia si busca específicamente Voltaje.

Puede ver que hay una corriente sólo si ambos terminales de la Fuente están conectados a los terminales correspondientes de la Carga. Para controlar la conexión, introduciremos un nuevo elemento llamado **Interruptor.**

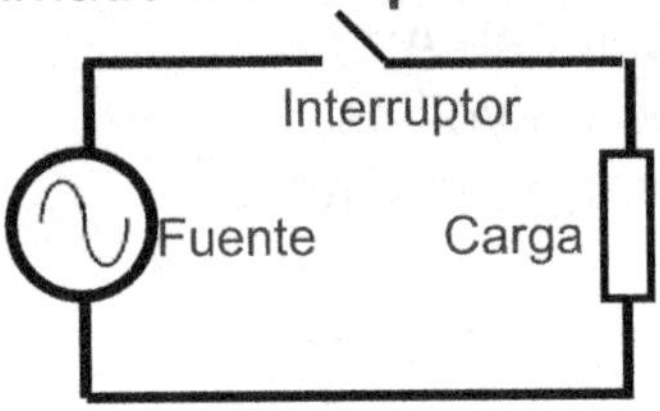

Circuito eléctrico de Tres Elementos.

Tenemos corriente que fluye a través del circuito sólo cuando el interruptor está cerrado. Cuando ocurre esta situación, puede pensar que el interruptor no está presente en absoluto.

Los tres elementos (Fuentes, Cargas e Interruptores) se pueden conectar de las siguientes maneras diferentes:

En Serie .

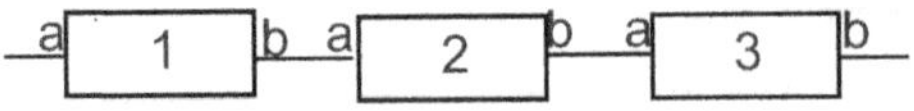

Conectando tres elementos en serie.

Un extremo del elemento 1 está conectado a un extremo del elemento 2. El otro extremo del elemento 2 está conectado a un extremo del elemento 3 y así sucesivamente.

En Paralelo .

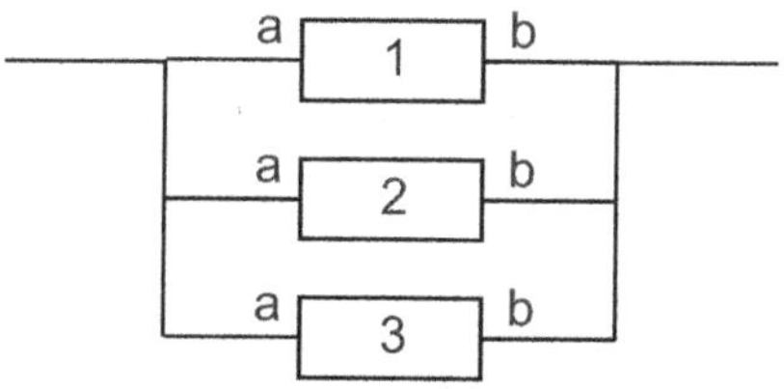

Conectando tres elementos en Paralelo.

Todos los terminales "a" están conectados en el mismo punto. Lo mismo se aplica a los terminales “b”.

La conexión serie y paralelo puede tener tantos elementos como se desee. También puedes hacer combinaciones.

En algunos casos, puedes hacer conexiones sin prestar atención a los terminales, pero en otros, según la naturaleza del elemento, el circuito eléctrico resultante se ve afectado por la forma en que realizas estas conexiones.

En este caso estos elementos se consideran como dispositivos con polaridad.

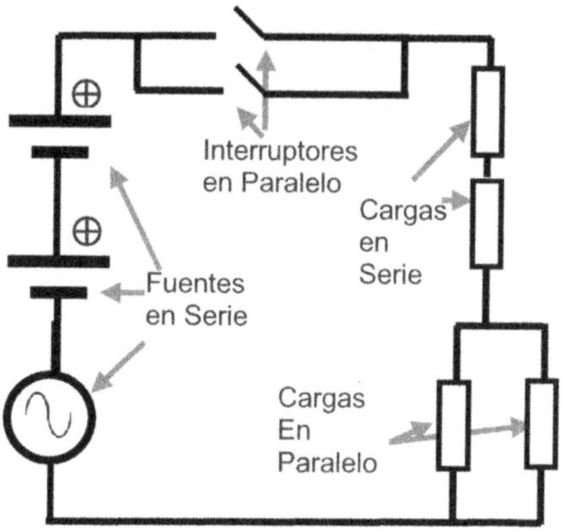

Elementos conectados en diferentes formas.

Un circuito eléctrico se puede simplificar.

En automatización, algunos estándares son ampliamente utilizados:

Fuentes de CC:
12, 24 DC V
(DCV significa DC Volts) con terminales + y –

Fuentes de CA:
110, 220, 440 AC V
(ACV significa voltios de CA)

Las fuentes de CA utilizan los siguientes nombres para sus líneas o terminales.

Fuente monofásica

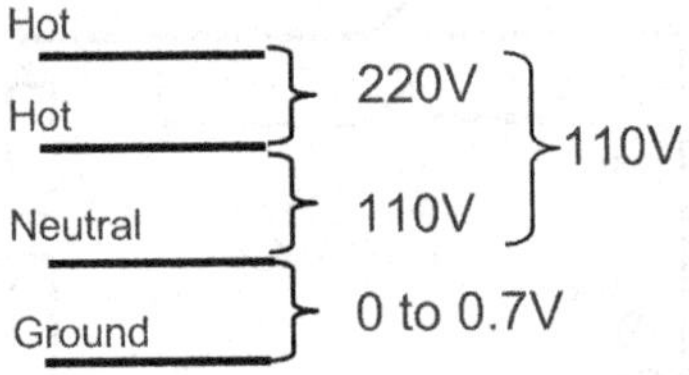

Sistema bifásico

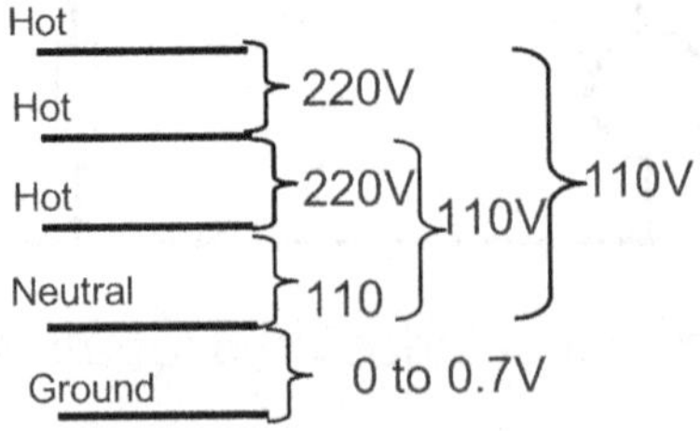

Sistema Trifásico

Los cables Hot también se llaman Fases o Vivos.

Cuando la carga está conectada entre Fase y Neutro o entre Fase y Fase se puede decir que el circuito eléctrico es Monofásico.

Cuando un dispositivo o carga se conecta simultáneamente a tres cables Fases diferentes, Esto se denomina circuito trifásico.

Los cables de Neutro y Tierra son cables independientes en las instalaciones normales, pero se conectan antes de salir del equipo que actúa como fuente: El Transformador.

Para reconocer los terminales en un tomacorriente de CA:

El voltaje estándar de cualquier tomacorriente de CA es 110 ACV en Estados Unidos y 220 ACV en Europa.

Para las fuentes de CC, se supone que el color rojo es + y el color negro es -, pero siempre verifique esto ya que esta convención es diferente en China.

Las fuentes de voltaje en condiciones ideales pueden suministrar tanta corriente como sea necesario cuando se conectan a una carga. Lo cierto es que en condiciones reales la corriente máxima está limitada por varios parámetros: construcción, calibres de cables, protección por fusible o disyuntor, etc.

Existe una forma de relacionar el Voltaje de la fuente y la corriente máxima que puede suministrar. Esto es lo que llamamos Poder.

La ley de ohm para la potencia se puede definir de la siguiente manera:

La potencia en Watts es el resultado de multiplicar el Voltaje por la Corriente. Para una fuente, es el voltaje de la fuente multiplicado por la corriente drenada por la Carga.

Para fines prácticos, puede usar el Triángulo para obtener cualquier parámetro basado en los otros dos o simplemente usar las fórmulas a continuación, donde:

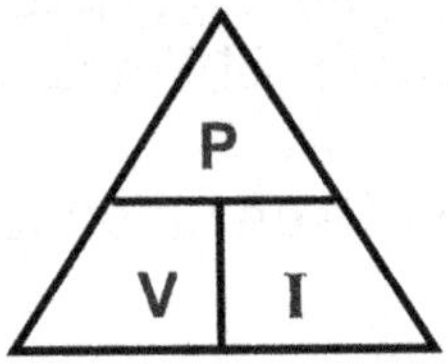

I= Corriente del circuito en Amperios
V= fuente de tensión en voltios
P= Potencia de la fuente en Watts

$$P = V \times I \qquad V = \frac{P}{I} \qquad I = \frac{P}{V}$$

¿QUIERES APRENDER ROBÓTICA?
CURSOS VIRTUALES
2 VECES POR SEMANA
6-17 AÑOS
TEORÍA Y PRÁCTICA
GRUPOS REDUCIDOS
SIN TAREAS
CURSOS
CONCENTRACIÓN
LECTURA
ELECTRICIDAD
ELECTRÓNICA
MECÁNICA
MECATRÓNICA
ROBÓTICA
MAGIA
MATEMÁTICAS
MEDICINA
CANTO
AGROECOLOGÍA
VENTAJAS
DESDE EL CONFORT DE SU HOGAR
A SU PROPIO RITMO
CON MATERIAL PARA PRÁCTICAS
GRUPOS DE CHICOS CON EDADES SIMILARES
COMBATIMOS
AUTO ESTIMA
DÉFICIT DE ATENCIÓN
DESMOTIVACIÓN
ADICCIÓN A VIDEOJUEGOS
VIDEOS
ELECTRICIDAD
EXPERIMENTOS
NASA
COMPETENCIAS
VIDEOS
MATEMÁTICAS
LECTURA
CANTO
NUESTRA WEB
sales@latin-tech.net
+1 305 742 7565 ENGLISH
+1 305 848 3517 ENGLISH
contacto@innovention.us
+57 312 840 5570 ESPAÑOL

INNOVENTION

INFORMACION
PARA
PADRES O ADULTOS

INNOVENTION

INNOVENTION

Innovention es una compañía interesada en formar la nueva generación de profesionales, capaces de resolver los problemas críticos del futuro que nosotros, los adultos, les estamos dejando.
Innovention se forma de **INNO**vation e In**VENTION**.

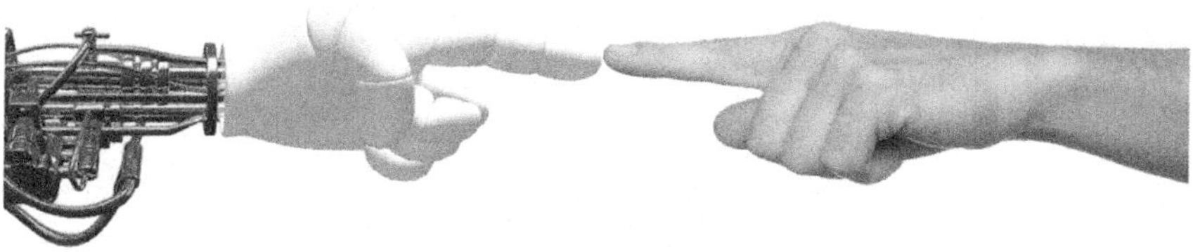

¿Qué es un INNOVENTOR?
Así es como llamamos a los estudiantes que son entrenados con nuestra metodología.

¿Cómo es la metodología INNOVENTION?

- ✓ Los chicos son alentados a aprender por si mismos.
- ✓ Guía sobre el aprendizaje de tópicos.
- ✓ Aprendizaje de varias herramientas de hardware y software para desarrollar soluciones.
- ✓ Desafíos en vez de tareas.
- ✓ Concentración y Lectura (con nuestro método) como requerimiento principal.
- ✓ Preguntas en vez de respuestas.
- ✓ Razonar en vez de aceptar ideas.
- ✓ Entrenamiento en creatividad.

¿Es ésta una metodología probada?
Debemos aceptar que estamos en constante aprendizaje, cambio y mejorando cada vez más. Sin embargo, podemos mostrar que nuestras experiencias actuales son en extremo positivas. Algunos videos están disponibles.

¿Cuál es la diferencia con otros métodos?
¡Existe una gran diferencia! Hoy en día su hijo es uno más entre un grupo de estudiantes. Con nosotros, sus hijos tendrán siempre con nuestra atención para tratar de corregir debilidades y mejorar sus fortalezas. Tenemos métodos especiales para lectura, canto, cálculo mental, y desarrollo de soluciones creativas, entre otros.

¿Cómo es el proceso?
Se hace una entrevista virtual (que tiene un pequeño costo) la cuál nos permite saber las necesidades reales. Después de hacer la evaluación analizamos si su hijo (a) debe estudiar solo o unirse a otro grupo (con alguna preparación previa).

¿Cómo es la ruta de aprendizaje normal?
Primero los chicos se ejercitan en atención, luego trabajan en lectura con la metodología Innovention. Después de algún tiempo, dependiendo de sus esfuerzos, usualmente empiezan con electricidad y sus prácticas, para luego seguir con más temas.

¿Cómo es la experiencia con teoría y práctica?
En algunos casos, usan herramientas de software y en otros deben usar kits de trabajo simples y de bajo costo, para desarrollar prácticas reales.

¿Qué estudios pueden cursar los chicos?
Concentración, lectura, matemáticas, electricidad, electrónica, mecánica, mecatrónica, **ROBÓTICA**, agroecología y medicina.

¿Existe algun lugar físico para los cursos?
Lo sentimos, debemos ir con la educación virtual, con todas sus limitaciones. Pero estamos comprometidos en dar resultados. Actualmente tenemos chicos de varios países.

¿Es posible agendar una reunión virtual?
Por supuesto. ¡Y con algo de suerte usted puede conversar directamente con el mismo Profesor Charria!.

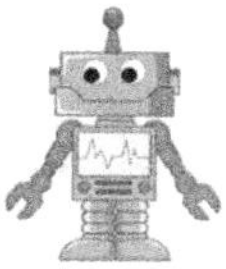

sales@latin-tech.net
+1 305 742 7565 ENGLISH
+1 305 848 3517 ENGLISH

www.innovention.us

contacto@innovention.us
+57 312 840 5570 ESPAÑOL

Nuestros Innoventors

INNOVENTOR

Innovention te da la bienvenida a un universo de conocimiento.
Queremos que te diviertas, que aprendas mucho y que nos ayudes a crear productos y proyectos que protejan la ecología del planeta y en general, que juntos aportemos para un mundo mejor.

Para ser un INNOVENTOR, los participantes deben comprometerse a:

1. Combatir el aburrimiento, el bostezo y la pereza.
2. Educación: mirar a los ojos, saludar al llegar y al irse de un sitio.
3. Obedecer a su Guía, Padres y Maestros.
4. Responder amablemente a cualquier solicitud (Evitar decir No).
5. Pedir permiso para tocar o mover algo que no es tuyo.
6. Acompañar tus desacuerdos, con argumentos en tono de voz normal.
7. No burlarse o agredir a tus compañeros física o verbalmente.
8. No tirar las cosas. Arreglar, componer y nunca dañar a propósito.
9. Competir y disfrutar el resultado de Ganar o Perder.
10. Terminar lo que se comienza.
11. Ser de los que suman y no de los que restan.
12. Respetar la opinión de los demás, dejarlos hablar y pedir la palabra.
13. Mejorar en todo lo que hace en Innovention, en la escuela y en la casa.

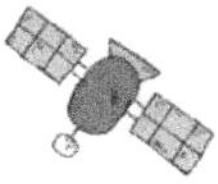

sales@latin-tech.net
+1 305 742 7565 ENGLISH
+1 305 848 3517 ENGLISH

www.innovention.us

contacto@innovention.us
+57 312 840 5570 ESPAÑOL

Libros disponibles en Amazon.com

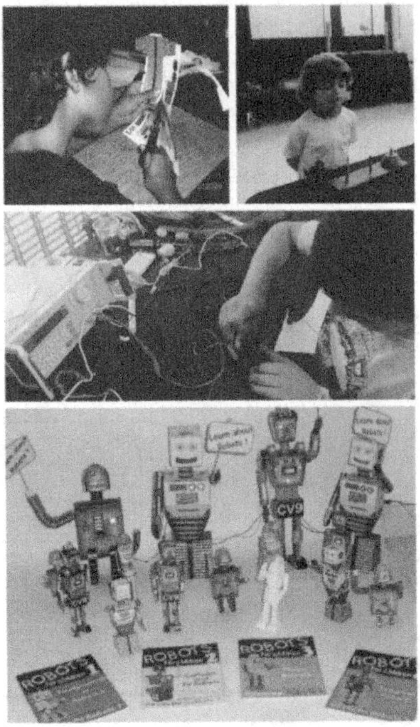

Pasta Sencilla, Pasta Dura y Kindle
Sólo use estas palabras para buscarlos:
Profesor Charria Robots

[FIN]

Fundamentos de PLC
y
Programación de Lógica Escalera

Teoría, lecciones paso a paso y proyectos reales.

Primera edición

Orlando Charria.

Esperamos que su experiencia haya sido positiva. A partir de ahora puede aprender muy fácilmente de otras marcas de PLC y adentrarse en otras tecnologías.

Recuerde que estamos preparando nuestro segundo libro, con mas información y temas muy actuales.

Dependemos de nuevos profesionales como usted para la divulgación de este libro. Si le ha aparecido interesante y quiere recomendarnos, le solicitamos encarecidamente que se tome un tiempo para

- Escribir su comentario en Amazon.com
- Subir fotos y videos, hablando de su experiencia de apendizaje.

También queremos saber de usted para

- Advertirnos de errores.
- Sugerir temas.
- Hacernos sugerencias.
- Comentarios de todo tipo.

Siemens ® is a trademark from Siemens. Allen Bradley® is a trademark from Rockwell Automation. GE® and GE Fanuc are trademarks from General Electric. Click and Koyo are trademarks from Automationdirect ®. E10®, T100® and Trilogi® and Wintrilogi® are trademarks from Triangle Research Lmtd. Some pictures are trademarks of their respective manufacturers. The information and brand names used here are solely for education and training purposes.

NOTAS y COMENTARIOS

NOTAS y COMENTARIOS

NOTAS y COMENTARIOS

Made in United States
Orlando, FL
04 November 2026

90201376R00223